お気㈱獣医

クスリの処方箋

島本 正平著

Dairy Japan

こんにちは。宮崎県で産業動物獣医師をしている島本正平です。このたびは、この本を手に取っていただきありがとうございます。感謝感激、乾乳用軟膏です。私自身まさか自分の書いてきた原稿をこのような形で本にしていただけるとは思っていなかったので、実際に出来上がったものを手にしたときは乾乳用軟膏、じゃなかった、感無量でした。

さて、私は自分の連載の中に多くのイラストや漫画を盛り込みます。その理由は、何と言っても連載を読者にとって読みやすく、読んでいて楽しいものにしたいからです。

昨今、専門的分野を漫画でわかりやすく解説する、「マンガでわかる○○」という本が巷で流行っていますが、私はいつ「マンガでわかる産業動物獣医学」が出るのかワクワクしていました。しかし待てど暮らせど出る気配がありません。出るのは難解な、紙面いっぱいに字が書かれた専門書ばかりです。

そもそも活字を読むのが苦手な私、机には買ったものの読んでいない本が山のように積まれていき、いよいよ家族の視線も厳しくなってきました。そんなとき原稿執筆の機会をくださったのがデーリィ・ジャパン社でした。「ないならば自分で作ろう」、そう思い立ち、読む人が、また書く自分自身も楽しめるよう、ジョークやイラストを散りばめた原稿を書かせていただきました。

その後も北海道の大地のように心の広いデーリィ・ジャパン誌で連載を続けさせていただき、雑誌に載って酪農マダムにモテモテ……とはいきませんでしたが、一部の関係者の方々からご好評をいただき今に至ります。読んでくださっている皆様、本当にありがとうございます。

昨今、畜産業界はさまざまな理由で厳しい状況に追い込まれています。異常気象や飼料費の高騰はもちろんですが、そのほかにも耐性菌問題や、環境問題、代替蛋白質の消費増加、アニマルウェルフェア、海外悪性伝染病など、理由をあげればキリがありません。そして今後、これらの課題はさらに畜産関係者に重くのしかかってくると考えられます。

しかし、どんな問題であっても知識を蓄え、備えをしておけば、きっと乗り越えられます。本書は主に畜産業界が今後抱えていくであろう耐性菌問題やアニマルウェルフェアなどをテーマに扱っています。さらに農場経営に大きく影響を及ぼすダウナー牛や、周産期胎子死、さらに獣医鍼灸についてもまとめました。きっと読み終えた頃には酪農界の雑学王になれること請け合いです。

畜産情勢は常に大きく移り変わりますが、これからも漫画という媒体を通じ、少しでも畜産業界についての情報を共有することができたら幸いです。本書を読むことで、皆さんが「クスリ」とでも笑え、少しでもお気「酪」になれることを祈っています。今後ともよろしくお願いします。

令和元年（2019年）12月吉日　　　　　　　　　　　　　　　　　島本 正平

第 **1** 章

まだ<ruby>間<rt>ま</rt>に<rt>に</rt>合<rt>あ</rt>う</ruby>マニュアル！
作業マニュアル作成の手引き

タイトルはこんなんですが、内容は真面目ですよ。

　作業マニュアルは製造業などにおいては「標準業務手順書」ともよばれ、業務の品質を保持し、均一にするために、その業務の作業や進行上の手順について詳細に記述した作業書のことをいいます。多くの業種で作業マニュアルが利用されているにもかかわらず、畜産業においてはその限りではありません。これから農場に作業マニュアルを導入することによる利点や、作り方について詳しく解説したいと思います。話が長くなるので友だちから借りている方や、立ち読みしている方は無理しないで購入してくださいね。

作業マニュアルを農場に導入することの利点

（1）酪農場における作業マニュアルとは？

　あなたの農場には、作業マニュアルがありますか？ おそらく大半の人が「ノォ〜」と言うでしょう。それはきっと、酪農経営における作業マニュアルの重要性が広まっていないからです。

　酪農はいわば製造業と同じで、安価な原料から高品質な製品を作り出すことを目的としています。つまり、粗飼料や穀物などの原料から高品質な乳を生産することで、利益を得るのです。製造業ではさまざまな工程を経て製品が完成しますが、酪農においても同様に給飼、糞尿処理、繁殖管理、分娩、搾乳などの作業を行なう必要があります。

　酪農業を営んでいくなかで必要なのが、作業の"一貫性"と"正確さ"です。安定した農場経営は、安定した作業から生まれます。作業マニュアルは本来、作業上のバラつきをなくす、つまり一貫性をもたせるためのものですが、使い方次第では、それ以上の利益を農場にもたらしてくれます。まず、その一部について紹介したいと思います。

①作業に一貫性が生まれる

　先に述べたとおり、これが作業マニュアルの本質となる部分です。人間は毎日同じ作業を繰り返すなかで、意図的であってもなくても、その内容をわずかに変えていってしまうものです。例えば、より作業の合理性を求めてしまうあまり、工程の一部を飛ばしてしまうことがあります。そんなときは、その部門の責任者や監督者が、それを矯正する必要があるのですが、「俺がマニュアルだ！」などとわけのわからないことを言いながら、堂々と間違ったことを教える人すらいます。そのため、同一作業であっても人によってその工程が異なることも珍しくありません。

　そのときに揺るがない事実として存在するのが作業マニュアルです。経験年数を問わず、マニュアルを閲覧することによって「何が正しいのか」を明らかにし、自己および他者の作業手順を正すことができます。「俺がルールだ！」などと言う人にはマニュアルを突き付けてギャフンといわせてやりましょう。

図1

ゆっくり歩け！
搾乳のときは
「スリップに気をつけろ」って
言われただろ！

ひえぇ〜
くわばらくわばら

口頭でしか伝えないことで、このような間違いが生じる可能性があります。口頭でも書面でも、相手が理解できるように説明する必要があります。

②担当者の変化に対応できる

　飼育規模が大きくなるほど、スタッフの数は増え、急な人員の配置転換が起こりやすくなります。そんななか、作業マニュアルのない農場では、新人は技術を経験者に教わるか、もしくは見て学ぶしか術がありません。「聞かぬは一生の恥」とはいうものの、実際わからないことを人に聞くのは勇気のいるものです。ときに「質問するくらいなら一生の恥を抱えて生きたほうがマシ」と思うことすらあります。その結果生じるのが、作業の一貫性からの逸脱と、それに伴う成績の低下です。

　作業マニュアルの必要性は、なにも大規模農場に限ったことではありません。例えば、家族経営であっても、家主が突然体調不良に陥り、急きょヘルパーさんや家族にお願いしなくてはならないことがあります。そんなときにマニュアルがあれば、作業内容の大きな変化を避けることができ、急に担当者が変わっても作業の一貫性を維持することができます（図1）。

③生産物の安全性が高まる

　安全な畜産物を消費者に供給することは、生産者および獣医師の責務です。作業マニュアルの内容には、異常乳への対処、乳房炎の診断方法や、薬剤の選択方法などが含まれることもあります。毎回、獣医師が責任を持って薬剤を選択使用し、それを畜主に報告、休薬などを完全に把握したうえで、畜主がそれを遵守することが理想なのですが、現場ではそうはい

きません。

　抗生物質をはじめとした薬剤の残留は由々しき問題であり、近年では耐性菌などの問題により、抗生物質の慎重使用が強く求められています。農場で使用する薬品に一貫性を持たせ、加えてマニュアルにその製品の適正な使用量、休薬期間ほか、注意点などを明記しておくことで、薬剤の残留リスクを大きく減らすことができます。国産は安心・安全と、胸を張って言えるような体制作りをしなければなりません。

④農場の飼養衛生管理が向上する

　作業マニュアルを作成する目的の一つは、家畜の健康維持や、畜産物の安定出荷を実現するための作業を確立し、それを継続して行なえるようにすることです。

　マニュアルを作成するうえで、まず頭に浮かぶのが、危害分析（Hazard Analysis）と危険管理点（Critical Control Point）、つまり「HACCP（ハシップ）」です。近年、東京オリンピックやTPPに関連して「ハセップ」や「J-GAP」に高い関心が集まっています。

　「ハサップなんて面倒くさい」「継続できない」と考えている方が多いと思われますが、作業マニュアルの作成もハシップ認定の条件の一つであり、農場関係者の意識向上、成績改善につながるのは間違いありません。

　ところでハシップ？ ハセップ？ HACCPの正しい読み方を、誰か教えてください。

⑤農場内でのコミュニケーションが深まる

　マニュアルを作成するには、関係者全員の協力が必要です。むしろスタッフに相談することなく独断でマニュアルを作成する経営者は、総じてスタッフにプレッシャーをかける結果となり、マニュアルの内容もお粗末なものになります。スタッフの知識を集結し、全体の意見を取り入れたマニュアルであればこそ、内容が充実し、スタッフにも受け入れられやすくなります。

　マニュアル作成という共同作業を通じて、農場内でのつながりを、より強固にすることができます。「最近の若い者は何を考えているかわからない」と嘆いている経営者の方は、ぜひ、このような話し合いの場を増やしてください。

　また、マニュアル導入後の生産成績の変化や、新たな機材の導入などによってマニュアルの内容も定期的に更新する必要があります。そのたびに話し合いの場を設け、現場の意見を取り入れれば、マニュアルの内容はより充実したものとなります。自分が作成に関わったものであればこそ、責任を感じ、実践しようという意識を持つのです。

＊

　あまり良い話ばかりすると、逆に、うさん臭く感じられますが、以上で作業マニュアルを農場に導入することの利点を紹介させていただきました。次は、具体的にどのようにしてマニュアルを作っていけばよいのか解説させていただきます。

図2

うぅ～ん、
この一貫した動き！
これもマニュアルの効果でしょうか⁉

もちろん動きに一貫性があればそれで良いというわけではありません。生産性を伴う必要が
あります。

■ 作業マニュアルの作成方法とは

　読者の方のなかで、電化製品を買ったときに、ろくにマニュアルも読まずに使っちゃう、そんな"せっかちさん"はいませんか？ ハイハイハイ！ 私もその一人です。読まない人だけが悪いのではありません。わかりにくい、つまらない、読みにくい、そんなマニュアルも悪いのです。

　それでは、米国ペンシルベニア州立大学の資料を参考に、皆に読まれ、愛され、農場を導いてくれるマニュアル作りを進めていきたいと思います。

（1）何はなくとも、まず目標

　マニュアルを作成することの一番の目的は、安定的に高い成績を出すことであり、皆の行動が揃っていても、結果が悪ければどうしようもありません（**図2**）。そのためにも、まずは目標を立てる必要があります。マニュアル作成により、どの作業に一貫性を持たせたいのか、そして、どのような結果を出したいのかを形にする必要があります。

　また、目標は具体的にするべきです。「おっぱいをいっぱい搾る」が目標では、どうも恰好がつきません。それよりは、「平均乳量を上げる」「体細胞数を減らす」「乳房炎の発生頭

図3

まず自農場の置かれている状況を理解しないと目標を立てるのが難しくなります。
気がつくと誤った方向に進んでいることも……。

数を減らす」などのほうが搾乳作業の目標として恰好がつくうえ、数値目標を掲げることで、より具体化することができます。

目標を具体化することの利点は、達成の有無を客観的に評価しやすいことにもあります。おっぱいをいっぱい搾れたかどうかは、何が「おっぱい」かはわかっても、どこから「いっぱい」なのかがわかりません。

目標を立てるには、まず現状を知る必要があります。これは直近の乳検データや、繁殖成績、農場事故率などを参考にできますが、それらを把握できていない農場は、残念ながらまだスタートラインにも立っていません。現在位置がわからないのに、ゴールにどうやっていけばいいのかなんてわかりません。自農場の立ち位置を、まず、しっかりと確認しましょう（図3）。

（2）下書き

目標が定まったら、さっそくマニュアルの対象となる業務を見学に行きましょう。作業を観察し、その工程を箇条書きしていく「下書き」の作業に入ります。

下書きは、あくまで下書きです。どうせ何度も議論を重ねたり、書き直したりするのは目に見えているので、完璧を求めてはいけません。しかしながら、箇条書きにしつつも、「作業者の判断」が必要になる部分だけは、あらかじめ把握しておく必要があります。「作業工程」

と「作業者の判断」、この二つがいくつあるかにより、マニュアルの最終的な形が決まるのです。

（3）話し合いと修正

下書きができたら、農場の関係者全員が集まれる場を設けましょう。農場の責任者やスタッフはもちろん、管理獣医師や飼料設計者など、農場運営に関わりがある人にはできるだけ多く参加してもらうことで、より良いマニュアルが生まれます。

話し合いが始まったら、まずはマニュアルを作成するうえで参加者の意見がいかに重要か、そしてそれらの意見を参考に作成を進めていく旨を説明します。話し合いの際、とくに上司は否定的・威圧的な言動をとることは避けましょう。できるだけ多くの意見を現場の人間から引き出すことが成功の秘訣となります。

何度も言いますが、スタッフの意見を聞かずに作成されたマニュアルは現場で支持されません。自分が作成に関わったものであればこそ、実践する意欲が湧きます。また、誰よりも一番現場のことを知っているのは管理者や専門家ではなく、現場の人間です。彼らの意見を取り入れることなく、良いマニュアルなどできるはずがありません。

（4）形式化

話し合いのなかで作業工程を理解し、記載すべき内容が決まったら、読みやすく、理解しやすい形にするために、内容に応じた形式を決めます。般若心経のように大量の文字でひたすら作業工程を説明されても、スタッフは何も見なかったことにして、そっとマニュアルを閉じるでしょう。

マニュアルの形式は、その経過を完了するまでに実施する工程の数と、作業工程中の判断や選択肢の数に応じて決まります。一覧表にすると上のようになります（**表1**）。

それぞれの形式の実例は後に紹介します。実際にこれらの形式に従ってマニュアルを作成できたら、いよいよ実践に移ります。

（5）実践してみる

そのマニュアルが実用的かどうかは、実際に使ってみなければわかりません。誰かにマニュアルに書いてあるとおりの行動を実践してもらい、作成者がそれを観察することで、その実用性を評価できます。マニュアルに掲載する写真が必要なら、このときがシャッターチャンスです。バンバン写真を撮っちゃいましょう（**図4**）。

逆に、経験が浅い人や、未経験者に、マニュアルを読みながら作業を行なってもらうのも一つの方法です。作業者が躊躇したり、途中で混乱するようであれば、内容を修正する必要

表1　マニュアルの記述方法の選択基準

選択肢は多いか？	手順は10以上か？	マニュアルに適した形式
×	×	単純な羅列
×	○	階層的、もしくは図式的
○	×	フローチャート
○	○	フローチャート

11

図4

わかったよ。
1枚撮ってあげるから

次は仕事してる
ところを撮らせてね

乳牛だって女の子ですもの、きれいに撮ってあげましょう

があるかもしれません。だからといって詳細に書きすぎると、逆に、熟練者には受け入れにくくなるので注意が必要です。

※マニュアル文書を書くうえでのほかの注意点

　文章を作成するうえで、以下の点にも気をつけたほうが読みやすく、わかりやすいマニュアルを作ることができます。

✔ 手順はできるだけ短い文章で書くこと。長いだけで読む意欲は減る。

✔ 命令的な文章で書くこと。読み手は命令的な文章のほうが理解しやすい。

✔ 直接的な表現を用いる。そのほうが読み手は即座に内容を理解することができる。

✔ 否定的な言葉はあまり使わない。読み手は否定的な言葉は自然と無視してしまう。

✔ 省略形はあまり使わない。読み手が知っているという前提を持って書かない（図5）。

✔ どのようにするのかだけではなく、なぜそれをするのかも書く。

　マニュアルの書き方については以上です。制作過程で農場内でのコミュニケーションがいかに重要となるか理解していただけたと思います。"したり顔"でここまで話を進めさせていただきましたが、皆さん文章だけで解説されても、その実像がなかなか見えてこないのではないかと思います。それでは実例を見ていただきましょう。

図5

> SCC が高い〜？ SA かな、STR かな？ OC だったら OK、CEZ の IMa で NHK

> 先生、今 NHK って言いました？

> 自分でも何言ってるかわからなくなってません？

難しい言葉を使って自分を賢く見せるよりは、きちんと相手に伝えるための努力をしましょう。ちなみにこの文章を翻訳すると、「体細胞数が高い〜？ 黄色ブドウ球菌かな？ 連鎖球菌かな？ 大腸菌群だったら大丈夫、セファゾリンの乳房内注入で日本放送協会」です。

作業マニュアルをわかりやすく記述する方法

　先ほど、「作業手順と選択肢の数に応じて記述方法を使い分けていく」と言いましたが、実際に農場で該当するのは、それぞれどのような作業でしょうか？ ここでは、見本を作成するために、農場での実例として以下の四つの作業をあげてみました。一つずつ解説していきたいと思います。

（1）哺乳瓶の洗浄・消毒（箇条書き）

❶哺乳瓶の衛生管理

❷作成日：29.4.15

❸作成者：瓶洗之介

　1. 哺乳瓶はボトル、乳首などすべて分解する。

　2. 30℃前後のぬるま湯で残存物や汚れを洗い流す。このとき付着した乳蛋白が凝固しないように、熱いお湯は使用しない。

3. 次亜塩素酸ナトリウムを 1％で希釈したお湯に哺乳器具を 30 分間浸漬する。

4. 器具の内外を 45℃以上のお湯で洗う。とくに乳首は細かい部分までブラシで洗う。このとき乳首に破損がないか確認し、破損していたら交換する。破損部位には細菌が増殖しやすい。❹

5. 裏返した状態で並べて乾燥させる。

❺

哺乳瓶の洗浄や消毒のように毎日行なう単純作業であれば、作業内容を箇条書きにするだけで、マニュアルとして機能します。

付番してある箇所を順に解説していきます。ちょっとした部分に気をつけるだけで、マニュアルの価値は大きく変わります。参考にしてください。

❶わかりやすいタイトルを、ページの冒頭に必ず記載しましょう。

❷マニュアルの作成日、もしくは改訂日を記載しましょう。1 年に 1 回は内容を見直すことが勧められます。作成日を記載することで、次の改訂日がわかりやすくなります。

❸作成者の名前を書くことで、困ったときに誰に相談すべきか、すぐに把握することができます。また、作成者にも責任感が生まれます。

❹できれば「どうやって」だけでなく、「なぜ」も記述しましょう。それにより、各々の作業工程の大切さが理解できます。

❺写真やイラストを掲載するだけで、理解度は大きく深まります。人は読んで理解することよりも、見て理解することのほうが得意です。

（2）搾乳作業（階層的）

搾乳業務
作成日：29.4.15
作成者：乳尾しぼり

準備するもの： ❶

・消毒薬に浸したタオル・使用済みタオルを入れるバケツ
・手洗い用消毒薬入りバケツ・ディップカップ
・ストリップカップ・バケットミルカー

1. 搾乳作業前に手を洗い、さらに手袋を着用する。❷

2. 乳頭表面の汚れを、消毒薬に浸したタオルで拭き取る。

    a）乳頭の汚れがひどい場合のみ例外的に水洗をしてもよいが、乳頭以外洗わないようにする。

    b）拭き取り後の乳頭が濡れすぎないように気をつける。

3. 3～4回前搾りを実施し、ティートカップに乳を落とす。

    a）このときに異常乳が見られたときの対応としては、別紙「異常乳への対処」を参照。❸

4. ユニットを装着する。空気が入らないよう乳房と垂直に取りつける。

    a）ユニットの装着は乳頭拭き取りから60～120秒の間に実施する。早すぎても遅すぎても搾乳量低下の原因となる。

5. ユニットを取り外す。手動の場合には過搾乳しないように気をつける。

    a）5分以内に搾り終える。

6. 乳頭の少なくとも3／4をカバーするようにポストディップを行なう。

    a）このときディップ剤は溢れないようにする。

　作業工程の多いものや、多少の選択肢が含まれるような作業であれば、階層的な記述を用いることが推奨されます。

❶まず、作業に用いる器具機材の一覧を表記することにより、作業開始前の準備が怠っていないか確認することができます。そのほか作業の目的や、実施時の注意点などを記載することにより、作業中に事故などが起こるリスクを減らすことができます。

❷作業手順を箇条書きするところまでは同じですが、さらに細かい作業（サブステップ）を階層的に記載することにより、注意事項や「もし〇〇だったら」など、不測の事態への対応についても書き記すことができます。

❸無理して一つのページにすべてを収めようとしないで、必要に応じて、マニュアルの別ページを参照してください。できるだけ簡潔にすることで、内容を理解しやすくなります。

（3）哺育環境の衛生管理（図式的）

哺育スペースの清掃

作成日：29.4.15

作成者：新井敬二

ケージの移動 →	敷料の除去 →	ケージ・床の消毒 →	設置・敷料の準備
・子牛移動後ケージを分解する。 ・ケージを移動後、高圧洗浄機で水洗する。 ・付着した汚れはブラシで落とす。 ・日光に当てて乾燥する。	・子牛移動後、敷料をショベルで除去する。 ・床面を高圧洗浄機で洗い流す。 ・付着した汚れはデッキブラシでこすり落とす。 ・床面を乾燥させる。	・逆性石鹸でケージ表面を泡沫消毒する。 ・30分間消毒薬に接触後、再度乾燥させる。 ・床面には石灰を撒く。	・敷料を十分量敷く。 ・春～夏にかけてはIGR製剤を一緒に撒く。 ・ケージを組み立て、設置する。

図や写真を使うことで、マニュアルをうんとわかりやすくすることができます。もちろん画力が伴えばですが。

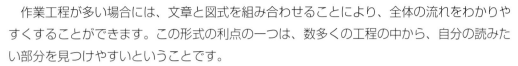

　作業工程が多い場合には、文章と図式を組み合わせることにより、全体の流れをわかりやすくすることができます。この形式の利点の一つは、数多くの工程の中から、自分の読みたい部分を見つけやすいということです。

　❶記号の形状を工夫することで、利用者が内容を理解しやすくなります。記号の代わりに写真を使うことでも内容の理解が深まります。とくにスタッフに外国人を雇用している農場では、写真を多用することを強く勧めます（**図6**）。

（4）分娩管理（フローチャート）

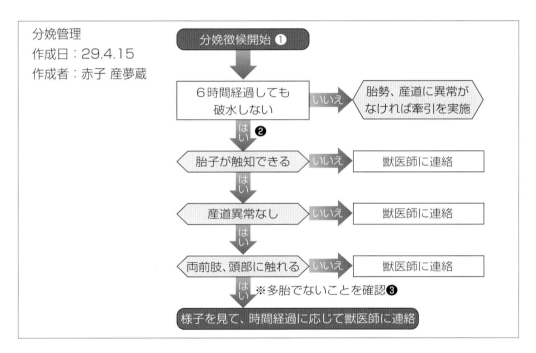

　フローチャートを利用すれば、選択肢の多い作業であっても、筋道を立てて、簡素に描き出すことができます。経験者なら、このフローチャートを見て獣医師に連絡すべき時期を判断することができます。一方で、この図を見てフローチャートの欠点にも気がつくかもしれません。それは、情報量が少ないことです。フローチャートは一個一個の工程を端的に書かないと、とてもわかりにくいものになってしまうため、自ずと情報量が少なくなってしまいます。

　❶少ない文字数を補う手段として、図形の形状により、その作業内容の解説を補足するという方法があります。例えば、このフローチャートでは、■■■は開始点と終了点、▱は行動、▢は判断を示しています。このように図形や色を活用することで、少ない情報量を補足することができます。

　❷選択肢が二つであれば、一つの選択肢を一方向にまとめることで、見やすいフローチャートができあがります。この場合は、「はい」という選択肢が常に一方向を向いています。

❸階層的記述のように、サブステップを欄外に記載することで内容を補足することができます。しかし、欄外が多すぎても見にくくなってしまうので、注意が必要です。

※作業マニュアルの作成による経営改善例

1990年にデンマークで実施された調査では、搾乳とその準備作業に一貫性を持たせたことにより、生産性の向上が認められました（Rasmussen, 1990）。この調査では、一般的なタイストールの酪農場で、群を年齢に応じて31頭ずつ2列に分けて飼養し、両者間で異なる搾乳工程を実施しました。対象群は、これまでどおりの搾乳を実施し、試験群は、搾乳工程に一貫性を持たせました。結果、対照群は乳頭の清拭からユニット装着までの時間が3.06 ± 1.56分であったのに対し、試験群は1.22 ± 0.25分とバラつきが小さくなりました。ユニット装着までの時間にこれだけの差が生じたのは、もともと作業工程が一貫していなかったからであり、さらに試験群は対照群と比較して1日のFCM（乳脂補正乳量）が平均で1.3kg高かったとのことです。

また2013年には、米国ペンシルベニア州の専門チームが成績改善を目的に農場に立ち入り、各農場の問題点の把握と作業マニュアルの見直しを行ないました。その結果、農場の生産成績が飛躍的に向上したとのことです（Center for Dairy Excellence, 2013）。

＊

以上の事例からも、作業マニュアルが農場の生産性向上に寄与することがご理解いただけたと思います。今回紹介したものが、海外での事例ばかりであることに不満を感じた人もいるかもしれません。でも大丈夫です。これからこの本を読んだ皆さんが、国内での成功例となっていくのですから……！

上手くごまかせたところで、次はマニュアルの効果的な利用方法について説明します。

◯🔲 マニュアルの効果的な利用方法

これまでの話を参考に、皆さん素晴らしいマニュアルを作成していただけたと思います。ちゃんと印刷しましたか？ きれいにファイルできましたか？ 事務所の本棚に大事にしまっていますか？ だとしたらそれは大きな間違いです。

（1）設置場所を考える

「牛の臨床」という本があります。いわば産業動物獣医師のバイブルともいえる本ですが、これも一つのマニュアルといえます。私自身も往診中、わからないことがあると、薬を取りにいくフリをして、こっそり車内でこの本を……。

まあ、そのへんは割愛するとして、言いたいことは、「マニュアルは現場でこそ必要になる」ということです。もちろん原本については事務所にしまっておくべきですが、写本は見やすい大きな文字で印刷して、各作業現場に設置するべきです（図7）。さらにラミネート加工

図7

皆で一生懸命作った
マニュアルだもの、
金庫にちゃんとしまってあるよ

どんなに素晴らしいマニュアルであっても、使わなければ意味がありません。利用者が手に
取りやすい、見やすい場所を選んで設置しましょう。

するなど、見ながら作業が行なえるような気配りをすれば、スタッフの大きな助けになります。搾乳など、閲覧しながらの作業が困難なものでは、ポスターにして壁に掲げるのも一つの方法です。常に目につく場所に設置しておき、毎日作業前に目を通すようにすれば、嫌でも作業手順が頭に残るというものです。

(2)「マニュアルあってこそ」の実践、「実践あってこそ」のマニュアル

　新人にマニュアルだけ渡して「仕事しろ」と言っても、無理な話です。マニュアルには作業者の一挙手一投足に至るまで、すべての行動内容が書いてあるわけでもなく、また作業に利用するすべての器具機材の解説や設置場所まで書かれているわけでもありません。

　マニュアルを参考に作業を実施するには、あらかじめ実際の作業手順を目で見て、肌で感じている必要があります。作業のなかで疑問が生まれ、それが解消したとき、初めてその作業の意味が理解できます。繰り返しますが、その作業を「どうやって」するかだけでなく、「なぜ」するかを理解することが大切です。マニュアルとにらめっこばかりしないで、何度も現場で疑問をぶつけ合い、成長していきましょう。

(3) モニタリング

　立派なマニュアルもできたし、スタッフも作業を覚えた。これで安心、めでたし、めでた

し──というわけにはもちろんいきません。農場の管理者は、マニュアルの実践結果について、常に"モニタリング"を行なう必要があります。

　農場関係者全員での話し合いのもと立派なマニュアルができました。そしてスタッフ達は皆それを遵守し、作業を実践しています。では、実際に彼らが作ったマニュアルで農場の成績はどう変わったのか？──それを"モニタリング"によってつかむ必要があります。え？岩登り？ それは"ボルダリング"でしょう。まったくもうー！

　モニタリングとは、いわば監視作業のことであり、農場の成績の変化を眼で追っていくことです。マニュアルを作成するうえで、まず目標を設定していただきましたが、その際に自農場の現在の成績についても把握できたはずです。マニュアル採用後は採用前との成績の比較を継続して行ない、はたして目標に向かって突き進んでいるかどうかをモニタリングしていきます。

　仮にモニタリングの結果、求める目標が達成できていないようであれば、マニュアルの内容を本当にスタッフが実践しているのか？ 内容にそもそも問題がないのか？ などについて再度検討する必要があります。

　人は"惰性の生き物"です。作業がルーチン化してしまうと無意識のうちに工程を飛ばしてしまったりするものです。また、もしかしたら季節的要因や機材の交換などによって、マニュアルを踏襲できなくなる可能性もあります。そのような場合に、モニタリングにより即座に問題を分析し、改善策を提示できなければ、マニュアルを作った意味がありません。

　マニュアルを採用するか、もしくは見直すか、どちらの道を選ぶにしても、スタッフにモニタリングの結果を報告する必要があります。そのために行なうのが"フィードバック"です。

（4）フィードバック

　"フィードバック"とは、情報が戻ってくることをいいます。大体、夫婦間が上手くいかないときには、フィードバックが足りていないのではないかと思います。ご飯を食べたら「美味しかった」、コーヒーをいれてくれたら「ありがとう」というふうに、ちょっとしたフィードバックで夫婦の関係も上手くいくものです。妻へのフィードバックが足りないと、どうなるでしょうか？ 料理は味が落ち、旦那のために何もしなくなります。いわばパフォーマンスが低下するのです。誰でも、自分がした仕事の結果を知りたいと思います。結果のフィードバックにより、スタッフのモチベーションを上げ、高い成績を実現しましょう。

　スタッフへのフィードバックは、その内容を明確にする必要があります。例えば、生産成績などを開示しても、その見方がわからなければ何の意味もありません。解説をつけたり、構成を変えたりして、理解しやすくするための努力をしましょう。スタッフへのフィードバックは、実際に現場に関わっている人物が行なったほうが効果的です。自分の仕事を見てもいない人にあれこれ言われるのは、誰でもいい気持ちはしません。

　フィードバックは、できるだけ頻繁に行なったほうが、より改善策を具体化しやすくなります。遠い過去の問題行動に対する評価を今さら返されても、どう対処すればいいのかわか

図8

> どうもありがと〜。
> コーヒー入れてくれるん
> だよね？

> 美味しい〜、
> 君の入れたコーヒー、
> 美味しぃ〜

> ご自分でどうぞ

> 私のもお願い

> 私はココア

フィードバックはあくまで相手に返すものであり、先に伝えても効果がありません。
むしろ嫌味になり、妻には嫌われます（実体験）。

りません。できるだけ最近の行動に対する結果のフィードバックを行なうべきです。

　最後に、フィードバックは、スタッフを非難するためのツールではありません。否定的な
言い方や書き方をせず、スタッフの行動を改善するうえで参考になるような内容にするべき
です。これらの注意点は、夫婦間のフィードバックについても同様です。家庭内フィードバッ
クで、あの日のトキメキをもう一度呼び覚ましましょう（**図8**）。

＊

　このように"モニタリング"と"フィードバック"により、スタッフの意欲を高く維持す
ることができます。

　作業マニュアルを皆で作成し、一時的に農場の作業意欲が高まっても、それが継続しない
のは、モニタリングとフィードバックが上手く組み込めていないからかもしれません。作業
の成果をモニタリングし、フィードバックを行ないながら徐々に目標を高めていくことで、
スタッフの意欲や技術、そして農場の生産性が向上することでしょう。

　例えば、マラソンに参加して、最初は完走するだけでいっぱいいっぱいでも、安定して完
走できるようになると、今度はタイムが気になってきます。完走という目標が達成できた後
は、タイムという目標を設定しないと、徐々に走ることに飽きてしまいます。

＊

　マニュアルのお話は以上です。

本稿が、皆様の酪農経営の一助になることを期待するとともに、ますますのご活躍を心よりお祈り申し上げます（うーん、この章にふさわしい、マニュアル的な締め方！）。

※本稿はDairy Japan 2015年8〜11月号の連載、Dairy PROFESSIONAL vol.8（2017年6月臨時増刊号）の「まだマニュアル（間に合う）！作業マニュアル作成の手引き」を加筆・改稿したものです。

第 2 章

オー！ ウェルカム
アニマル ウェルフェア！

総論：家畜は被雇用者です

突然ですが、皆さんの農場の労働環境はいかがでしょうか？ 読者の皆さんは雇用主としてしっかりと働きやすい環境を従業員に提供していますか？ 家族経営なので従業員などいないという方、それは違います。畜産業においては、飼育環境を提供してもらう家畜が被雇用者、畜産物の出荷により利益を得る農場主が雇用者という関係が成立するのです。

この章では、農場の労働者である乳牛に気持ち良く仕事をしてもらうための考えである「アニマルウェルフェア」を紹介したいと思います。

アニマルウェルフェアとは？

もしかしたらアニマルウェルフェアと聞いて、イルカ漁の撲滅に熱心な、あの団体を頭に浮かべる人もいるかもしれません。だとしたら、それは大きな間違いです。彼らが掲げているのは「動物の権利」（アニマルライツ）であり、アニマルウェルフェアではないのですから。

アニマルウェルフェアとは決して畜産業を否定するものではなく、科学的根拠に基づいた適切な飼養管理のもと、動物にとって快適な飼い方をしようという考えです。概念的には「カウコンフォート」や「動物福祉」に近いです。

一方「動物の権利」は人の持つ権利を動物にまで拡大しようというものであり、畜産業を全否定しています。また、「動物愛護」はその名のとおり「動物を愛して護る」ものであり、より感情的、思想的な考えであるといえます。主に小動物が対象となります。

これら「動物の権利」や「動物愛護」と混同されやすいことが、アニマルウェルフェアが受け入れられにくくなっている原因の一つだと考えられます。重ねて言いますが、アニマルウェルフェアは畜産業を否定するものでもなければ、ただただ感情的なものでもない、実践により家畜が受ける不要な痛み、不快、苦痛などを軽減し、ひいては牛が良い仕事をしてくれる、つまり農場の生産性を高めてくれるものであることを、ぜひ覚えておいてください。

五つの自由（解放）

アニマルウェルフェアの根幹となる考えにファイブ・フリーダム、「五つの自由」というものがあります。これはアニマルウェルフェアを充足させるうえで満たすべき項目を、大きく五つに分類したものです。その五つの自由とは以下です。

1. 飢えと渇きからの解放
——新鮮なエサおよび水の提供

図1

思ったより
成績あがらないね…
ちゃんとやってるの？

不当な労働環境では良い結果を残せない！ それは人も牛も同じです。

　十分かつ衛生的なエサと水の供給、マイコトキシン対策、ミネラルやビタミンなどの充足、ボディコンディション・スコアの維持

2. 不快からの解放
　——温湿度、飼育密度など、適切な飼養環境の提供
　換気、暑熱対策、寒冷対策、畜舎の整備、歩行しやすい床構造、牛床の管理

3. 苦痛、傷害、疾病からの解放
　——疾病の予防、早期発見早期治療
　農場のバイオセキュリティ、衛生管理、媒介動物の駆除、削蹄、分娩介助、繁殖管理

4. 恐怖と不安からの解放
　——心理的苦痛を避ける飼養管理、牛の取り扱い方
　騒音、闘争行動の軽減、鼻環の装着、除角、去勢などの外科処置、疼痛管理、ハンドリング

5. 正常な行動を表現する自由
　——牛が実行したいと思う、自然な行動がとれる環境

照明、飼養密度、放牧場や身づくろい器具などの設置

　自分の立場で考えてみましょう。例えば、水も飲ませてもらえず、暑い日差しに晒されながら、怪我の痛みに耐えつつ、過剰に急かされて、非常に狭い空間で仕事をしても、仕事の能率が上がるわけがありませんよね。牛も同様です。良い仕事をするためには、良い労働環境が欠かせません（図1）。

アニマルウェルフェアの歴史

　歴史上の動物の保護に関する法律として皆さんご存知のものは、1685年の「生類憐みの令」ではないでしょうか。悪名高い本政令ですが、その内容に、馬の良心的取り扱いについての文言が含まれていた点から見ても、世界的に歴史の深い家畜保護法の一つであるといえます。

　イギリスでは1822年に家畜の虐待および不当な取り扱いを防止する法律である「マーチン法」が制定され、1840年には同国で「王立虐待防止協会（RSPCA）」が設立されました。このようにヨーロッパ、とりわけイギリスは古くから動物の保護に関心が高く、アニマルウェルフェアの先駆者として知られています。

　1964年には畜産業における管理上の問題点を説いた、ルース・ハリソン著「アニマル・マシーン」が発刊され、この本をきっかけに民衆のアニマルウェルフェアに対する関心が高まり、さらに政府主導のもと、大規模農場における動物の管理方法についての調査が行なわれました。このとき調査を行なったロジャー・ブランベル博士により「ブランベルレポート」が作成され、そこから「五つの自由」が生まれました。

アニマルウェルフェアを取り巻く国内外の状況

　アニマルウェルフェアは、すでに世界各国で販売戦略の一つとして利用されています。例えば、EUでは家畜福祉総合評価法に基づき、一定の水準をクリアした畜産物に「ヨーロッパ仕様最高級畜産物ブランド」の認定を与えたり、イギリスでは英国動物虐待防止協会（RSPCA）が認定ラベルを作成しています。また、北米、カナダ、ドイツ、オーストラリアなどでも、一定の評価基準を満たした畜産物に対する各国独自の認証制度が確立されています。

　ヨーロッパとFTAを締結した韓国では、その内容にアニマルウェルフェアの導入基準が含まれていますが、日本も同様にEUと締結したEPAの内容に、アニマルウェルフェアに関する一文が盛り込まれています。

　そのような流れを受け、日本国内でも畜産技術協会がアニマルウェルフェアに対応した家畜の飼養管理に関する検討会を立ち上げ、平成23年には「アニマルウェルフェアの考え方

図2

国産というブランドにあぐらをかいていると攻めこまれるかも……

に対応した飼養管理指針」を公表、さらに平成26年には「アニマルウェルフェアを向上させるための飼養管理」を発行しています。平成28年からは一般社団法人アニマルウェルフェア畜産協会による、認証制度も始まっています。

　さらに、2020年の東京オリンピック・パラリンピックで提供される食材の基準や、JGAP認証条件の一部にアニマルウェルフェアへの配慮が盛り込まれるなど、日本国内においてもアニマルウェルフェアに対する意識が高まっていると言えます。

　EPAの締結に伴い、オランダなどで認証を受け、高く評価されている畜産物が今後日本に入ってくると予測されています。アニマルウェルフェアを新たな付加価値とする動きは、今後国内の畜産業に大きな変革をもたらす可能性があります（**図2**）。

ストックマンシップ

　ここからは、アニマルウェルフェアを実現するうえで必要不可欠な「ストックマンシップ」について話をさせていただきます。正直、アニマルウェルフェアを追求するうえで、これが一番重要だといっても過言ではありません。どんなに理屈を唱えても、ストックマンつまり飼養者がそれを実践しなければ形にならないのですから。素晴らしい飼育環境を提供しても、ストックマンシップなくしてはそれも無駄になってしまいます。

◖▪ そもそもストックマンシップとは？

運動会では皆がスポーツマンシップにのっとり競技に挑みます。このほかメンバーシップ、フレンドシップ、のびのびサロンシップなど、シップと語尾に付くものは、それにふさわしい身分や技量を表わす言葉です。サロンシップは違いました。ごめんなさい。

ストックマンシップとは、飼育者に求められる、牛についての高い知識、技術、そして愛情を指します。皆さんの牛に対する愛情は完璧だと思うので、ここでは、とくにアニマルウェルフェアを追求するうえで求められる知識と技術について解説させていただきます。

◖▪ 知識

毎日往診業務をするなかで、畜産農家さんの観察力には頭が下がります。外見的に元気な牛を診せられ、異常が認められず、「どうもないじゃないですか！ 忙しいのに！」と悪態をついたその翌日に本当に牛が喰わなくなることが今まで何度あったでしょうか。牛の健康状態や異常行動の把握について、毎日観察している畜主の右に出るものはいません。そして、それこそが飼育者に求められる知識の一つなのです。早期に異常に気づくことは、アニマルウェルフェア上、非常に重要です。

もちろん牛の飼養管理、バイオセキュリティ、器具・機材のメンテナンス、データ分析、飼料計算など、すべてが牛の健康維持、ひいては農場の生産性向上に関わる、飼養者に求められる知識です。これだけ広範囲に及ぶ内容ですので、とくに経験の浅い人に対しては確固とした指導体制や、作業マニュアルを提供する必要があります。経験や知識の浅い人に対しても何らかの形でカバーすることが、農場全体のアニマルウェルフェアの向上にもつながります。

◖▪ 人材育成

農場のウェルフェアを追求するうえで、従業員に対する教育、つまり人材育成は非常に重要性の高いものです。「どうせ従業員は相互間で教え合う」「家族経営なので言わなくてもわかる」などと考えてはいけません。先駆者は新人に多くの役立つ知識や技術を教える責務があります。

畜産経営に関する技術は日進月歩であり、常に新しい情報が求められます。積極的に最新の情報、そして外部からの刺激を取り入れることを勧めます。農場の経営者は、とくに従業員が訓練、教育を受けることの重要性を認識する必要があります。たった1日、従業員を快く研修に送り出してあげることが、きっと何年もの間、農場に利益をもたらしてくれるでしょう。

◯█ 技術

　牛に必要以上の苦痛やストレスを与えずに、効率的な管理を行なうことは、飼育者に求められる技術の一つです。先に述べた早期発見のための観察も技術の一つですが、このほか搾乳、人工授精、分娩介助、給飼など酪農経営に関わるあらゆる作業において、乳牛にストレスを与えず、作業を達成するには、高い技術が必要となります。日常業務はもちろん、研修会や講習などを通じて積極的に情報交換し、高い技術、ひいてはストックマンシップを習得していただきたいと思います。

◯█ ハンドリング

　日常業務のなかでも、高いストックマンシップが要求される作業として、牛の取り扱い（ハンドリング）があります。負担をかけないよう、牛を丁寧に扱うことは、若い個体であれば将来の気質に影響を及ぼし、搾乳牛であれば生産成績に多大な影響を及ぼします。とくに乳牛は1日2回以上、搾乳を介した人との接触があり、ほかの家畜と比べても人との信頼関係が重要な生き物です。牛と良好な関係が築けていれば、ハンドリングはより容易となり、作業時の事故のリスクを減らすことができます。

　ハンドリングを行なう際には、牛と人との感覚の違いを認識する必要があります。自然界において被食動物（食べられる側）である牛は、捕食動物が近づいたら、すぐに逃げられるよう広い視野を持っています。人の視野が120度であるのと比較しても牛の視野は非常に広く、死角は後方のわずかな範囲のみです。牛に近づくときは、死角の外側、つまり牛の視界の範囲から近づきましょう。誰でも後ろから突然人が近づいてきたらギョッとするはずです。一方、牛は両目で見える範囲は25〜30度と狭く、そのため距離感がつかみにくく、ちょっとした障害物や高低差でその歩みは止まります。

　牛のストレスを軽減するためには、人と牛との間に良好な信頼関係を築くことが重要です。信頼関係の目安となるのがフライトゾーンです。これは人でいうパーソナルスペースと同じで、牛と人との間の信頼関係が厚いほど、フライトゾーンは狭くなります。完全に慣らされている動物はフライトゾーンがないので、触っても逃げません。牛は賢い生き物です。過去の経験から人に対する恐怖心が植えつけられ、さらにそれは蓄積することがわかっています。とはいえ、去勢や除角などを含め、牛の嫌がることを完全にやめるというわけにはいきません。だからこそ、ハンドリングなどによる日常的なストレスを減らすことが大切です。トータルで見て、牛が人に対して良い感情を持つことが重要なのです。

　バランスポイントは、牛が前方に進むか後方に進むかを分ける分岐点です。単純に、この線より後ろから近づけば牛は前に、前から近づけば牛は後ろに進みます。実際に牛に触れてみると、このバランスポイントを境に牛の反応する方向が変わるのがわかると思います（図3）。

図3

バランスポイント

ブラインドスポット
（死角）

フライトゾーン

牛を前に動かすときは
①死角の外かつ
②バランスポイントより後から
③フライトゾーンに入る
この三点を満たすと
良いわけ

そう言いながら
私のフライトゾーンに
入ってこないでください

行動学を理解することは、作業の効率化、ストレス軽減につながります。
対人関係はともかく、牛との距離はきっと縮まります。

牛を移動させる際には、過度な刺激を与えるべきではありません。できるだけ牛のペース
で歩かせることがストレス軽減につながります（**図4**）。実際に、口笛の音が、ゲートを強
く閉める音以上に牛の心拍を高めることもわかっています（Lanier, 2000）。

高いストックマンシップを持つ飼養者は、このような知識をもとに、経験に基づいた技術
を使い、愛情を持って牛のハンドリングを行ないます。その結果、ストレスを軽減でき、乳
牛の生産性は高まり、事故のリスクが減り、仕事を効率的に行なえるようになるのです。

*

皆さんもストックマンシップにのっとり、牛とのスキンシップを大切にして、ハシップ
（HACCP）並みの衛生管理を行ない、農場でリーダーシップを発揮してください。ええと、
もう「シップ」の付くものありませんよね。

エサと水

総論であげた「五つの自由」の一つに「飢えと渇きからの解放」がありましたが、アニマ
ルウェルフェアに反する！ と思って牛に好きなものを好きなだけ食べさせている人はいま
せんか？ 食べすぎてブクブク肥えた牛は、ほぼ間違いなく移行期でつまずくことでしょう。

図4

過度な刺激を与えることは、牛にとってストレスにしかなりません。
歩いてほしければ、ときには一歩引くことも必要です。

ウェルフェア上求められる栄養管理とは、単純に牛の腹を満たすことではありません。乳牛には生産ステージに応じたエサを、適当な量、適当な間隔で、できるかぎり群全体にいきわたるように与える必要があります。

■ 劣位個体への配慮

　皆さん普段から泌乳ステージに応じた栄養管理を行なっていると思います。乾乳期には乾物摂取量（DMI）を確保してルーメンの充実を図り、泌乳開始後は体重喪失を避けるために高カロリーのエサを与えていることでしょう。同様に哺育中や育成期間中においても、将来を考慮した飼養管理を行なっているはずです。

　乳牛は摂取した栄養を効率的に乳に変える能力を持ち、またステージによってDMIや栄養要求量が大きく変わる生き物です。それにもかかわらず、自農場で用意できる限られた種類のエサで、その潜在能力を最大限に引き出す必要があります。

　もちろん泌乳ステージだけではなく、気候、飼養密度、牛舎内温度、飼料の品質などによっても牛の栄養要求量は変化します。寒冷期には体温維持のためのエネルギーが必要となり、飼養密度が高いときは起立時間の延長や慢性ストレスにより要求されるエネルギーが増えます。

飼養密度の問題は、とくにフリーストールやフリーバーンの農場では大きなものとなります。牛は共同生活を余儀なくされ、限られた給飼スペースでエサを分け合いますが、給飼スペースが狭いと社会的に下位の個体は追いやられ、十分にエサが食べられなくなります。

もちろん給飼スペースを広げることで問題は解消されます。1頭当たりの給飼スペースを0.5mから1.0mに広げることで闘争の発生頻度が57%低下し、さらに弱い個体が飼槽に近づく回数も増えることがわかっています（DeVries、2004）。

給飼回数を増やすことも有効な手段の一つです。給飼回数を増やしても全体のDMIや、闘争の発生頻度には差がなかったものの、弱い個体が飼槽に来る回数が増えたと報告されています（DeVries、2005）。

給飼スペースにおける牛同士の接触を減らすのも、弱い個体がエサを食べる機会を与える有効な手段です。単一レール（マセン棒式）のフィードフェンスよりも、連動スタンチョン（ヘッドロック式）のもののほうが、飼槽に近づけない個体の割合が21%減ると報告されています（Endres、2005）。

エサの掃き寄せは、とくに給飼回数の少ない農場での実施が推奨されます。常に飼槽にエサがある状況は、弱い個体にエサを食べる機会を与えてくれます。また選び喰いは、濃厚飼料だけを摂取し粗飼料を残すことで亜急性ルーメンアシドーシス（SARA）が起こる原因にもなります。掃き寄せしつつ定期的にエサを混ぜてやりましょう。

農場のウェルフェアを追求するうえで、劣位個体に対する配慮を欠かせてはなりません。すべての牛が、もれなくエサにありつける環境を提供しましょう。

 SARA

粗飼料を十分量与えることは、ウェルフェア上実施すべき項目としてイギリスの規律にも記載されています。牛の反芻行動は粗飼料の摂取量増加に伴い回数が増えますが、反芻は牛の心理的な安定にもつながります。反芻行動の増加に伴い、偽咀嚼や舌遊びなどの常同行動（異常行動）が減ることが報告されています。このような異常行動が多く見られる農場では、アシドーシス、鼓脹症、肝膿瘍、蹄葉炎、第四胃潰瘍などのリスクが高くなります。

さらに粗飼料不足や濃厚飼料の過給によって、牛群で多く見られる問題として亜急性ルーメンアシドーシス（SARA）があげられます。SARAは、乳脂率の低下、慢性下痢による体表汚染、繁殖成績の低下、蹄葉炎や環境性乳房炎の増加などにつながると考えられており、ウェルフェア上問題となります。

SARAは診断が非常に困難であり、それゆえに粗飼料の十分な給与による予防こそが最善の解決策だと考えられています。反芻動物にとってルーメンは、栄養素の製造や吸収を担い、生命を維持するうえで欠かせない器官です。SARAなどによってルーメンが障害されると牛の快適性は大きく損なわれます。飼養者は予防のための努力をする必要があります。

図5

1日目
・焼き魚
・おひたし
・ごはん
・味噌汁
・TMR

2日目
風邪をひいた。
・おかゆ
・梅干し
・リンゴ
・TMR

3日目
風邪が治った。頑張った自分へのご褒美。
・ジャンボパフェ
・TMR

牛はほぼ毎日同じものを食べます。だからこそバランスのとれた、心身ともに満足できるようなエサを与えなければいけません。

■ 有害物質

　牛に給飼している飼料については毎日その品質をチェックしているわけではなく、それゆえに予期せぬ有害物質を含んでいる可能性があります。例として、ライグラスやトールフェスクによるエンドファイト中毒、穀物ならばマイコトキシン、牧草ならばワラビ、キョウチクトウ、エビス草、オナモミの種子など、極端な例をあげれば肉骨粉に含まれていたプリオンもリスク要因の一つです。

　国産の飼料であっても、毎年その成分が一定なわけではありません。施肥の仕方によっては硝酸塩濃度が高まることもあれば、サイレージに発生したカビや雑菌などによっても牛の健康は障害されます。

　牛は毎日同じエサを食べます（**図5**）。少量でも有害物質が含まれていれば徐々に体に蓄積していきます。理想的には定期的な飼料分析を行ないたいものです。せめてエサの保存方

図6

ボディコンディション・スコアは左から 3.0、2.75、2.0、それと 5.0 です。

ちょっと先生、牛は 3 頭しかいないんだけど、どうゆうことよ？

BCS は簡易的かつ効果的な牛（と人）の健康評価法です。積極的に利用しましょう。

法に注意し、明らかに外見的に問題のある飼料は廃棄し、牛に与えることは避けましょう。

BCS

　ボディコンディション・スコア（BCS）は簡易的かつ群規模で行なえる非常に有効な健康チェック法です。一般的に 5 段階評価で、分娩前後や泌乳最盛期、そして乾乳期に測定することが推奨されます。BCS を正確に評価すれば、農場の栄養管理はもちろん、泌乳成績、繁殖成績などの向上にもつながります。

　BCS の正常範囲からの逸脱は、難産、代謝病、子宮感染などにもつながり、ウェルフェア上大きな問題として認識されます。例えば、分娩前における BCS は理想的には 5 段階評価で 3.25 ～ 3.5 だといわれていますが（Penn State University）、それより低いと泌乳量や繁殖成績に影響することがあります。一方、分娩時の BCS が 3.75 以上だと泌乳初期における乾物摂取量が低下し、代謝病のリスクが高まることが知られています。

　痩せて弱った牛や過肥の牛は決して放置してはいけません。定期的なボディコンディションのチェックにより、群全体の健康維持を図りましょう（図6）。

＊

　昔から「食べてすぐ横になると牛になる」と言われるように、牛は 1 日の 70％を食事と休息に使う、うらやましい動物です。逆にいうと、それほどまでに牛にとって「食べる／休

む」という行為は重要であり、ここを抑えなくては農場のウェルフェアも満たされません。

 水

そもそもウェルフェアの根幹である「五つの自由」のなかでも、「飢えと渇きからの解放」がうたわれているように、イギリスでは法律上、すべての動物に新鮮な水が十分量供給できるような環境で飼育することを義務づけています。

水は牛の体成分の大部分を占め、泌乳はもちろん、体温調整、消化、排泄、解毒など、あらゆる生命活動を維持するうえで欠かせないものです。しかしながら水は、その豊富さゆえに、重要性が見過ごされることがたびたびあります。牛の調子が悪いときに、まず最初に水を原因として疑う人は少ないでしょうし、哺育舎に子牛用の給水バケツを当たり前に設置するようになったのも、つい最近であるかのように感じます。

乳の約90％が水です。飲水なくしては安定した泌乳を行なえるはずがありません。給水器は、飼養頭数に合わせて設置することが推奨されます。給水器の設置台数としては、ウォーターカップならば10頭に1基、水槽ならば体重に応じて1頭当たり4.5～7.0cmのスペースが要求されます（RSPCAほか）。十分な給水器の数や広さを確保することは、劣位個体が安定して水を飲めることにもつながります。また搾乳直後のように、群全体の飲水量が増えるときでも十分に水を供給できる体制が必要です。給水管を太くしたり、貯水タンクから給水管への導入管を増やしたりすることでも、安定した水の供給を行なうことができます。

十分な数の給水器を設置しても、まともに機能していなくては意味がありません。定期的に給水器を点検、清掃し、詰まりがあれば解消する必要があります。さらに飼料中に有害物質などが含まれていたりすると、解毒作用により腎臓からの排泄量が増えるため、より多くの水分が必要となります。疾病罹患時も同様であり、とりわけ消化器病に罹患した牛は、より多くの水を必要とします（efsa）。

フッ素、酸、アルカリ、硫化水素、鉄、糞便汚染などによって、水の嗜好性は大きく落ちます（Queensland Univ.）。牛が飲む水の水質については、ドイツなどでは人の衛生管理基準を畜産動物に当てはめようとしています。また、牛が飲むのに最も適した水温は15～17℃だといわれています（efsa）。夏期には水温が上がりすぎないよう、配水管や給水器が直射日光に当たらないようにすることが勧められます。

水が飲めない状況は、エサが食べられない状況よりもウェルフェア上、重大な問題として認識されます。飢えの苦しみ以上に、渇きの苦しみのほうが大きいことは皆さんもご存じのはずです。牛が健康的に、安定した泌乳を行なうためにも、衛生的な水を絶えず供給してください（図7）。

図 7

うちは最先端の浄水器を取り付けてるからね、水質は最高だよ！

どんなにきれいな水であっても、汚れたコップでは誰も飲みたくありません。
給水器は定期的にきれいにしましょう。

初乳

　初乳の重要性については、もう皆さん耳にタコができるほど聞いており、よくご存じだと思います。でも、あえて言わせてください。初乳は大事です。

　栄養、水、環境など、子牛が生存するうえで必要とするものは、生後時間が経過しても人の手によって満たしてやることができます。しかし初乳から得られる移行抗体は違います。生後数時間が経過した時点で、もはや十分に満たすことはほぼ不可能となります。

　新生子牛には生後 6 時間以内に、約 4 ℓ の初乳を飲ませることが推奨されます（Code of Welfare, 2010）。子牛にとって初乳とは栄養源であり、体温維持のためのエネルギー源であり、腸管の発達を促す作用を持ち、そして何より新生子期における唯一の感染防御なのです。初乳の摂取量は哺育期の生存率だけでなく、育成期の発育にまで影響を及ぼします。これを欠かすことが子牛のウェルフェアおよび農場の生産成績へどれほど影響するか、ご理解いただけると思います。

　多くの酪農場では、生後間もなく子牛を親から離します。分離直後に子牛は鳴き声を上げますが、これは初乳を十分量摂取していないときに、とくに強くなることがわかっています。生後間もなくから十分量の初乳（生時体重の 10％程度）を飲ませることで咆哮がやみ、子

子牛管理に必要な三つの「Ｉ」を満たし、子牛に惜しみないラブを注入してあげましょう。

牛が満足したことがわかります（Marina A. G., 2008）。

　初乳ももちろん一定時間以内に、定量を飲ませさえすれば良いというものではありません。IgG含量が50mg／ml以上のもので、雑菌により汚染されてないものを飲ませる必要があります（Penn State）。細菌汚染された初乳は効率的に吸収されず、結果、子牛が受動免疫伝達不全（FPT）に陥ることがわかっています（Sam Leadley, 2015）。FPTとは子牛が十分に移行抗体を獲得できていない状態であり、一般的には生後24時間目において、子牛の血中IgG濃度が10g／ℓ未満の状態を指します。2013年に帯広畜産大学で行なった調査では、27.9%の牛がFPTに該当していました。また、FPTの牛は十分に初乳を摂取した個体と比較して、疾病罹患率が3倍、事故率に至っては10倍程度に上ることがわかっています（Stilwell, 2011）（**図8**）。

　繰り返しますが、初乳の給与不足がウェルフェアおよび生産性に及ぼす影響は非常に大きいです。畜主は常にその重要性について頭に入れておき、子牛が生き残るために、死ぬ気で初乳を飲ませてください（初乳管理について詳しくは277ページを読んでね！）。

ルーメンの発達

　自然界において、子牛は8〜12カ月ものあいだ親牛の乳を飲み、草を食べながら、徐々

図9

おーよちよち。
おまえもちょっとスルメを
噛んでみまちゅか?

BEER

消化できないものを赤ちゃんに与えるというのは、もはや虐待ともいえる行為です。
子牛の消化機能が発達するまでは、無理な離乳は避けましょう。

にルーメンを発達させて、ようやく離乳に至ります（Marina A. G., 2008）。しかしながら多くの酪農場において、子牛は 1 〜 2 カ月齢で離乳され、時にルーメンが未発達なままで離乳に至ることもあります。その結果、子牛は鳴き叫び、発育も停滞し、ウェルフェア上、大きな問題となります。

　人工哺育を行なう際には、ルーメンの生理学的発育および反芻の正常な発現を促す管理を行なう必要があり、そのためには代用乳はもちろん、スターターや乾草などの固形飼料を合わせて給与する必要があります。本来十分にルーメンが発達するまでは離乳するべきではありません（図9）。

　哺乳は、バケツよりもニップルで行なうほうが子牛の吸乳欲を満たすことができ、ニップルでの哺乳により子牛同士での体表を吸う遊びの発生頻度が減ることがわかっています（Ryan W）。哺乳器具は、すべて適切に洗浄・消毒する必要があり、とくに多数の子牛が共有する自動哺育器などについては、定期的なメンテナンスを行なう必要があることを頭に留めておいてください。

　離乳すべき時期は、6 週間未満の早期離乳であれば 0.9kg〜 1.35kg（2.0 〜 3.0 ポンド）のスターターを 3 日連続で摂取できたとき。それ以降の離乳、もしくは強化哺育プログラムであれば、1.8kg〜 2.25kg（4.0 〜 5.0 ポンド）のスターターを 3 日連続で摂取できたときにすべきだという意見があります（MSU Extension,2018）。

離乳が近づくにあたり、ミルクの給与量を減らすことで固形飼料の摂取量も増えますが、これは同時に子牛の栄養不足を引き起こすリスクもあります。高価な代用乳を早く切りたい、その気持ちもわかりますが、焦らずに、徐々に代用乳の割合を減らす形で離乳に至ることがウェルフェア上、推奨されます。

飼育環境

人の生活の礎が「衣・食・住」であるならば、反芻動物の生活の礎は「胃・食・住」と言えるかもしれません。衣服を着ない牛にとって収容施設は、環境の変化から身を守る数少ない手段となります。「胃」「食」については前回解説しましたので、ここからは、牛が快適な生活を送るうえで欠かせない「住」に関わるウェルフェアについて解説します。

■ 衛生管理

衛生管理とは単純にいえば、農場をきれいに保つことであり、農場関連施設すべてにおいて、水たまり、糞尿、不必要な道具やゴミなどが散らかっていない状態を保つことです。それによって牛の病気はもちろん、害虫や寄生虫、臭いや塵埃の発生を防ぐことができます。

牛舎の衛生環境は、バルク乳の体細胞数、乳房炎の発生率などと相関があることがわかっています（Santana, 2011）。衛生状態は、農場の「見た目」にも関わります。消費者の信頼を得るためにも、また近隣住民と上手く付き合うためにも、農場の見た目はとても重要です。

とくにウェルフェア上、衛生状態を高く保っていただきたいのが、牛の休息エリアです。休息エリアは牛が1日の大半を過ごす場所であり、牛にとって心地良い場所でなくてはなりません。客観的に飼育環境の衛生状態を評価するには、「衛生スコア」の活用を勧めます。

衛生スコアは、牛体の3カ所における汚れ具合を見て評価します。評価対象となるのは乳房、下肢部、そして大腿および脇腹であり、それぞれ4段階で評価します（Nigel B. Cook）。評価の際には、それぞれの部位の平均値を求めるより、最も汚れている部分をピックアップして評価することが勧められます。目標値は、農場にいる牛の90%以上が2以下であることです（NMPF, 2013）。群の衛生スコアが1上がると、バルク乳の体細胞数が1ml当たり平均5万個増加するともいわれています（AHDB Dairy）。

乳房のスコアは、環境性乳房炎の発生率に大きく関わるので、低く保つ必要があります。下肢部の汚れは、牛が歩いて通過する場所の汚染を示しています。とくにフリーストールなどで、通路が汚れている農場では、下肢部のスコアが高くなりやすいです。大腿から脇腹における汚れは横臥時に付着しやすいため、牛の休息スペースの汚染の指標になります。また、下痢をしている個体は、尾を介して大腿部が汚れやすくなります（Nigel B. Cook）（図

図10

スコア1

スコア4

なんですか！
乳頭が真っ黒ですよ！
スコア4！

あれは
ディップ剤です

衛生スコアの例。乳房、下肢、大腿および脇腹の汚れ具合を見て評価します。
衛生スコアが低ければ、それだけ環境性乳房炎のリスクは減ります。

10）。

　衛生管理を目的としてカウトレーナーの設置や尾切り（断尾）を実施している農場を散見しますが、これらの方法はウェルフェア上問題視されており、現に米国カリフォルニア州では2010年以降、尾切りの実施は禁止されています。実際に尾切りを実施しても衛生スコアは改善しないという報告もあり（Schreiner, 2002）、実施している農場は、はたして本当に尾切りが効果をあげているか見直してみるのも良いかもしれません。尾を切るのではなく、毛剃りに留めておくことも一つの方法です。

　衛生スコアの利点の一つは、指摘しにくい農場の清潔さについて客観的な評価を下せることだと思います。しかしながら実際には、きれいに見える敷料でも大量の病原菌に汚染されているケースもあるため、衛生スコアはバルク乳スコアや、乳房炎の発生率などと合わせて評価することが推奨されます。

■ バイオセキュリティ

　バイオセキュリティには、外部から病原体を侵入させないための「外部バイオセキュリティ」と、農場内で疾病の拡大を抑えるための「内部バイオセキュリティ」があります。農場のバイオセキュリティを強固にし、継続的に実施することは、牛の健康状態を維持するう

えで必要不可欠です。

　農場でのバイオセキュリティ上のリスクとなるものは、導入牛、野生動物、害虫、来訪者、飼料、隣接農場、死畜など、さまざまです。それらすべてについて常にモニタリングし、コントロールすることがバイオセキュリティの基本となります。

　牛を導入する際には、導入元の農場の疾病発生状況を把握する必要があります。導入牛を介して、自農場で牛白血病や趾皮膚炎などが蔓延する可能性があります。人や車両は、病原体や害虫の侵入源として非常に高いリスクを持ちます。来場者を必要最小限にすることはもちろん、来場前の車両消毒や長靴の消毒などしっかりと行ない、疾病拡大防止に努めましょう。農場入口に看板を設けたり石灰を散布して、境界線をはっきりさせるのも有効です。さらにフェンスなどの物理的境界を設けることで、野生動物および人が入るのを拒みやすくなります。飼料や資材についても、バイオセキュリティ上のリスクとなるため信頼できる販売元から購入しましょう。BVDや異常産など、周辺での発生が疑われる疾病については、ワクチネーションの実施が推奨されます。隣接する農場とはきちんとコミュニケーションを保ち、互いに疾病発生時には報告し合い、地域的な拡大を防ぐことも重要です。死畜については速やかに隔離し、処理する必要があります。とくに感染症で死亡した牛は、死体が病原菌増殖の恰好の場となります。

　農場内における病気の発生にいち早く気づくことも、疾病の蔓延を防ぐ有効な手段です。そのためには、搾乳時やボディコンディションの評価時などに牛をよく観察することが重要です。

　牛の伝染病には伝染性乳房炎や牛白血病など生産上問題となるものはもちろん、口蹄疫や炭疽など、社会的に問題となるものも含まれます。バイオセキュリティの実施は、畜産関係者の義務だと捉えるべきです。

■ 広さ

　畜主は、牛が正常な行動を発現できるように十分なスペースを提供する必要があります。つまり、休息、移動、摂食、飲水、排泄などの生理的行動をストレスなく行なえるような広さが求められます。

　飼養密度が高いと社会的ストレスが増え、闘争やケガが増え、増体や飼料効率が落ち、糞尿汚染により感染症が増え、さらに牛が繁殖障害や跛行に陥りやすくなります。また社会的ストレスは、とくに若い牛の気質にも影響を及ぼします（efsaほか）。

　牛が必要とするスペースは二つに分けて考えることができます。一つは、正常な行動を発現するのに必要な個体ごとのスペースであり、もう一つは、牛同士の社会的行動を行なうためのスペースです。もちろん個々の牛の大きさに応じた飼養スペースを提供することが推奨されますが、それは実質不可能なので、牛1頭当たりの必要最小面積として、畜産技術協会が掲げている数値を参考にしてください（表1）。

表1　育成牛1頭当たりに必要な面積例（群飼の場合）

年齢 月齢	体重 （kg）	1頭当たりの牛房面積 （㎡）	1頭当たりの牛舎面積 （㎡）
		集団哺育　2.0～3.6	2.00～6.00
3～ 5	86～158	3.65	3.65～6.50
6～ 8	158～225	3.80	3.80～7.00
9～12	225～293	3.95	3.95～8.00
13～15	293～360	4.50	4.50～9.50
16～24	360～540	5.50	5.50～9.50

注：牛舎面積は、牛房面積に共有スペースである給飼通路、飼料調製室などのスペースを加えている。
　　「1頭当たりの牛房面積」には採食通路を含まない。
　　（出典：農林水産省・草地開発整備事業計画設計基準）

　休息スペースで牛が横臥・起立する際には、前肢に体重がかかり、さらに頭を前後に動かす動作が見られます。そのため、とくに体の前方に十分なスペースが必要であり、さらにいえば角の有無によっても、その要求スペースは増減します（Hoffmann, 1975）。フリーストールでは1頭当たり1ストール以上を確保するのはもちろんですが、ほかの牛に蹴られたり踏まれたりすることなく、自然な形で横になれる広さを提供しなければなりません。牛床マットや十分な敷料を敷くなどして、休息スペースを牛にとって居心地の良い場所にしなくてはなりません。

　牛が動き回れる自由スペースに求められる広さは、牛同士の親密性などによって異なりますが、あまりスペースが狭いと弱い個体は強い個体に接触する機会が増え、個体同士のケンカが増えます。通常、放牧環境下においては、一度牛群内で序列関係が構成されると、その後の敵対行動が見られることは少ないといわれています。これは、自由スペースが広いために劣位個体が優位個体への接触を避けられるためであるといわれています。しかしながら、自由スペースが狭いと休息場所や資源を巡って闘争行動が頻繁に見られるようになります（efsa）。屋内飼養であっても、放牧場などを隣接させることで闘争行動を減らすことができます（図11）。

　逆に、自由スペースが広いと牛の歩行が増え、発情行動が観察しやすくなります。また、自由スペースの拡大によって跛行の発生頻度が減ることもわかっています。これは自由スペース不足により牛の起立時間が延長することと関係があると考えられています。飼槽後ろの通路スペースには、少なくとも牛の体長に加え、牛の肩幅二つ分の広さが求められます。これだけの広さがあれば、少なくとも牛同士が不自由なく交差することができます（efsa）。

　過密状態では、牛の休息時間が短縮します。飼養密度が10～20％増えると、牛の休息時間も20～30分短縮することがわかっています。とくに劣位個体はこの影響を受けやすく、30～80分の休息時間の短縮が見られます。休息時間の短縮は、蹄底の出血や、蹄葉炎の発生につながります（Warrenga, 1990）。同様に、密飼い状態では、牛が搾乳後に横臥するまでの時間が短縮することがわかっています（Fregonesi, 2007）。搾乳後、乳

図11

過密状態での飼養は、常に満員電車に乗せているようなものです。
ただし優先席などはなく、とくに若い牛や病気の牛など、劣位個体は休息スペースを得にくいです。

頭が閉鎖するまでに横臥してしまうと、乳房炎に罹患しやすくなります。

＊

　日本の酪農場は諸外国と比較して敷地面積が狭く、放牧など困難なことが多いです。しかしながら効率性を追求して飼養密度を高めた結果、生産性が阻害されてしまっては何もなりません。乳牛をギュウギュウ詰めでカウのはモウやめて、きれいで広い休息スペースで牛がゆったりできるよう配慮してあげてください。

温湿度

　牛は恒温動物であり、常に 38.6℃前後の体温を維持しようとしますが、環境温度、相対湿度、空気の流れなどによって体温維持が困難となることがあります。生物には体温を維持しやすい「ちょうど良い」温度域があり、それを熱的中性圏（TNZ）といいます。乳牛のTNZ は 5 ～ 25℃といわれており（Paul M. Fricke）、環境温度がこの温度域から逸脱すると、体温維持のためのエネルギーの消費量が増加します。

　牛はルーメン内での発酵により多量の熱を産生できるため、寒冷期には乾物摂取量（DMI）を高めることで体温を維持しようとします。一方、暑熱期には食べる量を減らし、発酵熱を抑えることで体温上昇を防ぎます。どちらにせよ乳生産に割けるエネルギーは減り、生産性

牛も人も寒い時期には食べる量を増やすことで体温を維持しようとします。
だから正月太りするのもいたしかたないのです。

の低下につながります（**図 12**）。

　乳牛にとってウェルフェアの観点からとくに問題となるのは、暑熱期です。食下量の低下、喘ぎ呼吸、流涎などの体温調節機構によっても暑さに耐えられなくなったとき、牛はヒートストレス状態となります。ヒートストレス状態になると牛は元気をなくし、呼吸が更に激しくなり、免疫力が低下して、乳房炎に罹患しやすくなります。とくに泌乳量の多い牛ほど、体内での熱生産量が多いためにヒートストレスに弱くなります。搾乳牛は乾乳牛と比較して、泌乳量に応じて 50％近く多い熱を産生します（NADIS）。つまり泌乳量を追求した結果、乳牛の暑熱に対する抵抗力は著しく低下しているのです。

　相対湿度もまた牛の健康に影響を及ぼしますが、相対湿度と環境温度、両方を合わせて評価したものが温湿度指数（不快指数、THI）です。例えば、気温が 22℃程度であっても、相対湿度が 90％を超えていると、牛はヒートストレスに陥る可能性が十分にあります（Collier and Zimbleman）。暑熱期には個体間の接触を減らす目的で、牛の起立時間が延長します。THI が 68 以上になると起立時間が延長するといわれていますが（J. D. Allen）、起立時間の延長は泌乳量の低下や跛行の増加を招き、生産性、ウェルフェアともに大きく阻害されます。十分な換気、とくに牛の背中に沿った空気の流れを作ることはヒートストレスに対する高い予防効果を持ちます。これは皮膚からの熱の発散を効率的に行なうことができるためです。

給飼時間を変更するのも暑熱に対する有効な対策となります。暑熱期には夜8時〜朝8時の間にエサの60％を与えることで、DMIを維持しやすくなります（NADIS）。やはり牛も涼しい夜間のほうがエサを食べやすいのです。

表2　630kg体重の乳牛が環境温度に応じて摂取する水の量

泌乳量（kg／日）	気温および飲水量（ℓ／日）		
	5℃	15℃	28℃
乾乳期	37	46	62
9	46	55	68
27	84	99	94
36	103	121	147
45	122	143	174

（Wurm and Pichler, 2006）

暑熱期には水の摂取量が10〜20％増加し、高泌乳牛なら1日100ℓ以上の水を飲むことがあります（表2）（Zinpro, 2011）。しかしながら、牛は飲水のためとはいえ長距離歩くことを好みません（RSPCA）。前の項でも述べましたが、給水器は十分な数を設置しましょう。水温が上がりすぎないよう配水管、給水器などは日陰に設置することが推奨されます。逆に寒冷期には温水を供給することで、高いDMIを維持することができます（S. Holley）。

屋外には日陰樹や寒冷紗による避難所を設置する必要があります。屋内施設であれば送風機やスプリンクラーなどの冷却システムの導入が勧められます。外気温が27℃を上回ったときにファンとスプリンクラーを併用することで、牛の体温が1.7℃低下し、さらに泌乳量が0.79kg／日増加したと報告されています（NADIS）。しかしながら、機械の導入はコストが大きいので、まず牛舎周辺の雑草を刈ったり、密飼いを防ぐなどの基本的な換気の見直しを行なうことを勧めます。牛舎周辺の雑草を刈ることは、サシバエの減少などにもつながります。乳牛1頭当たり1匹のサシバエにつき、乳量が0.7％低下すると報告されています（Bruce et. al., 1958）。暑熱対策の一環として、夏期に増える害虫駆除も行なうことを勧めます。

屋根をドロマイト石灰で白く塗ることや、散水することでも、太陽熱の伝導を減らして暑熱感作を軽減することができます。

一方、子牛のTNZは10〜20℃と成牛に比べて狭く、環境温度による影響を受けやすいです。暑熱環境下では腸管の透過性が亢進し、大腸菌症などに陥りやすくなります（USDA）。また、ルーメンでの熱産生量が低いため寒さにも弱く、とくに生後間もない、羊水で濡れた子牛は低体温症で死ぬリスクが高いため、冬場は分娩に立ち会うことが勧められます（胎子死の予防について詳しくは141ページを読んでね！）。

「暑い・寒い」が辛いのは人も牛も同じです。人は天気予報で明日の気温がわかっても、牛はそうもいきません。生産性、ウェルフェアともに向上するためにも、飼養者はしっかりと環境を整えてやる必要があります。

 空気

牛舎内の空気の状態は、疾病の蔓延予防、従業員の健康管理などの点から非常に重要で

す。人と比較して、牛は空気の淀みや塵埃に対して高い抵抗性を示すことが知られています（Curtis et. al., 1982）。しかしながら塵埃に付着した病原体などが牛の健康を障害するため、できるだけその濃度を抑えてやる必要があります。

　牛舎内の空気には塵埃以外に、アンモニア、一酸化炭素、メタンなど、さまざまなものが含まれます。とくにアンモニアは呼吸器が異物を排出する機能に影響を及ぼし、疾病に対する抵抗性を著しく低下させるため、子牛のハッチ内は25ppm以下に抑えることが推奨されます（Y. Coiniere）。

　空気中の塵埃濃度を減らす方法としては、相対湿度を高めることや、飼料に油脂を添加することなどがありますが、何よりも重要なのは、飼育環境を衛生的に保ち、適切な換気を行なうことです。

　季節の変わり目は、牛舎内の空気の流れ、温度、湿度などについて慎重にモニタリングする必要があります。ファンの増設やカーテン管理によって空気の流れを作り、塵埃のほかに空気中の熱、汚染物質、臭いなど、牛舎内に密閉されているものを排出するとともに、きれいな空気を取り込む必要があります。換気により、夏場は牛の体熱放散が促され、冬場は呼吸器病の蔓延を予防することができます。換気は牛の健康維持のためには欠かせません。

◔ 明るさ

　一部の国では、牛舎内の明るさについて一定の推奨値を設けています。例えば、デンマークでは25ルクス以上が推奨されており、UK（イギリス）でも同様に20ルクス以上が推奨されています。参考として、ロウソクの明かりが約10ルクス、街頭下の明るさが約50ルクス、そして一般家庭の食卓並みの明るさが200～400ルクスといわれています。

　牛舎内は十分に牛が観察できる明るさにし、また牛の日照サイクルを乱すような灯光や、牛が不快に感じるような明るさにしないことがウェルフェア上推奨されています。過去の調査からも、牛舎内の明るさによって牛の繁殖成績や泌乳量が影響を受けることがわかっています。

　牛舎内の明るさを150ルクスで16時間の明期、5ルクスで8時間の暗期に分けると、暗期におけるメラトニンの分泌が亢進することがわかっています。このような灯光時間の調節によって、乳牛が最も精力的で高い泌乳能力を示す夏季の日照時間を再現することができ、結果として泌乳量が6～15％増加すると報告されています。さらに育成牛についても16時間の明期、8時間の暗期に分けて飼育したほうが、日照時間が短い場合よりも性成熟が早まるという報告があります（Biewenga et. al., 2003）。とくに自然光の入り込みにくい牛舎構造であれば、このような人工的な灯光を行なうことを勧めます。

　暗い環境で牛を歩かせると、牛は自信のない歩き方をします。牛が物を識別するのに必要な明るさは1～2ルクス程度だといわれていますが、実際には32ルクスより暗いと、牛の歩様に影響すると報告されています。さらに床が滑りやすい構造をしていたら、119ル

図13

牛舎内を明るくしろっていわれたから……

何してんの？君達

雰囲気を明るくするのは決して悪いことではないのですが、乳量を増やしたいなら、もっと物理的な明るさを追求しましょう。

クス以上の明るさが求められます。119ルクス程度までは、明るさが上昇するに従い、牛の識別能力が高まるといわれています。また、飼養者が牛の歩様を客観的に評価するうえでも119ルクス以上の明るさが推奨されています（Phillips, 2000）（図13）。

　灯光時間の変化により牛の生産性は影響を受けますが、何よりも暗い環境では飼養者が問題を早期に発見できなくなる恐れがあります。牛をしっかりと観察し、早い段階から問題の発生を把握し、対策を講じるためにも、牛舎内は一定の水準で明るくする必要があります。

＊

　気温の高い地域では、牛を常に快適な環境におくことは容易ではないと思います。しかしながら、暑い夏場でも牛が快適に過ごせるような農場は、きっと多くの人々に好感を持たれ、それが経営の下支えとなることでしょう。そういう意味では、酪農業も牛も同じ「ファン」によって支えられているのかもしれませんね（ウフフ）。なんだか寒くなってきました。

乳牛の扱い方

　乱暴な乳牛の取り扱いや、乳牛の生理を無視した取り扱いは、乳牛に痛みや恐怖を与え、アニマルウェルフェアを大きく阻なうこととなります。それが搾乳や乾乳など日常的に行な

う業務であればなおさらです。「父」を日々丁重に扱うことは、必ず家族の幸せにつながります。ごめんなさい。「乳」でした。でも、お父さんも大事にしないといけないんだぞ！ 毎日頑張ってるんだ！

搾乳

　搾乳は毎日行なう作業であるがゆえに、とくに乳牛のストレスの原因となってはいけません。そのためにも適切なハンドリングで乳牛を落ち着かせ、衛生的な環境で、清潔な乳房から搾乳を行なう必要があります。

　動物は本来、自分の子どもに与えるのに必要な量以上に泌乳することはありません。しかしながら乳牛は、遺伝改良によって大量の乳を生産することができます。乳房炎のときには抗生物質を、国によっては成長ホルモンなどを利用しつつも、年間1万kg以上の泌乳を実現しています。

　われわれは、このような高い泌乳能力の恩恵を受けていますが、一方で、高泌乳は乳牛の体に負荷をかけ、ひいては分娩後の負のエネルギー状態（NEB）を招きます。高い泌乳能力を示す個体ほどNEBに陥りやすく、NEBにより免疫力が低下したり、代謝病にも陥りやすくなります（Morris, 2014）。乳牛が体を削って泌乳していることを忘れてはなりません。

　乳牛にとってストレスとならないよう、搾乳は経験を積んだ、注意力のある人が行なうのが理想であり、さらにいえば、食料品を作っているという自覚と、高い衛生管理能力が求められます。

　乳牛にストレスを与えることは、泌乳量にも大きく影響します。ストレスや恐怖によりコルチゾールが分泌されると泌乳量は低下します（Silanikove, 2000）。実際に、予期せぬ音、慣れない人による搾乳、不手際な搾乳による痛み、乳房炎に伴う痛み、乱暴な取り扱い、そして初産牛では初めての搾乳などがストレス要因として泌乳量低下につながります。

　搾乳前30分以内に乳牛が興奮することも、泌乳量に影響するといわれています（NMC, 2013）。興奮により泌乳量が低下すると搾乳に時間がかかり、さらにストレスがかかるという悪循環に陥ります。そのため、農場のシステムに適した搾乳ルーチン（同じ手順が繰り返される手法）を確立し、実施する必要があります。

　搾乳器具やパーラーは常に高い衛生状態を保てるよう、メンテナンスしましょう。パーラーや待機場の床は衛生的で滑りにくくし、また乳牛だけでなく従業員の作業性も考慮して十分な明るさにするべきです。搾乳時間、待機時間はできるだけ短くします。それにより乳牛が飼料や水、休息場所から隔離される時間を短縮することができます。

　パーラーでは注射など、乳牛に痛みやストレスを与える行為を行なうべきではありません。搾乳は毎日同じ時間に、決まった間隔で行なうことが勧められます。その際、乳房の腫脹、炎症、硬結、異常乳、体細胞数の増加など、乳房炎のサインを見逃さないようにしましょう。

図14

あっ場長！指示どおりルーチンを守って搾乳してますよ！

五郎丸はいいから、早く搾って

話題となった、あの人がしていたことも搾乳ルーチンと同じです。
正しい形で、決められた一連の流れを作ることで良い結果が生まれるのです。

　搾乳作業はルーチンなので、時間経過に応じて徐々に作業の仕方にわずかな変化が生じる可能性があります。定期的に管理者がその手技について監視し、是正するべきでしょう。

　今回紹介した内容のほとんどを、搾乳担当者は無意識のうちに行なっていると思います。しかしながら乳牛のウェルフェアを意識して搾乳することで、新たに気づくことがあるかもしれません。定期的に自農場の搾乳ルーチンを見直すことをお勧めします（図14）。

乾乳

　ご存じのとおり、乾乳期は乳牛にとっての重要な休息期間であり、乳腺組織が新たに泌乳を行なうための準備期間でもあります。さらに乳房炎の原因菌を排除するのに適した期間であり、ラクトフェリンやマクロファージなどの生理的な防御機能のほか、乾乳用軟膏などによって乳房炎菌を殺滅することができます（Sordillo）。

　しかしながら乾乳とは、乳牛にとって痛みを伴う行為です。乾乳に伴い乳腺はうっ血し、乳房に痛みが生じ、乳牛は不快を感じます。乾乳後も一時的に乳腺組織は泌乳を継続し、その結果、乳房内圧が上昇し、痛みと不快はさらに高まります。このような影響は、とくに一発乾乳した場合や、泌乳量の多い個体、初産乳牛などで強く現れます（Velactis, HP）。

　乾乳を行なうと分泌細胞の変性が起こり、腺胞が崩壊し、次いで乳房の小葉構造も崩壊し

49

図15

乳牛はかなり過酷な労働をしています。
せめて限りある休み（乾乳期）は、快適に過ごさせてあげたいものです。

ます。実施後16時間ほど経過すると乳房内圧が上昇し、漏乳が見られ、そして炎症反応が起こります。乳房内圧は乾乳から2日目頃にピークに達し、その後徐々に低下しますが、一発乾乳を行なった場合は内圧の増加が乾乳開始後4～6日経過しても継続するといわれています（Mainau, 2015）。

　多くの場合、分娩2カ月ほど前に急に搾乳を中止する一発乾乳が行なわれますが、この方法はとくに乳牛が感じる痛みが大きいといわれています。エネルギー給与量を減らすか、もしくは搾乳頻度を減らして徐々に乾乳する方法のほうが、乳牛が感じる痛みが少ないといわれています（Zobel, 2012）。

　乾乳時に泌乳量が多い乳牛は、乾乳開始後も乳汁の分泌量が高いために乳房内圧が高まりやすく、それに伴う痛みも大きくなります。実際に泌乳量の高い個体、そして一発乾乳を行なった個体で、糞便中のストレスホルモン代謝産物の増加が乾乳後に認められますが、これは乳牛が慢性的なストレス状態に陥っていることを示しています（Mainau, 2015）。

　一方で、断続的乾乳よりも一発乾乳のほうが乳腺組織内の生理学的抗菌物質の量が増え、高い回復効果が得られることもわかっているため、泌乳量が15kg未満のときには、むしろ一発乾乳を行なうべきだという意見もあります（AHDB）。

　サインが見られます。また同時に乳房内圧を減らすために起立時間が延長し、咆哮の回数が増えますが、これも乳牛の痛みのサインとして受け取るべきです。

　乾乳期においても泌乳期と同様、大腸菌や S. uberis などの環境性乳房炎に罹患する可能性があり、そのため乾乳期における衛生管理はウェルフェア上欠かせません。衛生的な敷料と適切な栄養管理によって、高い健康状態と免疫力を保つ必要があります。ストレスもまた免疫力を下げる原因となるため、できるだけ負担の少ない方法での乾乳が求められます（AHDB）。

　乾乳期には、移動、飼料内容の変更、群編成などのストレス要因が重なりますが、ストレスは加算的に乳牛に負担をかけるといわれています。乾乳による痛みとストレスを軽減するためにも、飼養管理などに関わるほかのストレス要因を緩和し、また上記のサインについても継続的にモニタリングすることで、早く異常に気づいてあげるべきです。

　乾乳期は乳牛にとって貴重な休息期間です。誰だって、休みに入る前に嫌みを言われ不快な思いをしたくありません。また、貴重な連休中に病気や怪我をしたら、どれほど悔しい思いをするでしょうか。乳牛が気持ち良く休暇に入り、それを満喫できるように、飼養者はストレスを最低限に抑える努力をしてください（図 15）。

＊

　乳牛は生理学的要求量を超えて泌乳することで、農場に利益をもたらしてくれます。乳が出なくなった乳牛はもはや経済的価値を失い、淘汰されることとなります。乳房は乳牛にとっての第二の心臓ともいえ、どんなに気づかっても足りないぐらいです。これを読んでいる男性諸君は思春期のあの頃のように、1 日中おっぱいのことを考えて過ごしてください。

　次に去勢や除角など、外科処置についてウェルフェアの観点から解説します。子牛に大きな苦痛を与える作業は、やり方を間違えればウェルフェアどころか、子牛の命にすら関わりかねません。『角を矯めて牛を殺す』というように、無理をした結果すべてを台無しにしてしまわないように、できるかぎりウェルフェアに沿った方法を選択していただきたいと思います。

外科処置を行なう際の大前提

　その目的を問わず、牛に外科処置を施すうえで心がけたいのは、できるだけ対象となる牛の負担を減らすということです。そのために適切なハンドリングや、疼痛管理を行なう必要があります。

　まず、保定時間はできるだけ短くする必要があります。必要以上に無理な姿勢で牛を保定しておくことは、ウェルフェアを大きく障害します。処置時には対象畜が健康であること、また適切な日齢に達していることを確認するべきです。初乳摂取前や離乳直後など、牛の生命維持に関わるような重大な時期に外科的処置を行なうべきではありません。処置の方法についても、できるだけ牛にとって負担の少ないものを選択し、必ず衛生的な器具を使用するようにしましょう。術野で感染や化膿などが起こらないよう、消毒や抗生物質などを使用し、

また必要に応じて麻酔や鎮痛剤を併用することが推奨されます。

　一般的に外科処置は、対象畜が若いほうがウェルフェア上好まれます。その理由として、まず保定がしやすいために処置にかかる時間が軽減できること、切開創が小さくてすむこと、若いほうが痛みに対する感受性が低いと考えられていることなどがあげられます。外科処置を行なううえでの大前提として、これらを頭に留めておく必要があります。

除角

　繰り返しますが、ウェルフェア上、除角は若齢期に行なうことが推奨されています。例えばイギリスでは、除角は焼灼で、生後2カ月齢未満に行なうことが推奨されており（Defra）、スイスなどでは、年齢を問わず、除角実施時には鎮痛剤を使用することが定められています（A. Steiner）。基本的に幼齢期の除角芽（成長点の除去）を推奨しており、成育後に除角を行なうことはウェルフェアに反する行為だとされています。

　除角を行なうことで、闘争の減少、角の突き合いによる外傷の減少、過密による影響の低減、管理者の事故防止、群編成の容易化などの効果が得られます（AVMA）。実際に角の有無で外傷の発生頻度および肉の廃棄率に倍近く差が生じるという報告があります（Staffon K. J.）。

　角は皮膚から伸びた特殊な構造をしており、基底部で角と皮膚が連結しています。もし角を切り落としても、角芽を除去しなければ角は再度伸びてきます。

　角の基底部には角神経や角動脈が走行しており、除角により牛は強い痛みを感じ、そして大量に出血します。さらに止血後も損傷した細胞より浸出物が漏出し、継続的に痛みや不快を生じます。とくに除角の手技が不十分だと、牛は不快感から除角部分を地面や柵にこすりつけ、感染症の危険性が高まります。

　除角後は血中コルチゾールやアドレナリンが増加し（Mellor D. J.）、とくに成育後に実施した場合、増体の低下が6週間ほど継続します（Loxton I. D.）。このような痛みは局所麻酔薬や非ステロイド系抗炎症剤の併用によって軽減することができますが（図16）、若いうちに角芽の除去を行なうことが、やはり理想的だといえるでしょう。さらに角の先端部だけを切除する方法は、飼育者や同居牛の安全上、好ましくありません。

　このように除角には強い痛みやストレスがつきまとうので、健康上問題が見られるときや、離乳などほかのストレスがかかる時期には実施するべきではありません（Defra）。また、夏〜秋にかけてのハエが多い時期には除角の実施は避けることを勧めます。これはハエなどの害虫により術野が化膿するリスクが高いためです。除角後にモクタールを塗布したり、角周囲に殺虫剤を撒くことも害虫による感染防止には有効です。しかしながら殺虫剤は術野に直接散布しないようにしましょう。

　角の内部には角動脈が走行しているため、除角後に大量の出血が起こります。そのため、除角を行なう前にあらかじめ角のまわり、とくに耳に近い位置をゴムの止血帯などで強く圧

図16

あ～痛たたた

あ～痛たたた

子牛のペイン（痛み）は俺が消す。
もう涙のレイン（雨）は見たくないから……

鎮痛剤や麻酔を使用することによって、肉体的な痛みを軽減することはできます。
しかし、イタい発言や行動については、もう、どうしようもありません。

迫し、出血を抑えることを勧めます。実施後の出血に対しても、止血パウダーとしてミョウ バンを散布したり、やむを得ない場合には烙鉄を使うなど、できるだけ出血量を減らすため の努力が必要です。

　早い時期での除角の実施が推奨されているほかの理由として、若齢期には角の内腔が副鼻 腔と連結していないため、除角により牛にかかる負荷が小さく、また除角に伴う呼吸器感染 が起こるリスクが低いことがあげられます（図17）。除角後の化膿は、ときに蓄膿症や前 頭洞炎などを引き起こし、著しく牛の健康およびウェルフェアを阻害します（Ward J. I.）。

　除角芽、除角には、それぞれいくつかの方法があるので、それぞれの特徴、注意点などを 紹介します。

（1）生後1カ月齢未満（角芽5〜10mmの突出）

✔ 除角用烙鉄（バデックス、デホーナー、こてじゅう）

　幼若期であれば、これを角芽部分に押し当てるだけで除角が完了する。出血も少ない。ウェ ルフェア上推奨されている方法ではあるものの、やはり痛みは大きい。

✔ 腐食剤（NaOH、KOH、除角ペースト）

　角芽部分のみに当たるようにしないと、その周囲の皮膚や眼に垂れ落ちて、組織を損傷す る可能性がある。雨に流されたり、同居牛に舐め取られる可能性がある。

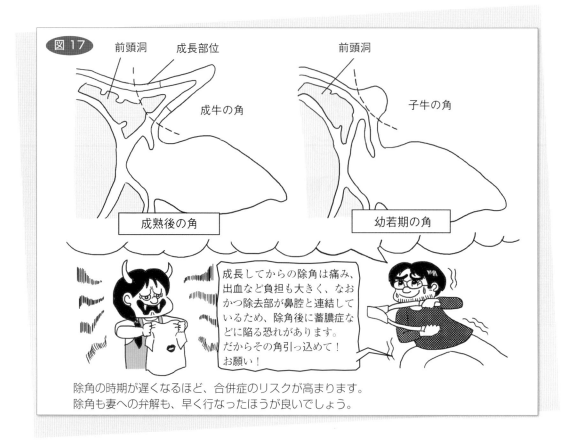

図17

前頭洞　成長部位　　　　　　前頭洞

成牛の角　　　　　　子牛の角

成熟後の角　　　　　　　幼若期の角

成長してからの除角は痛み、出血など負担も大きく、なおかつ除去部が鼻腔と連結しているため、除角後に蓄膿症などに陥る恐れがあります。
だからその角引っ込めて！お願い！

除角の時期が遅くなるほど、合併症のリスクが高まります。
除角も妻への弁解も、早く行なったほうが良いでしょう。

（2）生後1～6カ月齢（角長3～8cm）

✔ バーネス除角器（スクープ除角器）

比較的安価かつ簡易的に行なえる。痛み、出血が多いため、処置後の止血が必要となることが多い。保定をしっかりとしないと、広範囲の組織損傷や半端な除角による角の再生を招く可能性がある。

✔ 除角用鋸

角を切断するまでに時間を要し、しっかりとした保定が必要。

（3）6カ月齢以降の牛

✔ 切胎用線鋸（除角ワイヤー、ワイヤーソー）

かなりの力が必要であり、時間も要する。しかしながら摩擦により切断面からの出血が少なく、見た目もきれい。

✔ 除角用剪断器（キーストン除角器、コンベックス除角器）

短時間で行なうことができるが、出血が多く、実施時に牛が頭部を振ったりすると頭蓋骨を損傷する可能性がある。

＊

不手際な除角は長期的に牛のウェルフェアを障害することを頭に入れておき、常に最善の時期に、最善の方法で挑んでください。

◯⬛ 去勢

イギリスでは、去勢を2カ月齢以降の子牛に対し無麻酔下で実施することを禁止しており、さらに無麻酔下でのリング法などの血流遮断による去勢法については、生後1週間以内に限定して実施を承認しています。

いうまでもなく、去勢の実施により牛は強い痛みや不快感を覚えます。私も一人の男として、その肉体的、精神的ダメージたるや筆舌に尽くしがたいことが想像できます。しかしながら去勢しなければ攻撃行動や性行動などの雄性行動が管理上問題となり、さらに雄臭によって肉としての商品価値が著しく低下します。

去勢実施後、牛は強い疼痛反応を示します。例えば、暴れる、後肢で蹴る、尻尾を振る、頭を振る、食欲が落ちるなどがこれにあたります。このような疼痛反応は、外科的去勢法やバルザック法と比べるとリング法のほうが見られにくいといわれますが、実際には血流の遮断、組織の壊死によってリング法実施後に牛は長期的な痛みを感じます（USDA）。

このようなサインは若齢牛のほうが示しにくいといわれていますが、これは前述したように、保定が容易なため処置にかかる時間が少ないこと、組織の損傷が少なくてすむことなどが理由としてあげられます。また、局所麻酔や鎮痛剤の利用によって、その痛みとストレスを大きく軽減できることがわかっています。

去勢と除角、両方同時に実施することによってストレスを一つにまとめようという農場もありますが、これは推奨できません。両方を同時に行なうことにより、去勢後の回復が遅れることがわかっています（Sutherland M. A.）。それよりは器具の衛生管理や、確実な保定と手技を徹底することが推奨されます。それによって、破傷風、パピローマウイルス、BLなどの感染を予防することができます。

去勢にもいくつかの方法があり、それぞれの特徴、注意点などについて紹介します。

✔ リング法

回復に要する時間が長く、1週齢を超えた牛に対しては麻酔の有無にかかわらず実施すべきではないとされている。実施により牛は長期的に不快感、痛みを感じ、ほかの方法と比べても破傷風などの感染リスクが高い。

✔ バルザック法

メンテ不足により器具の締まりが悪いと、陰嚢皮膚に広範囲の挫傷および壊死を招く可能性がある。また精索の圧搾を失敗すると、精巣が萎縮せずに追加の外科的処置が必要となる。

✔ 外科的去勢法

精索を切る、ちぎるなどの行為はとくに強い痛みを伴うため、一部の国では局所麻酔下での実施が定められている。ときに出血、術野の腫れ、感染などの合併症が見られやすい。術

者の手袋の着用、牛体および敷料の衛生管理などが求められる。

＊

　一つ断言できることは、ストレスホルモンの上昇値などから見ても、去勢が無茶苦茶痛いということです。現状実施は避けられませんが、できるだけストレスを減らし、また合併症が起こらないよう配慮してやる必要があります。

　繰り返しますが、子牛に外科処置を施すうえで衛生管理は必須条件です。去勢時に牛体の精巣……じゃない、清掃が必要ないと、去勢……じゃなかった、虚勢を張るなど、まったくの睾丸……ではなく厚顔無恥。これまではタマタマ上手くいっていただけと考え、次からはウェルフェアに配慮した処置を行なってください。

健康管理

　乳牛の健康はウェルフェア上、最低限保証されるべきものです。いうまでもなく、病気によって生産性およびウェルフェアは大きく損なわれます。早期発見・早期治療ももちろん大事ですが、それ以上に病気の発生を予防することが何よりも大切です。おっと！ まるで獣医師のようなことをいってしまいましたね。では本題に入ります。

跛行

　本章の初めにウェルフェアの根幹となるものとして「五つの自由」を紹介しましたが、跛行はそのほとんどすべてを障害するものです。

　跛行を呈した乳牛は、間違いなく痛みや不快を感じており、その痛みたるや乳牛が陥る病気のなかで一番強いともいわれています（Whitmore, 2009）。乳牛の跛行のサインとして、左右不均衡な負重や、背湾姿勢、歩幅の減少や、歩行速度の低下などが見られますが、これらはすべて乳牛が訴える痛みのサインです。

　しかも跛行は初期症状が認識されにくく、乳牛は明らかな跛行を呈する数週間前から足に痛みを抱えていると考えられています（Green, 2002）。本来、自然界において動物は捕食動物に捕まらないよう、自分が弱っていることを隠そうとします。乳牛も同様に跛行の初期のサインを隠そうとするため、診断方法をパーラーでの観察などに留めておくと、実際に跛行を呈している個体の実に25％程度しか発見できないともいわれています（NADIS）。発見の遅れはひいては治療の遅れにもつながり、結果として罹患牛の乾物摂取量（DMI）、泌乳量、受胎率、そして生産寿命などを著しく低下させます。

　さらに跛行は乳牛の自然な行動を障害します。跛行を示す乳牛は自由かつ快適に動き回ることができず、同居牛との交流や社会行動の発現、発情徴候なども制限されます。また、跛行を示す個体は給飼場所での競争にも負けやすく、痛み以外の理由からも食下量が低下する

図18

スコア2
・立っているときの背線は
　まっすぐ。
・歩行時の背線はアーチ状。
・歩様にやや違和感。

スコア3
・起立時も、歩行時も、背線は
　アーチ状。
・歩様には明らかな違和感。
・患肢には負重しなくなる。

あ、スコア5。
獣医に電話
しますね

警察だよ！

起立時・歩行時を問わず、配線がアーチ状の乳牛が見られたら、それは要注意のサインです。
背を曲げてヒョコヒョコ歩いている乳牛を見つけたら電話しましょう。獣医師か削蹄師に。
（参考：ジンプロ社「Locomotion Scoring of Dairy Cattle」）

といわれています。(Norring, 2014)。

　実際に跛行が生産成績に及ぼす影響について見ると、例えば、趾間腐爛に陥った乳牛では、平均泌乳量が健康牛と比較して10％程度低下することがわかっています（Shearer, 2011）。また跛行による泌乳量への影響は、外見的に明らかになる2週間前から現れることもわかっています（Cornell Univ.）。泌乳初期に跛行に陥った個体の60％は泌乳期を終えることなく淘汰されるともいわれています（Shearer, 2011）。

　繁殖成績もまた、跛行によって大きく影響を受けます。イギリスで427頭の個体について調査を行なったところ、跛行を呈した個体は健康畜と比べて分娩後の発情再起が4日間、受胎までの期間が14日延長することがわかりました（Colick, 1989）。また健康群では初回授精時の受胎率が56％であったのに対し、跛行を呈した群では46％に留まり、さらに受胎までに行なった授精回数にも両群間で明らかな差が見られました（Colick, 1989）。とくに泌乳初期に罹患した個体では繁殖成績に及ぶ影響が大きく、北米での調査によると、分娩後30日以内に跛行を呈した個体は健康畜と比較して、初回授精受胎率で17.5％対42.6％、繁殖障害の発生率で25％対11％と、顕著な差が見られたとのことです（Malendez）。

　乳牛は、趾皮膚炎、趾間腐らん、蹄底潰瘍など、さまざまな理由で跛行を呈しますが、まずその原因を明らかにすることが重要です。そのためにも農場で継続して実施できる評価基

図 19

フットバスの設置は趾皮膚炎などの予防に効果的です。
文字どおり病原体をフットバスことができますので積極的に利用しましょう。

準と、発見後行なうべきアクション・プランを作成し、どうすれば発生を減らせるかを考え、農場全体で改善策を講じることが重要です。

現場で実施できる客観的な跛行の評価方法として、跛行スコアがあります（図 18）。これは乳牛が平坦で滑りにくい床を歩いているところを観察し、その歩様や姿勢を見て、跛行の度合いを 5 段階で評価するものです。スコア 2 〜 3 の乳牛が散見されるようであれば、何らかの対処を行なう必要があります（Belly, 1997）。

問題発生時にとるアクション・プランとして、例えば、次のことがあげられます。床の衛生状態を改善することは、蹄部の感染リスクを減らします。パーラー入口におけるフットバスの設置も趾皮膚炎などを減らす有効な方法です（図 19）。定期的な削蹄は跛行の発生を大きく減らします。日常的に乳牛を丁寧に扱うことは、転倒、滑走などの事故を減らします。罹患牛の栄養状態についても評価し、とくに低栄養の個体で発生が見られるときには蹄葉炎などを疑い、飼養管理を見直す必要があります。移行期の管理失宜も跛行、そして起立不能の原因となります。そして何よりも早期発見・早期治療を心がけることが重要です。スコア 3 以上の個体に対しては 24 時間以内の治療を行なうことが勧められます。

跛行を呈する牛については発見した日付、牛の個体番号や肢蹄の状態、行なった治療などについて記録し、スコアが高い乳牛についてはその治療効果を、スコアが低い乳牛についてもその発生率を記録することが勧められます。跛行の発生率や治療頭数などについて定期的

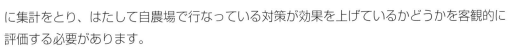

に集計をとり、はたして自農場で行なっている対策が効果を上げているかどうかを客観的に評価する必要があります。

　跛行は、乳房炎、繁殖障害に次いで酪農経営上3番目にお金のかかる病気であるといわれています。しかしながら実際に群全体における発生率などを加味すると、農場への経済的影響は乳房炎よりも大きいという意見もあります（Shearer, 2010）。跛行以上に農場経営、乳牛のパフォーマンス、そしてウェルフェアを総合的に障害する病気はありません。跛行軽減のための投資は、必ず農場に恩恵をもたらしてくれることでしょう。

乳房炎

　乳房炎は痛い病気です。炎症反応が強く現れる急性の場合はもちろん、外見的に症状が気づかれにくい潜在性の場合であっても乳牛は痛みを感じています。潜在性乳房炎に罹患した乳牛では、血中および乳汁中のブラジキニン、アミロイドA蛋白、ハプトグロブリンの濃度が上昇することがわかっています（Mainau, 2014）。これらは感染、ストレス、炎症、そして痛みの指標となります。

　乳房炎が進行すると乳牛は知覚過敏となり、触診や搾乳により痛みを示すようになります（Milne, 2003）。通常、牛は病気になると横臥時間を増やすことでエネルギーの損失を減らそうとしますが、乳房炎に罹患した個体は乳房を下にして寝るのを避けるために、逆に起立時間が延長します（Cyples, 2012）。乳牛にとって休息時間の短縮はウェルフェア上、大きな問題となります。

　乳房炎は、跛行、繁殖障害とともに乳牛の三大疾病にあげられ、酪農経営上、最もコストのかかる病気であると同時に、跛行に次いで最も乳牛の幸福を障害する病気であるともいわれています。乳房炎は治療費だけでなく、乳腺のダメージによる泌乳量の低下や乳汁廃棄による経済的損失が大きく、さらに乳房炎に罹患することで、次産時の泌乳量にまで影響が及ぶことがわかっています（NADIS）。また、潜在性であっても乳房炎は継続的な体細胞数の増加により多大な損失を生じ、食品安全上問題となる疾病です。

　乳房炎は三大疾病のなかで最も予防プログラムが功を奏す病気でもあるため、農場で対策プランを練ることが非常に重要です。例えば、Defra（英国環境・食料・農村地域省）では乳房炎管理アクション・プラン（MAP）を作成し、ウェルフェア上、その実施が推奨されています。その内容には、衛生的な乳頭の取り扱い、乳房炎の早期発見・早期治療、乾乳牛への処置、慢性乳房炎牛の淘汰、定期的な搾乳機械のメンテナンスとテストなどが含まれています。

　環境性乳房炎を予防するうえで、「施設」と「管理」は非常に重要なポイントとなります。例えば、飼養密度が高かったり、ストールや牛床のデザインが悪いと乳牛が動きにくく、乳頭を踏みつけるリスクが高まります。敷料の衛生状態も、もちろん乳房炎の発生率に大きく関わり、衛生的かつ乾燥した敷料を十分量供給することが推奨されます。

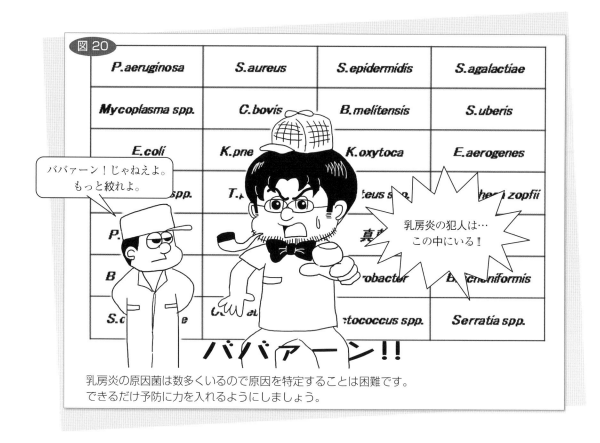

図20

乳房炎の原因菌は数多くいるので原因を特定することは困難です。
できるだけ予防に力を入れるようにしましょう。

　搾乳前にしっかりと乳頭を洗浄し、乾燥させることは乳房炎を予防するうえで重要です。そのためにも前稿で紹介した搾乳ルーチンをしっかりと定着させ、さらに搾乳者が慌てて仕事をする必要がないよう、無理のないスケジュールを組みましょう。搾乳直後に乳頭口が開いた状態で横臥すると乳房炎の罹患率が高まるので、搾乳後にエサを与えて起立時間を延ばすのも有効です。乾乳牛に対しては乾乳用軟膏やシーラントを利用し、しっかりと治療および予防を行なうようにしましょう。

　また、とくに伝染性乳房炎の予防のために搾乳ごとのティート・ディップの実施を徹底することや、感染牛は未感染牛とは別に、最後に搾乳することなども推奨されています（NFACCほか）。

　臨床型乳房炎に陥った個体に対しては、抗生物質の投与はもちろん、疼痛管理を行なうことが推奨されます。推奨されるのは非ステロイド性抗炎症剤（NSAIDs）の利用であり、臨床型乳房炎にNSAIDsを利用することで、解熱はもちろん、ルーメン運動の促進、心拍および呼吸の安定、さらに淘汰率や体細胞数の減少が認められることがわかっています。また、抗生物質を単独で使用した群よりも、NSAIDsを併用した群のほうが回復が早まることもわかっています（Fitzpatrick, 1998）。

　そもそも乳房は何十kgという量の乳を支えており、その乳房が腫れ、熱を持つことは乳牛の歩行や姿勢に大きな影響を及ぼし、ときには立つことや寝ることすら困難となります。安

定的な農場経営を行なうためにも、乳房炎の予防に尽力しましょう（**図20**）。

＊

　乳牛は、その大きな体を4本の足で支えており、それぞれの足に1本当たり100kg以上の負荷がかかっています。乳牛の多くが蹄に炎症を抱えており、跛行を呈しているような農場では、文字どおり爪に火を灯すような、地に足のつかない経営を余儀なくされてしまうことでしょう。跛行、乳房炎ともに、乳牛にとっても、農場にとっても、負担の大きい病気です。ぜひとも予防に努めていただきたいと思います。

　続いて、酪農分野でウェルフェア上大きな問題となる、ダウナー牛と、疾病予防のためのワクチネーションについてお話をさせていただきます。ダウナー牛の世話は決して楽ではありませんが、牛が立てないからといってアルプスの少女のように「いくじなし！　もう知らない！」などとキレてはいけません。根気強く行なっていただきたいと思います。

◯■ ダウナー牛

　「ダウナー症候群」とは、乳牛において分娩前後に突然、起立不能となる疾患の総称です。とくに数回のカルシウム剤の投与によっても起立せず、かつ検査などによっても特定の診断を下し得ないものを指します（牛の臨床より）。

　起立不能となった乳牛の取り扱い方は、ウェルフェア上重要視されており、その後の回復率を大きく左右させます。多くの場合、ダウナー牛のように起立・歩行できない患畜を輸送運搬することは乳牛に苦痛を与える行為であり、そのため米国カリフォルニア州などでは、いかなる目的であっても起立できない乳牛を運搬することは処罰の対象になり得ます（S. Carolyn）。

　もし患畜が頭を上げており、意識がはっきりしているようであれば、まずは患畜を安全な場所へ移動することが勧められます。通路や給飼器の近くなど、ほかの乳牛に危害を加えられる可能性の高い場所や、硬いコンクリート床の上で寝かせることはウェルフェア上問題となります。床面の衛生状態も非常に重要であり、糞尿で汚染した環境に長期間寝かすと、皮膚炎や乳房炎などを継発しやすくなります。

　もちろん移動の際にチェーンなどで無理やり乳牛を引っ張るようなことをしてはいけません。ダウナー牛を引きずるような行為もまた、一部の国では法律で禁じられています。ローダーやトレーラーなどの大型機械で持ち上げての移動が勧められます。

　患畜は日光や雨が直接当たらない、大量の敷料を敷いた場所に移動しましょう。専用の飼槽やバケツを設置し、常に新鮮なエサと水が入っていることを確認します。

　横臥したままでいると、患畜が呼吸をしにくいうえ、鼓脹症やルーメン内容物の逆流による誤嚥を起こすリスクがあります。頭部を持ち上げて上体を起こしてやり、仮にその状態を維持できないようならば何らかの支えをしてやる必要があります。理想的には3〜4時間

図21

反復してカウハンガーで吊架することは、経済的負担以上に乳牛への身体的・精神的負担が非常に大きいです。できるだけ少ない回数で自力での起立に至らせましょう。

に一度は体勢を変えてやることで、状態の悪化を防ぐことができます。

　患畜の体を持ち上げることは、起立支援はもちろん、予後診断、血流の改善を促すためにも必要です。膝で腰回りを押すなどし、患畜が起きようとしたら尾を持ち上げて起立を促してやりましょう。カウハンガーを使う際には、吊起中の落下や骨盤損傷などの事故が起こらないよう注意しましょう。スリング（幅紐）で持ち上げれば体重の60%を支える前肢への負荷を減らすことができ、起立を促すことができます。吊架する前には、両後肢を50cm程度の間隔で縛ることで、股関節脱臼を予防することができます（図21）。

＊

　治療の際には、カルシウム剤や脱水改善のための補液はもちろん、疼痛軽減のために非ステロイド系抗炎症剤（NSAIDs）を利用することがウェルフェア上推奨されています。

　治療に反応しない、外部刺激に反応しない、削痩が著しい、上体を起こせないなど、予後不良と診断されたときには、治療を長引かせるよりも、早期に淘汰するほうがウェルフェア上好まれます。

　ダウナー症候群についても、もちろん予防するに越したことはありません。原因が低カルシウム血症であれば飼料のDCAD、急性乳房炎であれば乾乳期治療、難産であれば精液の選択や初回授精月齢の見直し、滑走であれば床材の見直しなど、予防のためにできることは多くあります。

ダウナー症候群は、予後診断や乳牛の取り扱いを間違えると、患畜に甚大な痛みや苦しみを与える病気です。起立不能牛についての詳しい解説は、73ページからの「立て！モー！立つんだ！モー！」を読んでください。そして起立不能になった乳牛に対しては、予後が期待できるか、そして自分がどこまでその乳牛を看護してあげられるかをしっかりと見据え、適切な判断を下し、患畜に必要以上の苦しみを与えないようにしてください。

⌒🔒 ワクチネーション

イギリスではウェルフェア上、乳牛の健康維持と農場の疾病蔓延予防のためにワクチネーションを実施し、さらに導入する乳牛についても元農場でどのようなワクチネーション・プログラムが実施されてきたのかを聞き取りすることを勧めています。

酪農場におけるワクチネーションの主な目的は、子牛が成長し分娩に至るまで病気から守ること、異常産など周期的に発生する疾病の予防、そして大腸菌ワクチンなどによる初乳を介した免疫付与に分けられます。

ワクチンは100％効果を示すわけではなく、継続的な使用により牛群全体の免疫を底上げし、農場全体での疾病の発生低減を目的としたツールです。しかしそのためには、どのワクチンを、どのタイミングで、なぜ接種するのかを理解する必要があります。

例えば、子牛の肺炎予防ワクチンの多くは生ワクチンであるため、移行抗体を意識して接種時期を決める必要があります。生ワクチンは弱毒化した菌体そのものなので、母牛からの移行抗体が残っているとワクチンが効果を示す前に菌体が殺滅されるため、効果が得られません。ヒストフィルス・ソムニなどの不活化ワクチンは、基本的に2回接種しなければその効果が得られません。ということは、病気が発生しやすい時期の2週間前には2度目の接種を完了させる必要があります。

異常産ウイルスの多くは蚊によって媒介するため、蚊が蔓延する夏季までに2度目の接種を完了する必要があり、そのため接種時期が毎年4〜6月となります。異常産が見られる頃には、すでに地域的にウイルスが蔓延している可能性が高いため、予防のためには毎年接種することが推奨されます。

大腸菌不活化ワクチンなどは、初乳を介して子牛に抗体を移行するために用いられます。このようなワクチンも、母牛が分娩に至る2週間ほど前までに接種が完了している必要があります。ワクチネーションによって初乳の価値を高めても、子牛がそれを飲まなければ意味がありません。初乳管理と合わせて実施しましょう。

＊

ワクチネーションには、使い捨ての針を用い、個体間で共有しないことが重要です。微量の血液であっても病原体を伝播するには十分です。また、投与器具もしっかりと消毒を行なう必要があります。鼻腔内噴霧型の肺炎予防ワクチンなどは、痛みを伴わず疾病伝播のリスクも少ないため、ウェルフェア上利用が推奨されます。

図22

ぬるいビールはまだ飲めますが、ワクチンは冷蔵保存しないと完全に価値を失ってしまいます。取り扱い説明書をよく読み、適切な方法で保存しましょう。

　ワクチンの誤用を避けるためには、とにかく取り扱い説明書をしっかりと読むことです。投与時期、投与回数、保存方法など説明書を遵守しましょう。冷蔵庫からの出庫後も、保冷剤を入れたクーラーボックスで運ぶ必要があります。また、混和後は1時間以内に使用する必要があります。直射日光にも当てないようにしましょう（図22）。

　ワクチン摂取の対象牛は健康でなくてはなりません。極端な話として、免疫がまともに機能しないほど健康状態の悪い牛にいくらワクチンを打ったところで、いたずらに牛を苦しめるだけです。菌体毒素を使っている一部の生ワクチンや、使用しているアジュバント（補助剤）の種類によっては副反応が強く現れることがあり、これは不健康な個体や、ヒートストレス下の個体などでは、とくに強く現れます（Bagley. C, 2001）。ワクチネーションだけで牛群を守ることはできません。飼養管理の改善を合わせて行なうことが、ワクチンの効果を高める有効な方法となります。

*

　生き物を問わず、分娩というのは命がけの行動です。胎子が大きくかつ代謝の著しい乳牛では、分娩前後に起立不能に至ることは珍しくありません。とくに骨折や麻痺などにより起立不能となった乳牛に対する処置は、文字どおり骨の折れるものです。でも、どうか痺れを切らさず、継続的な看護により治癒率を高め、再び元気な姿で農場に貢献できるようにしてあげてください。

ウェルフェアの評価法

　これまで乳牛のウェルフェアについて、複数の項目に分けて解説してきました。しかし、実際に農場でウェルフェアが満たされているのかどうか——その評価は容易ではありません。ここからは本章の締めくくりとして、現場でできるウェルフェアの評価方法についてお話ししたいと思います。

評価基準に求められる三つの条件

　この章の冒頭で紹介した「五つの自由（解放）」を覚えていますでしょうか？ 覚えていない方は 24 ページまで戻ってください。ページを戻すのが面倒な方は、もう一冊本を購入すると便利かもしれません。とにかく「五つの自由」とは次の 5 項目でしたね。

【五つの自由】
1. 飢えと渇きからの解放
2. 不快からの解放
3. 苦痛、怪我、病気からの解放
4. 恐怖と不安からの解放
5. 正常な行動を表現する自由

　これらはアニマルウェルフェア上、満たすべき五つの項目であり、酪農場におけるウェルフェアの充足度についても、詰まるところ、これらが満たされているかどうかに尽きます。しかしながら実際に農場でこれらが満たされているかどうか、どのように評価すればよいのでしょうか？

　産業動物のウェルフェアに対する関心は世界中で高まっており、日本国内でも今年より認証制度が始まり、実施に関して法的義務が課されている国もあります。そのためウェルフェアの評価法についても各国で検討が進められており、広く現場で利用されています。

　アニマルウェルフェアの評価基準に求められる条件としては、①科学的根拠に基づいている、②社会的・政治的観点から認められている、③生産者にとってわかりやすい、これら三つがあげられます。

①科学的根拠に基づいている

　そもそもアニマルウェルフェア自体が科学的根拠に基づいたものであり、動物の生理学や行動学を基礎とした「アニマルウェルフェア・サイエンス」という一つの学問として、現在

図23

決して人間の立場で考えてはいけません。乳牛が何を求めているか、しっかりと理解しなくては誤った評価をしてしまう可能性があります。

でもその内容が更新され続けています。そのため評価基準も科学的根拠に基づいたものでなくてはなりません。

②社会的・政治的観点から認められている

先に述べたように、アニマルウェルフェアは販売戦力としても世界で広く利用されています。消費者が容認できるものでなくては商品に付加価値など付けることはできません。また今後、自由貿易の拡大などにより海外への農畜産物の輸出が進むなかで、国際的なマーケットを確保するためにも、社会的に承認されやすい評価基準である必要があります。

③生産者にとってわかりやすい

現場で実践するのは生産者です。評価基準が生産者にとって理解しやすいものでなくては、それを推し進めることも難しくなります。また将来的にウェルフェアの実施状況を時系列、もしくは農場間で比較しベンチマーキングできる（ベストに学ぶ）よう、内容は理解しやすいものであることが望まれます。

評価基準の実際

決して人間の立場で考えてはいけません。乳牛が何を求めているか、しっかりと理解しなくては誤った評価をしてしまう可能性があります（図23）。

実際に海外で採用されているウェルフェアの評価法としては、ヨーロッパのウェルフェア・クアリティー、イギリスのブリストール・ウェルフェア・プログラム、カナダのアルバータ・ライブストック・プロテクション・システム、そしてスコットランドのアニマル・ウェルフェア・マネージメント・プログラムなどがあげられます。

わが国でも畜産技術協会が2007年より「アニマルウェルフェアの考え方に対応した飼養管理指針」の策定を開始し、2010年に公表しています。また、2014年には「アニマルウェルフェアの向上を目指して」というパンフレットを作成し、そのなかでEUの基準を基とした乳牛のアニマルウェルフェア評価法をまとめています（表3）。各項目について○×で評価するこの方法は、放牧に重点を置くEUのものと比べ、より日本の飼育条件に見合ったものになっています。

このように国内外を問わず、さまざまな評価法が作成されていますが、何もこれらを利用するだけが術ではもちろんありません。例えば、乳牛の人間に対する畏怖行動や、搾乳時の様子、ボディコンディション・スコアリング、跛行スコアリングなどは、日常的に観察することのできる実用的な生産上、そしてウェルフェア上の評価項目となります。これまでご紹介してきたものも含め、生産成績とウェルフェアの両方に関わる、現場で評価できる項目をいくつか紹介したいと思います。

衛生スコア

□評価方法：乳房、大腿部、下肢部の3カ所にわたり、汚れ具合を4段階で評価する。
□ウェルフェア的意義：環境の汚染は乳牛の不快の原因となるため、不快からの解放に関わる。また体表の汚染は乳房炎の発生率と深く関係しているため、疾病からの解放にも関わる。
□生産上の意義：衛生スコアが1上がるにつれて体細胞数が4万〜5万増加することが知られており（A. Garcia）、さらに衛生スコアが3および4の個体は、1および2のそれと比べて乳房炎菌の分離率がおよそ1.5倍高いという報告もある（Schreiner, 2003）。乳房炎による出荷制限、治療費、生産寿命の短縮など、生産性にも影響する。

乳頭コンディション・スコア

□評価方法：乳頭皮膚の肥厚や、ひび割れの度合いに応じて4段階で評価する。

表3　畜産技術協会が取りまとめた「乳牛のアニマルウェルフェア評価法」の項目一覧

区分		配慮すべき項目				
		a　エサ・水	b　物理環境	c　痛み・傷・病気	d　正常行動	e　恐怖
評価対象	A動物	①BCS（ボディコンディション・スコア）	①起立動作 ②牛体の清潔さ ③飛節の状態	①尾の折れ ②蹄の状態 ③外傷 ④皮膚病 ⑤傷病事故頭数率 ⑥死廃事故頭数率	①葛藤・異常行動 ②エンリッチメント利用行動	①逃走反応
	B動物	①飼槽寸法 ②飼槽幅 ③水槽の寸法と給水能力	①暑熱対策 ②牛舎内照度 ③騒音 ④アンモニア濃度 ⑤休息エリアの寸法 ⑥繋留方法 ⑦カウトレーナー ⑧通路幅 ⑨横断通路 ⑩通路の状態	①人間用踏み込み槽 ②分娩房	①1頭当たりの牛床数飼養スペース ②エンリッチメント資材の有無 ③屋外エリア	①袋小路がある放し飼い牛舎
	C動物	①飼槽の清潔さ ②水槽の清潔さ ③哺乳子牛への初乳給与 ④哺乳子牛への給水 ⑤離乳時期 ⑥哺乳子牛への粗飼料給与	①牛床の軟らかさ ②牛床の滑りやすさ ③牛床の清潔さ ④設備の不良	①断尾 ②除角 ③副乳頭 ④削蹄回数 ⑤ダウナー牛への対応 ⑥装着器具 ⑦哺乳道具の洗浄	①哺乳子牛へのミルク給与 ②哺乳子牛の社会行動 ③哺乳子牛の群飼 ④哺乳子牛の繋留	①取り扱い

□ウェルフェア的意義：乳頭が健康的であることは、農場の搾乳技術が高いことを意味している。低スコアを維持することは、搾乳時の不快、そして乳房炎による苦痛から乳牛を解放できていることを意味する。

□生産上の意義：乳頭スコアが高い農場では乳房炎の発生率が高く、それにより廃棄率や治療費が増加する（ABS）。また乳頭に外傷、継続的な浮腫、水泡やうっ血が見られる場合にはストールの問題や感染症なども疑われ、長期にわたり生産性に影響を及ぼす可能性がある（J. S. Britt）。

ロコモーション・スコア（跛行スコア）

□評価方法：歩様や背線の形に応じて5段階で評価する。

□ウェルフェア的意義：跛行により乳牛の行動は著しく制限されるため、農場のウェルフェアを評価するうえで最も有効な指標の一つであるといえる。スコアの増加は苦痛や不快を生み、外傷や疾病からの解放、また正常な行動を表現する自由に反する。

□生産上の意義：跛行によって乳牛の食下量は著しく低下し、それに伴い泌乳量、繁殖成績、淘汰率などが大きく影響を受ける（P. H. Robinson ほか）。

飛節外傷スコア

□評価方法：飛節の外傷の度合いに応じて4段階で評価する。

□ウェルフェア的意義：硬い床との摩擦により擦り傷が生じ、汚染した床面により細菌感染が起こる。痛みを生じることはもちろん、跛行の原因ともなるのでウェルフェア上重大な問題となる。

□生産上の意義：外傷が進行し、跛行に至れば先に説明したように生産性に大きく影響する。

糞便スコア

□評価方法：牛群の糞便の色、硬さ、内容物などから評価する。

□ウェルフェア的意義：食下量のバラつきや、飼料組成に問題があると牛群内でルーメンアシドーシスなどの問題が生じ、糞便性状の一貫性が得られなくなる。病気や飢餓からの解放に関わる。

□生産上の意義：糞便スコアは飼料中のデンプンや繊維の分解効率や、選び喰いの有無を反映するため、糞便スコア3を維持することで飼料費の無駄を減らせる可能性がある（A. Garcia）。

ボディコンディション・スコア（BCS）

□評価方法：主に背骨や横突起、坐骨などにおける肉の付き具合から評価する。

□ウェルフェア的意義：飢え、乾きからの解放はもちろん、移行期におけるBCSの過不足は代謝病や繁殖障害に大きく関わるため、苦痛、不快、疾病からの解放にも関わる。

□生産上の意義：良好なBCSを維持することは、高い生産性を維持するうえで欠かせない。例えば、分娩時におけるBCSが低い群と良好な群で比較すると、分娩後80日目における発情再起率がそれぞれ62％と98％であったとの報告がある（Wiltbank, 1997）。また、子宮炎、胎盤停滞、卵胞嚢腫、ケトーシス、乳熱、低マグネシウム血症、跛行など、すべての病態の発生率が分娩時に過肥の牛で高くなることからも、BCSが生産性に及ぼす影響が甚大であることがわかる（Anim. Prod., 1986）。

ルーメンフィル・スコア（RFS）

□評価方法：乳牛の左後ろ側からけん部を観察し、ルーメンの充満度を評価する。

□ウェルフェア的意義：乾物摂取量や消化率を反映し、飢え、乾きからの解放に関わる。

□生産上の意義：分娩前の RFS は血中コレステロールと相関があり、分娩後におけるエネルギー状態や受胎率との間にも関連性が認められている（Kawashima, 2016）。

そのほかに、牛群全体を見たときの乳牛の状態を観察し、特定の行動を示している個体の割合を調べることで農場におけるウェルフェアを評価する方法もあります。

カウコンフォート指標（CCI）

□評価方法：〔ストールで横臥している乳牛／ストールにいるすべての乳牛〕× 100。CCI、SSI、SUI 三つの指標については搾乳後 1 ～ 2 時間、または搾乳 2 時間前の評価が推奨される（William H, 2009）。目標値は 85％以上。
□ウェルフェア的意義：CCI はストールで落ち着いて横臥している乳牛の割合を示し、ストールの快適性を示す指標である。不快からの解放に関わる。
□生産上の意義：乳牛の休息時間と泌乳量には正の相関があり、CCI の低下は泌乳量の減少につながる（A.Garcia）。

ストール起立指標（SSI）

□評価方法：〔ストールで起立している乳牛／ストールにいるすべての乳牛〕× 100。本数値が 20％以上であれば、多くの乳牛が運動器の異常を抱えているということである（B. Stone, 2007）。
□ウェルフェア的意義：本数値と跛行の発生率には明らかな正の相関が見られる。不快からの解放、病気・怪我からの解放、そして正常な行動を発現する自由に関わる。
□生産上の意義：跛行が生産性に及ぼす影響については先に述べたとおりである。

ストール利用指標（SUI）

□評価方法：〔ストールで横臥している乳牛の頭数／エサを食べていない乳牛の頭数〕× 100。とくに過密状態において、エサを食べに行くことのできない乳牛の割合を示すものである。75％以上を維持したい（William H, 2009）。
□ウェルフェア的意義：密飼いは劣位個体を飢餓状態に追い込み、さらに多くの乳牛の自由な行動を制限するものである。
□生産上の意義：過去の調査からも SUI と跛行の発生率には相関が見られることがわかっている（Cook, 2002）。

このように、意識的に個体もしくは牛群全体を観察することで評価できる項目は多数あり

図24

- ルーメンフィル・スコア（RFS）
- ボディコンディション・スコア
- 糞便スコア
- 衛生スコア
- 肩の傷や、こぶ
- 眼のかがやき　目ヤニ
- 飛節スコア
- 乳頭スコア
- 胸垂部分のこすれ
- 鼻汁などの浸出物

このように、外見からだけでも評価できることはたくさんあるんですよ

そうですね。よくわかります

外見から即座に評価できることは多数あります。ウェルフェアが満たされているかどうかを知るためにも、毎日の観察を怠ってはいけません。

ます（**図24**）。また、各項目がウェルフェアだけでなく生産上も重要な意義を持っていることからも、ウェルフェアと生産性との間には密接な関係があることがご理解いただけると思います。

＊

この章では乳牛のウェルフェアについて解説させていただきましたが、いかがでしたでしょうか？ 従業員の満足度が高い職場では良い結果が生まれるのと同様、ウェルフェアを満たした農場では乳牛の生産性もきっと高まることでしょう。仮に今後、国内でもウェルフェアの概念が広がり、対応に迫られることがあっても、焦ることなく、むしろ迎え入れるくらいの気持ちでありたいものです。そのときはこう言ってやりましょう。「オー！ ウェルカム！ アニマルウェルフェア！」

※本稿はDairy Japan 2016年1〜11月号の連載「オー！ ウェルカム！ アニマルウェルフェア！」を加筆・改稿したものです。

71

ダウナー牛の看護方法

立て！ モー！　　立つんだ！ モー！

① この連載で協力していただいた加治屋先生は、天性の産業動物獣医師みたいな人だ

直ってる!!

診療はもちろん｜溶接もするし｜後輩の育成にも熱心だ

② 定年過ぎても机の上いっぱいに本を広げて、夜まで診療所で勉強しているから恐れ入る

ビュウウウウ

↑定時で帰る人

③ 保定術にも詳しく、ロープワークが疎かな畜産農家に対しては熱心に指導する

いやぁ先生、こんな深夜に来ていただきありがとうございました

ゴチャゴチャ

④ 加治屋先生の指導は夜明けまで続く

農場でできる診断方法

　獣医師として仕事をしていると、頻繁に乳牛の産後起立不能の往診依頼を受けます。もちろん獣医師は急いで向かいますが、患畜が起立不能になってから刻一刻と、その四肢は機能を失い、状況が悪化しているのをご存知でしょうか？　ダウナー症候群は迅速な対応が求められる病気の一つです。この章では、より早い処置を患畜に行なえるように、ダウナー牛の看護方法について解説したいと思います。

＊

　ダウナー症候群の定義は諸説あるものの、一般的には、乳牛において原因不明の、とくに分娩前から分娩後数日の間に突然、起立不能となる疾患の総称と定義されます。ダウナー症候群は以下の三段階に分けて進行するといわれています。

> **原発要因（一次要因）**：そもそもの起立不能の原因となるもの。よく知られる乳熱（カルシウム欠乏）に始まり、ケトーシス、乳房炎、脱臼など、原因はさまざまである。
> **二次要因**：起立不能により筋肉が圧迫されることで起こる、神経の麻痺。
> **三次要因**：圧迫や床ずれなどにより筋断裂や靭帯の損傷が起こり、永久的な起立不能に陥った状態。

　実は、回復できず淘汰される起立不能のうち約１／３が二次要因と三次要因によるものであり、ダウナー牛はきちんと看護することによって、その治癒率が５倍以上になることが知られています（Dairy Australia）。ダウナー牛は決して「死ぬのを待つ牛」ではなく、適切な看護によって復帰できるということを、まず理解する必要があります。

　本章のテーマは、圧迫による麻痺、つまり二次要因を予防するための看護方法を見直すことですが、具体的な看護を行なううえで、まず起立不能の根本的な原因である一次要因を知る必要があります。

　例えば、乳牛の起立不能に対しては多くの人がまずカルシウムを投与すると思いますが、骨折で回復不能の患畜にカルシウムを投与すると、休薬期間により、しばらくは淘汰ができなくなります。また、重度感染症に陥った個体には、カルシウムによる心臓への影響がとくに強く現れるので、投与を控える必要があります。大腿骨など太い骨が折れているにもかかわらず無理して移動すれば、骨が筋肉を割いたり、最悪、血管を損傷して出血多量により死亡する可能性もあります。

　適切な看護を行なうためにも、まずは一次要因について正確な診断を行なう必要があります。一次要因となる病態と、現場で行なえる診断のヒントを以下にまとめました。参考にしてください。

⬤─■ ダウナーの一次要因となる病態

（1）代謝病

乳熱────────

　とくに分娩後、低カルシウム血症により起立不能となるもの。カルシウムは骨格筋の収縮に必要であり、初乳中に大量に流出することで血中カルシウム濃度が低下し、起立不能に陥る。10ℓの初乳を生産するのに消費するカルシウムの量は、血中カルシウム濃度の約9倍である。また、乾乳牛のカルシウムの消費量は1日10～12g程度だが、分娩直後の消費量は1日当たり30gにも上るといわれている（Horst, 1997）。ダウナー牛の38%は一次要因が乳熱であるともいわれている（nadis）。

《診断方法》

・**皮温の低下**：とくに耳表面の温度低下が顕著。

・**首を「くの字」に曲げる**：頭部を持ち上げることも困難となるため、首を「くの字」に曲げた状態でいることが多い。

・**高産歴、高泌乳量の乳牛**：とくに産歴が進んだ乳牛や、泌乳量の多い乳牛での発生が多い。現にダウナー牛の94%は平均以上の泌乳能力を持ったものであるという報告がある（Kumari, 2013）。

・**縮瞳時間（瞳孔の収縮に要する時間）の延長**：カルシウムが不足すると瞳孔の筋肉も障害されるために、眼にライトを当てたときの瞳孔の収縮にも時間を要するようになる（Jackson, 2002）。

・**少量の硬い便**：ルーメン蠕動運動の低下により、直腸検査で便秘状の固まった便が採取されることも多い。

低リン血症────────

　血中のリンの低下により、起立不能もしくは起立困難となるもの。分娩前後の食欲の低下と、分娩後の泌乳の開始により、急激に血中リンが低下する。ダウナー牛の約32%で血中リンの低下が見られるとの報告がある（Wadhwa, 2007）。

《診断方法》

・**乳熱治療後の乳牛**：低カルシウム血症と併発することが多いため、乳熱の治療の際にカルシウムのみを投与したときに起こりやすい。

・**外見上は元気**：低カルシウム血症と違い、意識ははっきりとしており、外見上元気で食欲を示すことが多い。

・**這いずるような姿勢**：前肢が立たず、這いずるような姿勢となることが多い。

二日酔いの原因は体内にケトン体が溜まることなので、いわばケトーシスと同じです。
ケトーシスに陥った乳牛の元気がない理由が理解できると思います。

　ケトーシス————
　主に分娩後のエネルギーの不足に応じて脂肪が分解され、肝臓でケトン体が合成されることによって起こる。乳牛において分娩後 60 日以内における発症率は 7 〜 14％といわれているが、農場によって発生率は大きく異なる（Merck）。
　《診断方法》
　・元気がない：乳牛は気分を悪くして、元気消失する。
　・過肥ぎみ：とくに分娩時のボディコンディション・スコアが高い個体（3.75 以上）での発生率が高い。
　・ケトン臭：呼気や尿からケトン臭がして、簡易キットや計測器を使った尿検査によりケトン体を検知する。ちなみにケトン臭を「リンゴや柿の腐ったような甘酸っぱい匂い」と表現する人もいる。
　・神経症状：まれに神経症状を呈することがあり、攻撃的になったり、何かを舐めたり噛んだりするような動きをする。

（2）感染症
　子宮炎————
　通常、子宮内は分娩後 10 日前後で元の細菌叢に戻り、40 日前後で収縮して回復に至る（小

山、2012）。しかしながら助産や分娩後の低エネルギー状態により免疫力が低下した個体の子宮内で大腸菌や腐敗菌が増殖し、重度の子宮内膜炎に至ることがある。急性のものでは全身を菌が巡り、発熱を呈し、起立不能となる。

《診断方法》

- **体温の上昇**：体温は著しく上昇し、全身に菌が巡ることにより元気消失する。
- **ショック**：四肢が冷たくなったり、脱水が見られることがある。
- **難産の有無**：難産の後だと、子宮内膜炎の発生率が増加する。
- **悪露の排出**：外陰部より赤褐色の悪露を排出し、直腸検査で肥大した子宮に触れる。

乳房炎—————

泌乳開始後に乳房炎菌に罹患し、菌が全身を巡ることで起立不能に至る。急性乳房炎は、大腸菌や黄色ブドウ球菌、連鎖球菌などが関与している可能性が高い。

《診断方法》

- **体温の上昇**：急性感染症により体温が著しく上昇する。
- **ショック**：四肢が冷たくなったり、脱水が見られることがある。
- **乳房炎症状**：乳房の腫脹、発熱が見られ、乳汁は血が混じったような水様となることが多い。壊疽性乳房炎ではとくに顕著な症状が見られる。腐敗臭のあるガス混じりの血乳を呈し、乳頭からその周囲の乳房が瞬く間に紫色に変色していく。

腹膜炎—————

難産に伴う子宮の裂傷、過去の外科手術、金属異物、腸の潰瘍、ときに肺炎などによっても起こる。

《診断方法》

- **体温の微増**：とくに慢性化している場合、体温は微増することが多い。
- **排便量の低下**：腹腔内にガスが貯留するため、直腸検査で直腸粘膜の張りを感じる。同時に排便量が低下する。
- **過去の治療歴**：過去の変位手術の有無や、治療歴などについて確認する。
- **粘膜の蒼白**：慢性炎症により貧血に陥る。

（3）骨格筋や神経の異常

骨折—————

多くの場合、転倒や滑走により四肢の骨が折れるが、とくに分娩後の起立困難なときに、このような事故が起きやすい。細い通路を急いで通過しようとしたときなどに体をぶつけ、骨盤周囲の骨（寛骨）が骨折することもある。また、蹄を形成する節骨の骨折もまれに見られ、この場合、急性かつ強い痛みを生じる。1996年の調査によると、ダウナー牛の62%は外傷か分娩後麻痺によるものだった（Hoard's Dairyman）。

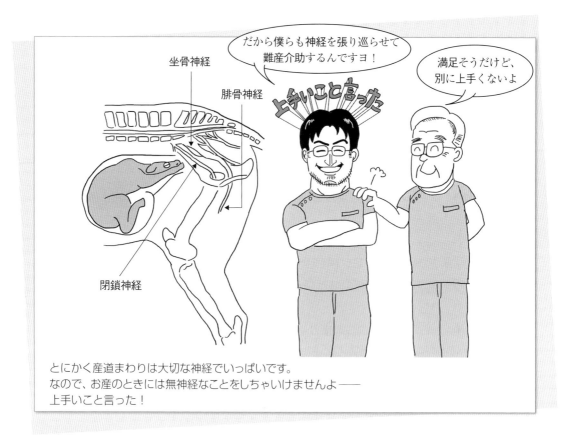

坐骨神経

腓骨神経

閉鎖神経

だから僕らも神経を張り巡らせて難産介助するんですヨ！

満足そうだけど、別に上手くないよ

上手いこと言った

とにかく産道まわりは大切な神経でいっぱいです。
なので、お産のときには無神経なことをしちゃいけませんよ——
上手いこと言った！

《診断方法》

・**患部の触診**：骨折した部位は明らかに可動性が増し、動かすと強い痛みを生ずる。また、患部の腫脹が著しい。大腿部など厚い筋肉に覆われた部分ではわかりにくいことも。

・**患部の聴診**：骨折した部位を動かすと、骨が擦り合わされる音がすることもある。

・**起立意欲が強い**：元気があり、起立意欲が強いために広い範囲を這いずりまわることが多い。患畜の周囲に動き回った跡が見られると筋肉や骨の問題が疑われる。

・**食欲がある**：食欲も落ちにくいため、エサをやって反応を見るとよい。

・**患畜の居場所**：農場によっては特定の場所、例えば、狭いゲートや滑りやすい場所での発生が多いため、患畜がどこで起立不能に陥っているかも診断のヒントとなる。

股関節脱臼—————

分娩後は骨盤や靱帯が緩んでいるため、股関節脱臼が起こりやすい。とくに起立困難な状態からの無理な起立、発情牛からの乗駕などにより滑走し、脱臼に至ることがある。滑りやすい牛床やスノコの上ではとくに問題となる。

《診断方法》

・**特徴的な外見**：一般的に「股裂き」と呼ばれるように、両後肢を開いた特徴的な外見を示す。脱臼が片側だけであっても、外見的に骨盤が左右不対称となり、患肢を体躯に近づける

ことができなくなる。直
腸検査で骨盤の歪みを触
知できることがある。

（4）神経系の異常

閉鎖神経、坐骨神経、腓骨
神経、脛骨神経などが難産に
より圧迫、障害されることが
多い。過大胎児、ヒップロック、
骨盤が狭いなどの原因で、胎
児が長時間経過して娩出され
た場合に、このような問題が
起こる。ダウナー牛の46%
は難産経過後であるという報
告もある（nadis）。障害され
る神経の種類によって症状が
一様ではないので注意が必要。

《診断方法》

・**お産の経過**：いつ産んだか、
介助したか、介助の方法、
子牛が生きているかなど
を確認する。また、娩出
された子牛の顔面が腫脹

ダウナー症候群の一次要因とその症状一覧

一次要因	原因	症状
乳熱	血中カルシウムの低下	皮温の低下 首を「くの字」に曲げる 高産歴、高泌乳 縮瞳時間の延長 少量の硬い便
低リン血症	血中リンの低下	乳熱治療後 外見上は元気 前肢が立たない
ケトーシス	低エネルギー状態	元気がない 過肥ぎみ ケトン臭 神経症状
乳房炎	細菌感染	高体温 ショック（四肢の冷感、脱水） 乳房の腫脹、異常乳
子宮炎	細菌感染	高体温 ショック（四肢の冷感、脱水） 難産の有無 悪露の排出
腹膜炎	細菌感染	体温の微増 排便量の低下 過去の手術歴 粘膜の蒼白
骨折	転倒、滑走など	患部の触診、聴診 元気、食欲はある 患畜の居場所
脱臼	転倒、滑走など	特徴的な外見
神経麻痺	難産	難産の有無 プリックテスト ナックリング

していたりすると、お産に時間がかかったことが予想できる。

・**プリックテスト**：プリックテストとは、蹄間や肛門周囲に針を軽く刺して、反応を評価
する試験である。腓骨神経麻痺などでは皮膚の感覚が消えてなくなる。

・**ナックリング**：とくに坐骨神経麻痺で見られる。主に後肢、まれに橈骨神経麻痺などに
より前肢のナックリングも見られる。

*

あくまで一部ですが、ダウナー症候群の一次要因とその症状を紹介しました。

乳牛が起立不能に陥ったとき、これらのヒントをもとに、まずはその一次要因を予測して
いただきたいと思います。一次要因が予測でき、看護を行なうことを決めたら、できるだけ
迅速に行動を開始する必要があります。

看護の仕方

■ 早期の看護の重要性

　前項で説明したとおり、ダウナー症候群に陥った個体が予後不良になる主な原因は一次要因ではなく、神経の虚血麻痺、つまり二次要因によるものです。罹患後の時間が延長して病状が進行した場合、一次要因に対する治療を行なっても、もはや患畜は立ち上がることができません。ダウナー牛は単純に起きたくないだけではないことを理解しておく必要があります。

　実際にダウナー症候群は看護の有無で、その回復率が8倍も違うとの報告があります（CattleSite, 2015）。また、治療開始前にしっかりと看護を受けていた乳牛は25頭中16頭、つまり64%が回復したにもかかわらず、十分な看護を受けていなかった個体で、回復したのは9頭中1頭であったという報告もあります（B. Gerloff, 2016）。

　二次要因に対してどのような治療を行なっても、初期の対応が遅れると良い結果は得られません。乳熱についても、6時間以内に治療したものはたった2%しか起立不能が長期化しませんでしたが、7〜12時間の間に治療したものは25%が長期化し、18時間治療しなかった群は50%程度しか回復しなかったとのことです（W. D. Whittier, 2008）。

　海外で利用されている、患畜を水槽に入れて浮かべる起立補助方法としてフローテーションタンクセラピーがあります。これは非常に牛にやさしく、なおかつ高い治癒率を誇る手段ですが、起立不能に陥った後、実施までの期間が12時間遅れるごとに、回復率は約10%ずつ低下することがわかっています。つまり48時間処置が遅れると、回復率が半分程度まで落ちるということです（Y. J. Stojkov, 2016）。

■ 低カルシウムについて

　一次要因として低カルシウム血症が疑われる場合には、なによりもまずカルシウムの投与が優先されます。カルシウムは通常、体重45kgに対して1g（つまり約2g／100kg体重）の投与が推奨され、多くのカルシウム剤には9〜10g程度のカルシウムが含まれているため、患畜の大きさによっては1本で不足分を補うこともできます（Merck）。最近では分娩後の皮下投与を実施している農場が多く見られますが、これは分娩後、抹消の血流量が弱くなっているために期待したほどの効果が見られないことも多くあります。経口カルシウムについても50gの成分を経口投与しても4g程度のカルシウムしか血中に移行しないことがわかっており、推奨濃度には及びにくいです（Goff. JP, 1993）。また、カルシウム欠乏

カルシウムの喪失を防ぐために搾乳を控えることは、乳房炎を招くため推奨できません。
だからといって、もちろんこんな本末転倒なことしちゃいけませんよ。
ちなみに、この図の乳牛のような体勢を「胸骨座位」といいます。

の乳牛は、筋肉の弛緩により嚥下が上手くできないこともあるため、誤嚥に気をつける必要
があります。

　ダウナーの予防目的でカルシウムを投与する分には皮下、経口投与で間に合うかもしれま
せんが、すでに起立不能に陥った個体については早期の静脈注射が必要です。獣医師に相談
してください。

　通常、乳熱であれば75%の個体がカルシウム投与後2時間以内に起立するといわれて
います。処置後6時間程度が経過しても起立しない個体については、別の原因を疑う必要
があるかもしれません。また、カルシウムの投与により起立した個体についても、25〜
30%が48時間以内に再発に至るといわれているので、状況に応じて再度投与することも
推奨されます。高産歴、高泌乳などリスクが高い個体については、分娩時とその12時間後
における皮下、あるいは経口カルシウムの予防的投与が推奨されます（Merck, 2015）。

　もちろん単にカルシウムを大量に投与すれば良いというわけではありません。乳熱の予
防にカルシウムを6g、9g、12g投与した実験では、9gでは6gと比較して明らかな症
状の改善が確認されましたが、9gと12gでは差が見られなかったという報告があります
（Alanko. M, 1975）。過剰に投与したカルシウムは尿中に排泄され、また高カルシウム血
症により心臓に負荷をかけます。やみくもにカルシウムを打つのではなく、あくまで必要量
に応じた投与が推奨されます。

⏱️ いざ、看護

　ダウナー牛の看護を開始する前に、まず乳牛の意識がはっきりしているかどうかを確認する必要があります。耳は上がっているか、鼻は濡れているか、脱水はないか、外部刺激に反応するかなどを観察します。重度の削痩や衰弱、水も飲まずに元気消沈している個体は、看護による回復が期待できないかもしれません。

　また、股関節脱臼や、解放骨折、外見的に明らかな脊椎の損傷や、神経症状、複数個所における関節炎などが見られる場合も、あまり治療効果が期待できません。このような個体については、早期の淘汰を検討する必要があります。

　移動する前に本当に乳牛が自力で起きられないか、一度、簡単な方法で試してみましょう。いうまでもありませんが、もし分娩直後であれば、起立させる前に子牛を移動する必要があります。立ち上がる工程でふらつき、子牛を踏んでしまうようなことがあれば目も当てられません。

　まず、手叩き、大声、地面を踏みつけるなど、間接的な刺激から始めます。次に、腰部分を膝で押しましょう。徐々に腰から胸へと刺激部位を移します。それでも起きないようなら、尻尾をひねるように強く回し、10〜20秒反応を見ます。もし乳牛が起きるそぶりを見せたら、尾を引っ張り上げて起立を支えてやりましょう。患畜が長く立っていられるようなら、予後が期待できます。このとき一緒に頭部も支えてあげれば乳牛は起立しやすいうえ、不意に方向を変えようとしたときの転倒を防ぐことができます。

　電気ムチの使用については意見が分かれ、絶対に使わないほうが良いという人もいれば、短時間に限定して使うべきという意見もあります。私個人としては、横臥時間の延長による筋肉の壊死のほうが由々しき問題だと思っているので、2〜3秒に限定して電気ムチを使用します。このとき、頭部、胸部、陰部など敏感な部位には間違っても電気ムチを使用してはいけません。せいぜい尾の無毛部に一瞬、電気刺激を与える程度です。実際にこの程度の刺激で意欲のある患畜は起きます。

　頭を上げており、意識がはっきりしているようであれば、患畜を安全な場所へ移動することが勧められます。通路や給飼器の近くなど、ほかの乳牛に危害を加えられる可能性の高い場所や、硬いコンクリート床の上などでは、ものの数時間で皮膚や筋肉組織、神経が障害されます。試験的に乳牛に麻酔を投与して胸骨座位の状態を維持させた実験があります。乳牛を3時間座らせていただけで、試験牛16頭のうち、8頭が虚血麻痺によって起立できなくなったとのことです（Cox VS, 1982）。

　もちろん、チェーンなどで無理やり乳牛を引っ張るようなことをしてはいけません。ローダーやトレーラーなどの大型機械で体を持ち上げての移動が勧められます。しかしながら、患畜をローダーで直接すくい上げてはいけません。牛体のそばでバケットを静止させ、患畜の体を横臥させて積み込むようにします。バケットは移動中に患畜の体が地面に接触しない

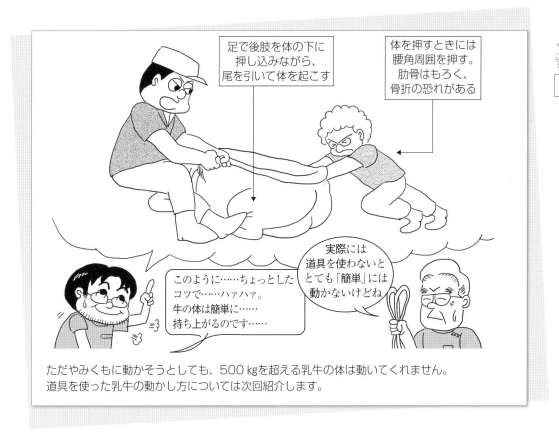

足で後肢を体の下に押し込みながら、尾を引いて体を起こす

体を押すときには腰角周囲を押す。肋骨はもろく、骨折の恐れがある

このように……ちょっとしたコツで……ハァハァ。牛の体は簡単に……持ち上がるのです……

実際には道具を使わないととても「簡単」には動かないけどね

ただやみくもに動かそうとしても、500kgを超える乳牛の体は動いてくれません。道具を使った乳牛の動かし方については次回紹介します。

よう、また運転手が乳牛の状態を目視できるように一定の高さまで持ち上げる必要があります。仮に患畜が移動中に暴れるようであれば、四肢、尾、そして頭絡を装着した頭部をそれぞれロープで固定する必要があります。隔離場所までは人が歩くくらいのスピードで、ゆっくりと移動しましょう。

　患畜の隔離場所としては、日光や雨が直接当たらない、大量のワラや砂を敷いた場所が推奨されます。土壌や草地でも問題はありませんが、雨を避けられ、直射日光が当たらないことが条件となります。また、ほかの乳牛と隔離して自由に採食、飲水ができる環境に置く必要があります。専用の飼槽やバケツを設置し、常に新鮮なエサと水が入っていることを確認します。もし患畜が這いずって移動するようならば、それに合わせて飼槽とバケツも移動してやる必要があります。

　横臥したままでいると、患畜が呼吸をしにくいうえ、鼓脹症やルーメン内容物が逆流して誤嚥するリスクがあります。頭部を持ち上げて胸骨座位の状態にした後、その状態を維持できないようならば何らかの支えをしてやる必要があります。このとき、頭部を持ち上げつつ、両後肢を体の下に潜り込ませた状態で骨盤を押すか、尻尾をつかんだ状態で後肢の下に自分の足を差し入れ、自分のほうに引くなどの方法で体を起こすことが勧められます。いうまでもなく、単純に力だけで500kg以上の体を動かそうなど無理な話です。

　患畜の体を持ち上げることは、起立支援はもちろん予後診断、血流の改善を促すためにも

必要です。一般的にはカウハンガーが利用されますが、締め付けが中途半端だと、吊起中の落下や骨盤損傷などの事故を招くために注意が必要です。ハンガーで持ち上げた状態で自立できるようであれば、吊架後、ややチェーンにゆとりを持たせた状態で立たせたままにしておくことも有効です。この間に水を飲ませるなどして、全身の血流の循環を促しましょう。スリング（幅紐）で前肢を支えてやるのも有効な方法です。前肢は体重の60％を支えているため、起立の際の負担を大きく減らしてやることができます。吊架する前にはスプリットガードなどで両後肢を50cm程度の間隔で縛ることで、股関節脱臼を予防することができます。

　繰り返しますが、硬い床に数時間寝ているだけで筋肉は著しく損傷します。3～4時間に一度は体勢を変えなければ、治癒率は著しく低下します。体勢を変えた際には、しっかりと前後肢を屈曲させ、マッサージしてやることで血流の改善を促しましょう。床面の硬さ以外に衛生状態も非常に重要であり、糞尿などは定期的に取り除いてやる必要があります。糞尿で汚染された環境では、皮膚刺激による皮膚炎や、乳房炎などを継発しやすくなります。

　泌乳牛であれば、起立不能の状態であっても1日2回搾乳してやることで、乳房が張ることによる不快感の解消や、乳房炎のリスクを抑えることができます。一時的に横臥させたり、吊架した状態で搾乳することもできます。

　定期的に趾間や肛門周囲の筋肉を刺激して、反応があるかどうか確認することを勧めます。神経が障害されていると、刺激に対する反応が明らかに乏しくなります。予後不良と診断されるときには、治療を長引かせるよりも早期に淘汰したほうが、経営的にも、倫理的にも良いかもしれません。

＊

　ダウナー牛に対して早期の看護を行なうことは、その予後を大きく左右します。患畜に対しての治療は獣医師が行ないますが、看護の主役となるのは、ほかでもない飼養者です。その重要性、やり方についてよく理解し、できるだけ早く対処していただきたいと思います。

道具を使った看護（加治屋）

　NOSAI都城管内における平成25～27年度の病症の発生状況を見ると、年平均でダウナー症候群271頭、低カルシウム血症122頭、乳熱90頭、股関節脱臼30頭となっており、治癒率はそれぞれ57.9％、86.6％、90.0％、5.5％となっています。治療方針が立てやすい低カルシウム血症や乳熱は治癒率が高い一方、原因不明のダウナー症候群や、股関節脱臼は廃用率が高くなっており、積極的な看護の必要性が感じられます。

　しかしながら、41年に及ぶ産業動物獣医師としての長い経験のなかで、残念なことに、上診時に畜主が看護を実施してくれていた経験は、あまりありません。事故が起こるたびに、ダウナー症候群の予防方法や看護方法について畜主に説明したり、実践してみせるものの、

なかなか実施にこぎつけることはできません。その理由の一つに、起立不能となった乳牛の大きな体を動かし、看護することの難しさがあるのかもしれません。

　飼養頭数の増加や、経営形態の変化が進むなかで、国内の多くの酪農場は高齢世帯の家族経営で成り立っているのが現状です。そのような状況下で起立不能となった乳牛を看護することは、決して容易なことではありません。そこでここでは、道具を使い、できるだけ看護を楽にする方法について解説したいと思います。

床材の選択

　前項でお話ししたように、起立不能に陥った後、長時間経過しているような個体は、筋肉の痺れ、挫傷、褥瘡などの二次要因によって予後不良となる可能性が高いです。いまだに分娩室がなく、固くて滑りやすいゴムマットや、なかにはコンクリートの上で滑り止めのシラスや、エスカリウなどを撒くこともなく分娩させている農場を散見します。

　起立不能の場合、柔らかい厚めのマットや畳を敷いたり、土やシラスの上で足かせを装着して看護することで、治癒率は段違いに上がります。回復率の低い股関節脱臼であっても、畳の上などに移動して足かせを装着しただけで、これまで19頭回復した経験があります。起立不能になった乳牛は恐怖心からか、その場所では起きないことが多いので、床材を変えてやることで高い治療効果が得られます。乳牛が踏ん張るときに肢が滑らないことが、何より大切です。

　もちろん専用の分娩室を設置することが好ましいですが、畳を敷くだけでもダウナーの発生率は大きく減ります。しかしながら畳は湿って重くなり、後始末が大変なところが欠点です。より牛床に適したマットは数多くあり、それぞれの特徴を見極めて選択することが勧められます。

　牛床マットには、厚みがあって軽く、ダウナー牛を移動するのにも使える製品や、畳より柔らかく、移動もしやすく、関節炎などの病畜に対しても積極的に利用できる製品があります。なお、裏に縦溝がありクッション性が高いものの、重いため、運ぶのがやや困難な製品もあります。

　個人的にお勧めなのが、パスチャーマットです。滑りにくいのはもちろん、設置により飛節外腫の発生がほとんどなくなった経験があります。欠点としては、マット表面の溝やくぼみに尿や乳汁が溜まりやすく、掃除がしにくい点があげられます。しかしながら、分娩時やダウナー牛の看護時には滑りにくく、非常に有益なマットです。

『寝返り法』

　いくら挫傷や褥瘡の怖さを知っていても、実際に患畜の体勢を定期的に変えることは決して容易ではありません。そこで、ここでは道具を使って乳牛を寝返りさせる方法について紹

①針金のループを、腰角の直前から反対側に通します。

②ループにロープを通し、引き抜きます。

③ロープの中間で、上側の肢の繋を巻き結びします。

④ロープを背中から回して、腹側の方向に引きます。

⑤このとき鼻先を上側に引っ張ると、寝返りがしやすいです。

巻き結び

白矢印の方向に肢を挿入します。中央の2本を左右に引くととんま結びになります。

とんま結び。両足をまとめて保定したいときに。

⑥繋をできるだけ体にくっつけて、腹側からロープを引きます。

⑦強く引くと牛の体が返ります。このとき反対側から腰を押すとより返しやすいです。

『寝返り法』のやり方。道具やその使い方を知っておくと看護の効率も大きく上がります。なかには体勢を変えてあげるだけで起き上がる乳牛もいます。

介したいと思います。使用するのはロープ（長さ4m以上、直径10㎜）と、針金で作ったループ（長さ150㎝、直径2.6㎜の12番線）です。

1. ループを背側の腰角の前縁から、乳房の前縁の方向に向けて、牛体と床の間に押し込む。
2. 腹の下を通り抜けたループにロープを通し、ループを引き抜く。
3. ロープの中間あたりで上側になる足の繋を結ぶ。こうしておけば後で反対方向に寝返りさせるときに再度ロープを通さなくてすむ。
4. ロープを背のほうに引きながら、球節をできるだけ腹の下側にくっつける。
5. 腰角の直前で、腰を巻くようにして、腹側の方向に持ってくる。
6. 腹側からロープを引いて、寝返りをさせる。
7. このとき鼻先は上になる方に曲げると、寝返りしやすい。

　人手が足りないときには、サンブロック（助産用滑車）などを利用するとより実施しやすくなります。

　片方の肢だけが悪い場合は、罹患肢が下敷きになっていると自力で寝返りすることができません。時折このような方法を使って、罹患肢が上になるように寝返りさせてやる必要があ

ります。寝返りさせた後は、ロープの両端を牛体に巻くようにして背中で結んでおけば、次回の寝返りも容易に行なうことができます。

ダウナー牛の移動

前項でお話ししたとおり、ダウナー牛を移動する際には重機の使用が勧められますが、状況によってはこれが難しいこともあります。しかしながら床の状態によっては、できるだけ早く移動する必要があり、そのような場合には、患畜の体の下に畳やコンパネなどを敷いたうえで、敷き物ごと牽引する方法があります。

牽引しやすいように、敷き物となる畳やコンパネには両端に穴を開けておきましょう。そうすればロープやワイヤーなどを通して掴み手を作ることができます。

先に紹介した『寝返り法』で、敷き物の上に患畜を乗せて運びますが、このとき両前肢および両後肢をとんま結びなどの方法で別々に縛り、互いを寄せた状態で保定すると患畜が暴れにくいです。また、大きな乳牛は乳房や乳頭がはみ出しやすいので、移動時の摩擦により損傷しないように注意する必要があります。その後はトラクターなどに掴み手をかけて、前縁を少し上に反らせた形でゆっくりと引きます。方向転換する場合は、コーナーに滑車をかけて引っ張れば容易に行なえます。

トラクターなどが近づけない場合は、床が平らであればビニールシートを敷いて水を撒き、その上で牛体を引けば、患畜の体表に擦り傷もつきにくく、わりと容易に移動することができます。

牛床の敷き込み方

例えば、狭いスペースや、仕切り棒などがある場合には、患畜の下に牛床を敷き込むことが困難となりますが、このような場合は、畳を2枚使う方法が推奨されます。

まず先に紹介した方法で前肢、後肢を結び寄せて固定します。滑車を使って患畜の前、後肢を持ち上げ、そこに1枚目の畳を斜めにして差し込みます。次は、滑車を使った寝返り法で、背側を浮かせた状態にして、そこに2枚目の畳を差し込みます。このとき、どうしても体の下に敷き込めない場合には、少し吊起して、後躯だけでも畳の上に乗せることができれば、回復率が上がります。

患畜が前進する状況であれば、乳牛の前にも畳を敷くことが推奨されます。患畜が前進するたびに畳を前に継ぎ足してあげましょう。

カウハンガー

そもそも生産者に知っていていただきたいことは、名前こそ"ハンガー"というものの、

牛床の敷き込み方

前後2カ所を、針金や丈夫な紐で離れない
ように結んでおくと良いでしょう。

畳は汚れると重くなって扱いづら
いので、定期的に交換しましょう

おうよ、昔っから畳と女房は
……なんていうしなあ！

乳牛は体が大きいので、立って半畳、寝て一畳とはいきません。
状況に応じて敷き物を継ぎ足すなどして、できるかぎり体への負担を減らしてあげたいものです。

その用途はあくまで乳牛を"支える"ことであり、"吊り下げる"のではないということです。患畜が自力で体を支える手助けをするための道具だと認識しておく必要があります。

　まず、患畜がカウハンガーを利用するのに適した状態であるかどうかを判断する必要があります。対象となる乳牛は意識がはっきりとしていて、骨折や脱臼がないことが前提となります。効果が得られないにもかかわらずカウハンガーを利用することは、乳牛に無駄に苦痛を与えることとなります。

　カウハンガーを腰角に装着する際には、緩衝材をあてがい、しっかりと装着するべきです。吊架中にカウハンガーがずれて外れてしまうと、腰角の損傷を招く可能性があります。また、吊架中の落下や、滑走により病態が悪化する可能性もあります。吊起中に乳牛が前後に移動するとカウハンガーが外れやすくなるので、吊起中は患畜の鼻を保定しておくことをお勧めします。

　カウハンガーによる吊架は、後躯が地面に着く高さまでにして、長くても10分以内に限定しましょう。もしカウハンガーで持ち上げた際に、患畜が前肢で自己の体重を支えられないようであれば、すぐに使用を中止しましょう。十分な休憩をとった後、腰角に目立った外傷がない場合にかぎり、カウハンガーを再度使用することができます。

スリング（幅紐）

スリングにはさまざまな種類があり、車のスナッチストラップに似たものや、より広範囲を支えることのできるようなネット状のもの、シート状のものなどが利用されています。患畜の胸部を支える形で利用すれば、体重の60％を支える前肢への負荷を軽減できるため、ダウナー牛に対しては高い効果を示します。

たまに、股下や乳房の後ろにスリングを通す人がいますが、この方法では乳牛は起立を維持できません。なぜなら、下腹部への圧迫は後躯の筋肉を弛緩させる反射を引き起こすためです。さらに股下に食い込んだ幅紐によって、後躯への血流が阻害され、病態を悪化させる可能性もあります。

理想的には、カウハンガーで後肢を、そしてスリングで前肢を支えることです。この方法なら乳牛にかかる負荷を比較的抑えつつ、自然な形での起立、歩行を促すことができます。トラクターにかければ両方同時に持ち上げることが可能です。

まとめ

ダウナー牛の看護を行なううえで、使用する器具の特徴や、体の動かし方を知っているだけで、その効率は大きく変わります。逆に、力ずくで乳牛を動かすことは、患畜の病態の悪化や、飼養者の怪我や事故を招く可能性もあります。

乳牛のためにも飼養者のためにも、看護の際は落ち着いて、合理的かつ安全な方法を選択してください。

現場事例と解説

これまで説明してきたように、乳牛の起立不能の原因と対策は一様ではありません。もちろん、その臨床症状、発生状況などから、ある程度の推察を立て、行なうべき看護の方法を選択することができますが、理屈どおりの治療を行なっても良い結果が得られないことなど現場ではザラです。

そこで本章の締めくくりとして、実際に筆者が現場で経験した症例と、その顛末について紹介したいと思います。

産後起立不能とナックルの合併症

患畜は3産目のホルスタイン種で、分娩翌日より起立不能に陥りました。カルシウム剤

の静脈投与により翌日に起立したものの、両後肢がナックリングを呈しており、起立、歩行が困難でした。ナックリング症状の重い右後肢にギプスを装着したものの、牛床が硬めのゴムマットであったため、ギプス装着した肢が滑って踏ん張ることができませんでした。そこで牛床に畳を2枚敷き、畳が離れないようロール結束の紐で2カ所を固定、その上に牛を稽留しました。

　その結果、ギプスを装着した右後肢が完全に負重できるようになり、左後肢のナックリングも1カ月かけて徐々に治癒しました。その半月後、右後肢に装着したギプスも除去しましたが、左後肢同様ナックリングは治癒していました。

《解説》

　ナックリングに対する矯正器具の装着は高い治癒効果が得られることが広く知られており、専用の器具（更科、1995）以外にもギプスの装着（石井、2011）によって高い治療効果が得られることが知られています。しかしながらギプスを装着すると肢が屈曲し難くなるため、踏ん張りが効かなくなるという欠点があります。それを回避するために、滑りにくい畳を牛床に敷いたことが、本症例が治癒に至った理由であると思います。

◯■ コンクリート床にシラスを入れた　分娩室での看護事例

　産後起立不能、初回治療で起立しませんでした。2・3病日目も同様に起立不能であったため、牛床をよく見てみると、シラスが15cm程度しか敷かれていませんでした。敷料不足のため、踏ん張る肢でシラスが跳ねのけられてコンクリートが露出し、滑っていたのです。敷料を増やしてもらって足かせを装着、翌日来診したら、すでに牛は起立していました。

《解説》

　これも牛床の問題から患畜が起立に至れなかったケースです。シラスなどの砂は牛の敷料としては理想的であるといえます。砂は寝ている牛に合わせてその形状を変え、クッション性が高く、さらに水分を吸収するため牛の体表を汚しにくいなどの特徴があります（Penn State Univ.）。実際にデーリィ・ジャパン誌2016年3月号でもゴムマットの上にワラを敷くよりも、砂を敷いたほうが牛の横臥時間が増え、さらに起立動作もスムーズになることが報告されています（高橋、2016）。気になる方はバックナンバーを購入すると良いかもしれません。

　しかしながらコンクリートがすぐに露出する程度の敷料であれば、牛が起立時に踏ん張れないのはもちろん、起立不能に陥った後の二次要因による病態の進行を食い止めることもできません。ワラやノコ屑であれば30～40cm以上の深さが（Dairy Australia）、砂であれば25cm以上の深さが推奨されています（T. A. Buli ら、2010）。敷料は素材だけでなく、深さにも気を使う必要があります。

牛床に用いる敷料には、菌量の少ないものが求められます。信頼できるところから調達し、必要に応じて細菌検査や石灰消毒などを行ないましょう。

積極的な看護が功を奏した事例

　患畜は4産目のホルスタイン種で、分娩翌日より起立不能に陥りました。低体温、皮温の低下が見られたため、カルシウム製剤を静脈および皮下に投与したところ、翌日には体温および皮温は回復しましたが、起立には至りませんでした。

　カウハンガーで吊架したものの、右後肢がナックリングを呈して体重を支えられず、起立を維持できません。また、皮下用注射針で前後肢および肛門周囲の刺激に対する反応性を見たところ、右後肢の大腿より末端は刺激に対する反応性が乏しくなっていました。

　患畜はオガ粉を薄く敷いたコンクリート床に寝ており、前肢で這いずるだけの体力があったため、このままでは筋骨格を傷めると考え、畜主に看護用ペンの準備および患畜の移動をお願いしました。

　翌日には立派な看護用ペンが出来上がっていました。大量のワラを敷いた周りを鉄柱で仕切り、専用の飼槽、給水用バケツを設置し、さらに暑熱対策に扇風機も設置されていました。

　看護のおかげで患畜はナックリングを呈しつつも、ギプス装着後、時間の経過とともに自力での起立、歩行に至りました。現在ではナックリングもなくなり、元気で農場に貢献しています。

《解説》

本症例は治療に日数は要したものの、定期的な敷料の交換や、搾乳など畜主の積極的な看護が功を奏し、治癒に至ったケースです。獣医師は初期のカルシウム投与やギプスの装着などを行なうことはできますが、最終的に患畜の予後を決定づけるのは、このような適切な看護を行なえるかどうかなのではないかと思います。

■ 血液検査による予後判定が該当しなかった事例

患畜は5産目のホルスタイン種で、分娩後半年が経過してから起立不能に陥りました。初診時は元気消沈、皮温が著しく低下しており、首を"くの字"に曲げ、直腸内で少量の固形便に触れるなど、低カルシウム血症と診断されました。

カルシウムを反復投与しても起き上がらないことに疑問を感じ、第3病日目に血液検査を行なったところ、カルシウムは7.1mg／dℓと低値を示す一方で、CPKが2076U／ℓ、ASTが644U／ℓと異常な高値を示していました。CPKおよびASTは血液検査項目上、筋骨格損傷の指標となり、これらが高値を示す場合には予後不良となりやすいことが知られています。とくにASTはダウナー症候群の予後判定としての信頼性が高く、171U／ℓを超えると80％の確率で予後不良となることが報告されています（Shpigelら、2003）。

牛舎はフリーバーンで、床にはオガ粉が大量に敷いてあったため、患畜の移動は行ないませんでした。数回の治療により食欲は回復していたものの、たび重なるカルシウム投与によっても起立しなかったこと、そして血液検査の結果から予後は期待できないと畜主にも説明し、現場には悲観的な空気が漂っていました。

ところがその翌日、牛舎内には颯爽と起立し、飼槽に頭を突っ込む患畜の姿が……。「まったく！ Shpigelさんのいうこともあてになりませんね！」そう言いつつ、私は畜主の非難の目から逃げるように農場を後にしました。

《解説》

ダウナー症候群の予後判定には、患畜の全身状態、超音波画像診断、血液検査などの手段がありますが、それらはあくまで評価項目の一つにすぎず、それだけによって結果が決まるのではないことを頭に入れておく必要があります。実際にAST値による予後判定については、判定ラインを890U／ℓとする文献もある一方で（Clark, 1987）、最近の調査でASTが890U／ℓを越えている起立不能牛68頭のうち、23頭が起立したことが報告されています（Dahlberg, 2012）。仮に、臨床検査の結果が思わしくなくとも、患畜に元気があり、二次要因などの問題が見られないようならば、治療を継続する価値があるかもしれません。

血液検査は評価項目の一つにすぎません。上手く利用して治療の方向性を定め、できることを着実にやっていくことこそが、患畜の回復につながるのだと思います。

まとめ

　ホルスタイン初妊牛の購入価格は現在、80 〜 100 万円であり、乳牛が 1 頭で稼いでくれるお金は年間で 90 万円以上にも上ります。都城管内における乳牛の起立不能に起因する年間廃用頭数は 160 頭を超え、乳代だけみても年間で 1 億 4000 万円以上の損失が出ていることになります。それなのに起立不能に対しては、最初から諦めてしまっていると感じることが多々あります。

　起立不能の原因を理解し、適切な治療を行ない、積極的な看護を行なえば、助かる命は確実に増えます。最後に、起立不能牛の看護方法をまとめたフローチャートを掲載します。すべての症例がこのとおりにいくわけではもちろんありませんが、少しでも今後の事故低減につながれば幸いです。

　※本稿は Dairy Japan 2016 年 10 〜 2017 年 1 月号の連載「立て！ モー！ 立つんだ！ モー！ 〜ダウナー牛の看護方法〜」（加治屋繁＆島本正平）を加筆・改稿したものです。

フローチャート式：起立不能牛へのアプローチ（Dairy Australia を改変）

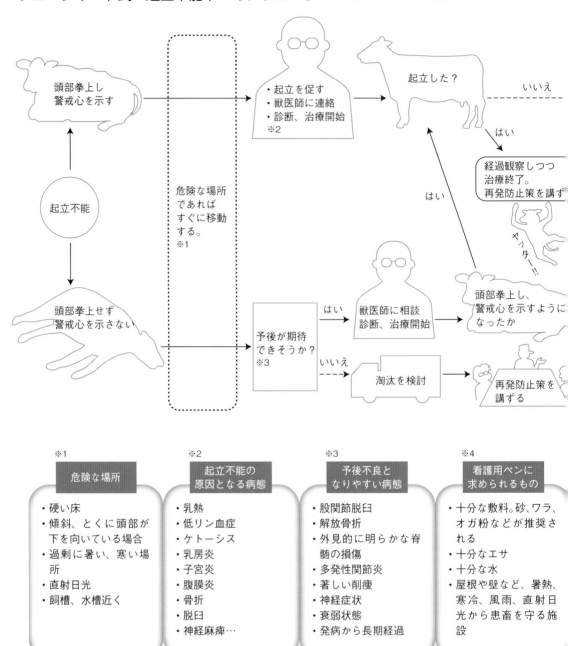

※1 危険な場所	※2 起立不能の原因となる病態	※3 予後不良となりやすい病態	※4 看護用ペンに求められるもの
・硬い床 ・傾斜、とくに頭部が下を向いている場合 ・過剰に暑い、寒い場所 ・直射日光 ・飼槽、水槽近く	・乳熱 ・低リン血症 ・ケトーシス ・乳房炎 ・子宮炎 ・腹膜炎 ・骨折 ・脱臼 ・神経麻痺…	・股関節脱臼 ・解放骨折 ・外見的に明らかな脊髄の損傷 ・多発性関節炎 ・著しい削痩 ・神経症状 ・衰弱状態 ・発病から長期経過	・十分な敷料。砂、ワラ、オガ粉などが推奨される ・十分なエサ ・十分な水 ・屋根や壁など、暑熱、寒冷、風雨、直射日光から患畜を守る施設

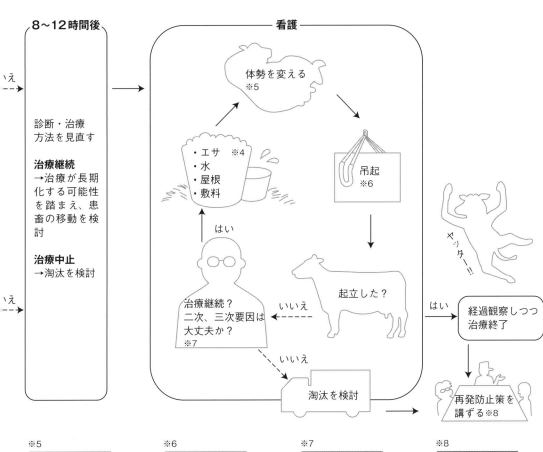

8〜12時間後

いえ → →

診断・治療
方法を見直す

治療継続
→治療が長期
化する可能性
を踏まえ、患
畜の移動を検
討

治療中止
→淘汰を検討

いえ →‑‑>

看護

体勢を変える
※5

・エサ　※4
・水
・屋根
・敷料

はい

治療継続？
二次、三次要因は
大丈夫か？
※7

吊起
※6

いいえ ‑‑‑‑‑>　起立した？

いいえ

淘汰を検討

ヤッター!!

はい →　経過観察しつつ
治療終了

再発防止策を
講ずる※8

※5 **体勢を変える**	※6 **吊起の手段**	※7 **二次・三次要因**	※8 **再発防止策**
・4 時間に一度は体勢を変えないと、筋肉が麻痺する ・道具を使わない方法（82 ページ参照） ・寝返り法（85ページ参照） ・吊起して体勢変える	・カウハンガー 無理な締め付け、吊起中の落下などによる、腰角の損傷に注意 ・スリング 前肢を持ち上げるのに用いる。ハンガーとの併用推奨	起立不能が長期化することで起こる筋骨格の異常 ・虚血麻痺 ・床ずれ ・内出血 ・筋断裂 ・靭帯の損傷 ・創傷部の壊死…	・乳熱 （乾乳期飼料の DCAD） ・骨折、股関節脱臼 （滑りにくい床、丁寧な牛のハンドリング） ・神経麻痺 （難産の防止など）

第 **4** 章

俺たち元気いっぱい！今日も搾るぜおっぱい！
酪農場における安全対策

まずは序論です

事故や怪我による損失は計り知れません

　この章のタイトルはこんなんですが、内容は真面目ですよ。ここまで読み進めてくださった勉強家の皆様には、乳牛の健康維持のための数多くの知識と技術を持っているのではないかと思います。しかし乳牛を元気に養うためには、まず飼養者が健康でなくてはなりません。人が元気いっぱいでこそ毎日、全力でおっぱいを搾ることができるのではないでしょうか。

　農水省によると、平成25年に発生した農作業による死亡事故件数は350件であったとのことです。事故区分別では、農業機械作業によるものが228件（65％）、農業用施設作業によるものが12件（3％）、機械・施設以外の作業によるものが110件（31％）となっています。また年齢階層別では、65歳以上の高齢者による事故が272件と、死亡事故全体の78％を占めています。

　500kgを超える生体を扱い、数多くの重機に乗り、暑い日も寒い日も、毎日欠かさず腰を曲げて乳を搾る酪農は、危険かつ肉体的な負担も大きい仕事です。農場の危険要因について把握し、安全に作業を行なえる環境を作ることは、畜産業を営むうえで欠かせないことです。

　事故や怪我によって農場に生じる損失は、非常に大きいです。人員の削減により農場の生産性に及ぶ影響はもちろん、残されたほかの従業員にかかる負担、社会的な信用の喪失、事故の規模によっては、その後の雇用にも影響を及ぼし、農場経営を継続することすら危ぶまれる可能性があります。

　経営者は事故発生時の補償について考える必要があり、さらにその後の再発防止策についてもしっかりと取り組まなくては、人間関係に亀裂が生じ、仕事に大きく影響することでしょう。何より病気や怪我によって健康を害したら、どのような保障でも、それを補うことはできません。

危険要因を把握してリスクを減らすことが目的です

　酪農場における事故防止策を講ずるうえで、まず現場に潜む『危険要因』について見直す必要があります。酪農場に潜む危険要因には、さまざまなものがあります。例えば、先ほど一番の事故原因としてあげた農業機械はもちろん、日常的に使用する化学薬品、牛と人とで感染する人獣共通感染症、高いところでの作業、熱射病、乳牛のハンドリングも危険要因となり得ます。

危険を完全に除去するためには、多くの場合、その原因となるものを使わないことしか選択肢はありません。作業性と安全性を両立するための工夫をしなくてはなりません。

このような作業員の怪我や病気の原因となる酪農場の危険要因について理解し、危険要因によって作業員が影響を受ける可能性、つまりリスクを減らすことが、本章の目的です。

危険を完全になくすことは容易ではありませんが、リスクは常に減らすことができることを頭に入れておかなくてはなりません。例えば、薬品などの種類によっては刺激性の強いものもありますが、その使用を控える、もしくはほかの安全性の高い製品と入れ替えることができれば、リスクを減らすことができます。一方、トラクターなどの重機は、酪農家にとって大きな危険要因でありながらも、完全になくすことはできません。しかしながらトラクターの転倒時保護構造（ROPS）はリスクを大幅に軽減し、さらにシートベルトやヘルメットの着用を徹底することでもリスクを極限まで減らすことができます。

各国の労働安全衛生規則（OHS）を見てみましょう

海外では、このような農場における危険要因が広く分析されており、それに基づいた規律や法律が作られ、さらに農場でのマニュアル化や、農業従事者および雇用者への教育なども徹底しています。その一つが労働安全衛生規則（Occupational Health and Safety Regulation：OHS）であり、すべての労働環境を安全かつ健康に配慮した場所にすることを、その目的としています。

OHS は国によってさまざまな形式をとっています。例えば、イギリス、オーストラリアなどでは、すべての農場が OHS の対象となりますが、北米では、従業員が十人以上の農場に限定して適用されるなど、農場の規模によってその適用範囲が異なります。参考までに各国の OHS の実情について少し紹介したいと思います。

日本————

労働者の安全と衛生について基準を定めた『労働安全衛生法』が 1972 年に制定されています。本法律は職場における労働者の安全と健康を確保するとともに、快適な職場環境の形成と促進を目的とするものです。法律のなかでは、事業者の責務、危険物の取り扱い、安全のための教育や作業環境測定などについて定めていますが、農業に特化した内容ではありません。本法に絡み、必要に応じて労働基準監督官による立ち入り調査が行なわれることがあります。日本の OHS は、労働安全衛生法に基づいて定められたものになります。

北米————

1970 年に OHS を基に米国安全衛生局（OSHA）が作られ、農場での規定や訓練、教育方法などについてのスタンダードが取り決められ、安全な環境で労働者が仕事をできるような配備を進めています。法令により農場は定期的に OSHA の視察を受けることになりますが、すべての農場に適用されるわけではなく、過去 12 カ月以内に従業員が計 11 人以上だったことのある農場に限定されています。また、農場内で事故が発生した場合や、従業員の訴えなどに応じて農場を視察することもあります。

カナダ————

カナダの OHS もまた雇用主に対する従業員の健康と安全を保障する責任と義務について書かれたものであり、酪農場も対象になります。とくに薬品などの化学物質、動物のハンドリング、機械関係、そして人間工学的分野を中心にカバーしているのが特徴です。人間工学とは、人間ができるだけ負担の少ない形で仕事ができるよう物や環境を設計し、事故やミスが可能なかぎり少なくなるよう実際のデザインに活かす学問です。

イギリス————

当時 EU に所属していたイギリスでは、EC（欧州共同体）によってある程度規律が作られていたものの、イギリス独自のシステムも同時に確立してきました。2015 年に更新された労働安全基準法（HSWA2015）では、現場責任者はできるかぎり作業に伴う危険性を認識し排除したうえで従業員に仕事を課す必要があると定められており、また従業員も自身の作業中の事故を防ぐための努力をする必要があると定められています。米国の OSHAと同様、健康安全管理局（HSE）が農場を訪問し、助言を行ない、状況によっては農場を処罰の対象とすることもあります。

農場の危険要因に実際に対処するのは現場の人間の仕事です。このような事例については、従業員の安全のためにハンドリングの見直しや、淘汰を検討する必要もあります。

イタリア————————

　業種を問わず、あらゆる企業は書面化したリスク・アセスメント・レポートを作成する義務が課されています。これを基に従業員に一定の訓練や教育を行ない、リスクを軽減します。しかしながら従業員数 10 人未満の農場では手続きの簡略化が容認されており、そのため実質的に 95％以上の農場で十分な訓練や教育が行なわれていないというのが実情です。また事故発生時の報告が行なわれていないため、事故の発生学的データが正確でないことや、従業員に移住者などの短期労働者が多いことも安全管理上の問題となっています。

スウェーデン————————

　労働安全法（AML）に基づいて書面化された冊子に農場で守るべき安全上の項目が明記されており、その適用範囲は身体的故障、化学薬品、機械関係、危険作業からメンタルヘルスにまで及んでいます。農場は定期的に労働環境管理局（WEA）による監視を受け、農場が総合的な危険要因に対処しているか、また上にあげた項目をカバーしているかなどを評価されます。

オーストラリア————————

　1980 年代にローベンス報告に基づき、すべての業務内容に適用される OHS が施行さ

れました。また近年、モデル労働安全衛生法（WHS）が制定され、それにより対象が場主とその雇用者だけでなく、仲介人や親会社にまで拡大されました。一方、オーストラリアで一番大きい酪農州であるビクトリア州では、酪農に特化した独自の安全ガイドラインを作成して、リスクを極限まで減らすための努力をしています。

＊

このように、酪農分野に特化しているケースが少ないとはいえ、各国で事故を低減するためのOHSが制定されています。日本国内の酪農場は家族経営が多いため、これまで事故低減策に対してあまりにも無頓着であったのではないかと思います。国内外を問わず、農場戸数の減少、大規模化が進んでいます。その結果、従業員1人当たりの飼養頭数が増加し、酪農経験を持たない人を雇用する機会も増えており、今後はさらに確固とした安全管理基準を農場内で確立する必要があるように感じます。

作業関連筋骨格障害（MSD）

 ## MSDは世界中で問題となっています

農場をまわっていると、さまざまな体の悩みを抱えた酪農家さんに出会います。例えば、慢性的な腰痛や肩こりに悩まされていたり、関節痛で苦しんでいる人もいます。このような日常業務の結果生じた筋骨格系の疾患を、「作業関連筋骨格障害」（MSD）といいます。MSDは怪我などよりも診断が難しく、治癒に時間を要し、さらに慢性に経過しやすいことからも、農場経営上、大きな問題となります。

MSDは世界的に酪農家の間で大きな問題となっています。例えば、北米などでは酪農場で従業員に支払われた保障額で一番高いのはMSDに対するものです。また、スウェーデンの酪農場で、2087人の男性従業員、920人の女性従業員を対象に行なった調査によると、男性で82%、女性で86%が過去12カ月間に何らかのMSDの症状を訴えていたという報告もあります（Gustafsson. B, 1994）。

農場規模が大きくなるほど、MSDの発生率は増えるともいわれています。これは大規模化が進むほど作業内容が特化し、特定の仕事を反復するようになることが理由の一つです。また、休息時間の短縮や、作業時間の延長、搾乳頭数の増加なども要因の一つであると考えられています。2002年に実施した調査では、1980年よりも体調の不調を訴える従業員が増えていましたが、これも大規模化によるものであると考えられています（D. J. Reinemann, 2005）。

これらMSDは徐々に進行することを頭に入れておかなければいけません。最初は軽い不調であったとしても、放っておくと大きな問題となる可能性があります。初期の軽い痛みを

当たり前と思ってはいけません。

　では MSD にはどのようなものがあるのでしょうか？ ここでは日常業務の結果生じる筋骨格の障害と、その発生要因についてお話したいと思います。

腰痛

　腰痛のうち約 85％はその原因が特定できないといわれていますが、考えられる原因としては、ギックリ腰、椎間板ヘルニア、変形性脊椎症や、骨粗鬆症、さらに心因性腰痛などがあります。

　無理な姿勢、重いものを持ち上げたり、押したり引いたりする作業、継続的な振動、一定の姿勢を保つこと、ストレスや不安などによって起こります。

職業性使いすぎ症候群

　同じ筋肉を何度も使って痛める病気であり、累積外傷性障害など、さまざまな名前がついています。腱炎や神経炎、軟骨の摩耗などによって起こります。

　パワーツールによる振動や、無理な姿勢、力を使う作業などによって発生率が高まります。さらに寒冷環境、遺伝的要因、ストレス、喫煙なども発生に寄与すると考えられています。

首の痛み

　無理な姿勢、仕事による無理な負荷、ストレスなどが原因となり、トラクターを運転する人で発生が増えます。

　継続的にトラクターを運転すると全身的な振動に加え、頻繁に首をひねる姿勢をとるために首を痛めやすくなります。首の痛みは頭痛にもつながります。

筋肉や腱のくじき、緊張

　反復する積み込み作業などによって、筋肉や腱がわずかに裂けるもの。しゃがんでの搾乳作業は膝に負荷をかけ、足の筋肉や腱、関節を痛めやすいので注意が必要。

肩こり、肩の痛み

　反復した、もしくは継続的に腕を上げる姿勢が原因となります。とくに頭より高い位置で機材を扱う仕事で発生が多くなります。

　パーラーでの搾乳作業では上半身にかかる負荷が大きく、肩こりや頭痛に苦しめられやす

103

い。

◯◼ 捻挫、脱臼、骨折

このような筋骨格や関節の突発的障害は、不測の事態によって生じる外部からの衝撃によって起こります。よって牛のハンドリングや、作業中の転倒などが原因として多くなります。

◯◼ 手根管症候群

手や指の正中神経が障害されることにより痛みや神経麻痺、神経虚弱などが起こる病気です。とくに 30 ～ 60 代での発生が多く、女性は男性と比べて発生率が 3 ～ 5 倍高いといわれています（H. Carla）。

やはり反復作業、力を使う作業、無理な姿勢などによって発生率が高まります。

◯◼ 痛める部位は男女で違うようです

スウェーデンで 66 件の酪農場を対象に行なった調査によると、従業員の MSD で最も多い部位は、腰、肩、首、手、手首であったとのことです（Kolstrap C. L, 2012）。

また、男性は女性よりも腰やひざの不調が、女性は男性よりも首、手、手首、背中の不調を多く訴えたとのことです。男女間でこのような差が生じる理由の一つとして、担当する作業の違いがあります。男性はとくに重いものを扱う作業や、重機を使った作業が多く、一方女性は反復作業、ルーチン作業が多かったとのことです。

このような作業内容の違いによって、体の痛める部位も大きく変わります。また、重労働を単発でするよりも、ルーチンワークを反復して行なうことのほうが、より筋骨格障害を引き起こしやすいこともわかっています（Innes, EV, 2010）。

◯◼ 無理な体勢が当たり前になってはいけません

まとめると、酪農場において体の故障の原因となるような作業は以下のようなものがあります。

1. 強い力を使う作業
エサのすくい上げ、難産介助、床の掃除、牛のハンドリング、バケットの運搬

2. 繰り返しの作業
搾乳器具の装着、取り外し、エサ押し、床の掃除、糞尿の除去

3. 急に停止する必要のある作業

無理な体勢での仕事が当たり前になってはいけません。継続的に体に負荷をかけることは、将来における筋骨格の障害につながります。

とくに興奮した牛のハンドリング

4. 一定時間停止するような作業

搾乳作業、バケットの運搬、子牛への経口投与、削蹄作業、人工授精

5. 無理な姿勢で行なう作業

搾乳作業、床の掃除、搾乳器具の洗浄、哺乳器具の洗浄、子牛への経口投与

6. 重いものを持った状態を維持する

エサのすくい上げ、エサ袋の運搬、敷料の運搬、バケットの運搬

7. 体の振動

トラクターの運転、チェーンソーなどパワーツールの使用

*

無理な体勢での仕事が当たり前になってはいけません。継続的に体に負荷をかけることは、将来における筋骨格の障害につながります。

■ 工夫は惜しまずに行ないましょう

以上のことを踏まえ、日常的な作業の際の故障を防ぐためのポイントとして、次の項目があげられます。

1 適切な作業方法について常に訓練を受ける

　例えば、搾乳ルーチンが一貫しておらず確立されていないと搾乳時間が延長し、ひいては搾乳担当者の疲労や事故を招きます。まずは農場で決めた作業方法について適切な指導を行ない、その後も相互トレーニングなどによって作業手順の見直しを行なうことが勧められます。

2 重すぎるものは無理して持ち上げず、道具や機械に頼る

　堆肥運搬用に台車を購入しただけでも、従業員からの不満の声が減ったという例もあります（Hasalkar, 2007）。重すぎるもの以外にも、運びにくい形のもの、持ち上げにくいもの、バランスの悪いもの、視野を塞ぐもの、つかみにくいもの、熱いものや冷たいもの、危険物質が入ったものなどを運ぶときには、器具機材を使うことを勧めます。

3 自分で持ち上げるときは足で持ち上げ、腰で持ち上げない

　農場ではエサ、飼料添加物、敷料、消毒槽、水の入ったバケツ、バケット、子牛など、重いものを持ち上げる機会が多くあります。ものを持ち上げるときには体を曲げるのではなく、膝を曲げるようにすると腰を痛めるリスクが減ります。また、ものを運ぶときには片手だけで持たず、両手で持つことでバランスをとり、背中を真っ直ぐにして、運搬物を体の近くに寄せた状態で運ぶことが勧められます。何より１人で持てないものは無理をせず、誰か手助けを頼みましょう。

4 作業場の構造を見直す

　例えば、搾乳作業中も器具機材をひっかける場所を作ったり、軽い器具を使用したり、足元にゴムマットを敷くことで体にかかる負担を減らすことができます。乳頭消毒にディップではなく、ティートスプレーワンドを使うのも手段です。農場によってはパーラーの床の高さが調整できるシステムもあります。その作業に対する人選が間違っている可能性もあるので、その人の身長や体型などを考慮して担当を決めるのも良いでしょう。

5 定期的に休憩をはさみ、仕事の内容を変える

　疲労は事故のもと、経験者であっても２時間ほどで疲労により生産性が落ちることがわかっています。とくに人員が少ない農場であれば、十分な休憩時間がとれず事故が起きやすくなります。継続的に無理な姿勢をした後は、最低でも15分以上の休息時間をとるべきであり、長い休憩をとるよりも、短い休憩を小刻みにとるほうが体への負担を減らせることがわかっています。また、45分の昼休みをとることで、事故の発生率が減ることもわかっています（Tiwari and Gite, 2006）。仕事のローテーションを行なうことでも、継続的な体への負荷を減らすことができます。

＊

最終的に自分の健康を守れるのは自分自身です。腰にイスを固定するなど、体にかかる負荷を軽減するための工夫は惜しまずに行ないましょう。

最終的に自分の健康を守れるのは自分自身です。腰にイスを固定するなど、体にかかる負荷を軽減するための工夫は惜しまずに行ないましょう。

■ 男性は自分本位で考えないで

繰り返しますが人間工学とは、人間ができるかぎり自然な動きや状態で使えるよう、ものや環境を設計し、事故やミスを少なくするための研究のことをいいます。人間工学を職場に適応することで、効率的な生産、製品の品質向上、労働環境の質の向上、従業員の健康と安全の確保が図れます。

農場におけるリスク要因の多くは人間工学的アプローチによって改善することができるので、農場の管理者や雇用主は人間工学について学び、それがどれほど従業員の健康維持や生産性に寄与しているか知っておく必要があります。

職場環境の構造上の問題にかぎらず、労働者の性別や、体型なども加味して事故防止にあたる必要があります。先述しましたが、とくに女性は上半身に不調をきたしやすいことがわかっています。これは女性の下半身の力が男性より 5 〜 30% 弱く、上半身に至っては 40 〜 75% も弱いためだといわれています。また、一般的に女性は男性より背が低いため、男性の体型に合わせた設計をすると女性の肩や首に負荷がかかりやすくなります。さらに女性

は最大酸素摂取量が男性の約 75%と低く、過剰な労働は疲労、ひいては事故のもとになります（S. Surabhi, 2010）。このように男性は自分本位で考えず、それぞれの体型に合わせて業務や、作業所を提供する必要があります。

＊

このように MSD に関わる危険要因は酪農場に数多くあれど、まずそれについて知り、対策を練れば、従業員が受ける苦しみや、痛みを軽減することができます。とくに毎日行なう搾乳作業や給飼作業は極限まで負担を減らすための努力をし、はじめて安定的な農場運営が行なえるのではないかと思います。園芸より畜産のほうが 3 倍も怪我が多いことが知られています。自分達が危険な作業をしているという自覚を持ち、MSD の予防に取り組んでください。

農機と設備

酪農経営上、効率性や生産性を上げるためには農機の使用は欠かせません。しかしながら農機は農場の事故原因として最も多く、農業従事者の事故は跡を絶ちません。しかもその多くは重い怪我や、障害を残すもので、ときに命すら奪うこともあります。

ここでは、農機や設備の安全管理について解説したいと思います。

■ 機械の危険性を把握し正しく使いましょう

酪農・畜産業に限らず、近代的な農業は農機によって、その経営が支えられています。しかしながら農作業関連死亡事故のうち、農機によるものは全体の約 2 ／ 3 を占めており、またその約半分はトラクターによるものです。酪農家は、日常的に使用している農機の危険性について知っておく必要があります。

平成 26 年に農水省が行なった調査によると、トラクターに関連した事故で多いのは、走行中の転落や転倒、作業機の取り換え中の事故、乗降中の転落、そして接触や巻き込みであり、これら四つがトラクターによる事故の約 80%を占めています。

トラクターを安全に使用するうえで欠かせないのが、転倒時保護構造（安全キャブ・フレーム、ROPS）の装着です。トラクターの多くはその重心が後方に片寄っており、そのために坂道を上るだけでも転倒する恐れがあります。また、転倒するのにかかる時間はほんの一瞬であり、転倒時に即座に飛び降りることなどは不可能であることもわかっています（FARSHA）。実際に ROPS 装着によって事故による死亡率が 1 ／ 8 になることがわかっています（NARO）。

また転倒時にトラクターの外に投げ出されないためにも、シートベルトを着用することが重要です。聞き取り調査によると、トラクター運転時のシートベルトの着用率は非常に低い

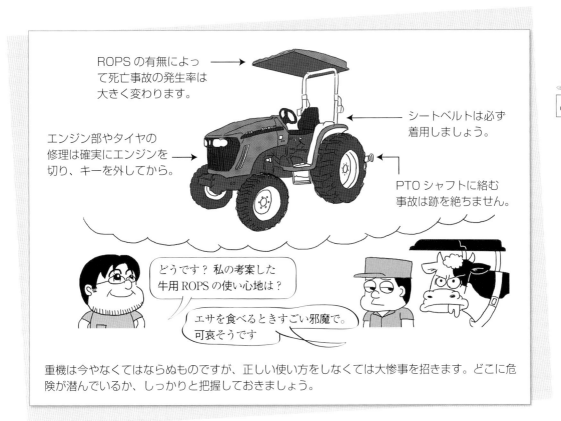

ROPS の有無によって死亡事故の発生率は大きく変わります。

シートベルトは必ず着用しましょう。

エンジン部やタイヤの修理は確実にエンジンを切り、キーを外してから。

PTO シャフトに絡む事故は跡を絶ちません。

どうです？ 私の考案した牛用 ROPS の使い心地は？

エサを食べるときすごい邪魔で。可哀そうです

重機は今やなくてはならぬものですが、正しい使い方をしなくては大惨事を招きます。どこに危険が潜んでいるか、しっかりと把握しておきましょう。

とのことですが（NARO）、転倒の危険性を考慮してシートベルトは常に着用するべきです。

　トラクターの転倒を防ぐ方法として、例えばバラスト（重り）でトラクターのバランスをとる、規定以上の重量を積載しない、できるだけ平坦な場所で使用する、側溝や沼などトラクターが落ちる可能性のある場所の近くでは使用しない、などが勧められます。また、カーブを曲がるときにはスピードを落とす必要があります。曲がるときのスピードが 2 倍になると、横転する危険性は 4 倍にもなるといわれています。

　もしトラクターを複数台所有しているなら、重い物を引く、切株を抜く、傾斜や側溝近くなどにおける危険性の高い仕事は、より性能の良い、安全性の高い車両を利用しましょう。古い型のトラクターなどは平坦な場所でのみ使うべきです。なおかつ作業場所にある大きな石や、泥、わだちなどの危険要因は除去しておく必要があります。

　トラクターによる怪我は運転手に限ったものではありません。トラクターの側で作業している人も車体に巻き込まれたりして大怪我をする可能性があります。トラクターにも通常の車両と同様、死角があります。運転手が自分に気づいていると思い込んではいけません。常に体を使った合図とアイコンタクトによって運転手と意思疎通を図りましょう。バックモニターや夜間用に回転灯などを点けることも事故防止につながります。

　助手席、ROPS、シートベルトの三つが揃っていなければ、運転手以外の人物をトラクターに同乗させるべきではありません。子どもがトラクターから落ちることによる事故は海外で

109

頻繁に起こっており、乗りたがったとしても同乗させるべきではありません。

　最近のトラクターは大型化しており、乗降時に落下する事故も増えています。運転席周りのクラッチなどのレバーにつまずいたり、衣服を引っかけて乗降時に落下するケースもあります。またクラッチに触れることで急にトラクターが発進し、転落してトラクターに轢かれる事故も発生しています。

　トラクターから降りるときには、常にエンジンを切るようにしましょう。突然動き出したトラクターによって作業者が轢かれる可能性や、エンジンが稼動しているときにトラクターを整備することによって機械に巻き込まれる可能性もあります。仮にタイヤに枝などが挟まることがあっても、エンジンの稼動中に抜いたりしてはいけません。

　トラクターにはPTOと接続してロータリー、ハロー、モア、バケットなどを取り付けますが、装脱着の際にも事故が多く見られます。例えば、これらの作業機がずれ込むことで手指を怪我したり、足の上に落ちて骨折したりする恐れがあります。

　とくにPTOシャフトに絡む事故は被害が大きくなります。PTOシャフトには必ずカバーをかけましょう。衣服の端をシャフトに絡ませるだけでも大事故につながります。作業者はシャフトの上をまたぐようなことはしてはいけませんし、同様の理由からトラクター運転時にはゆるい服を着るべきではありません。

　重機に体や衣服が巻き込まれる事故は跡を絶ちません。例えば、マニュアスプレッダーでギアに指を挟まれる、ロールベーラーのスプロケットに指を挟まれる、マウントカッタで指を切断する、などのケースがあります。安全な操作方法を知り、整備前には確実に電源を落とすことが肝要です。また、グリスなどは指で塗らず、スプレー式のものを用いることが勧められます。

　重機は高価であるだけに、古いものを使い続けなければならないケースも多々あります。せめて重機の古さを、普段からのメンテナンスと慎重な取り扱いでカバーしましょう。普段から正しい使い方を心がけ、深刻な事故が起こらないよう注意してください。

◯▪ 設備は人と牛の安全性を考えて

　酪農場の施設や設備は、作業効率だけでなく、従業員と牛の安全性を考えて設計する必要があります。建築後の立地条件やインフラ設備などについては容易に変更することができませんが、作業性や安全性、そして牛の快適性などは、その気になればいつでも改善することができます。

　整理整頓を心がけるだけでも怪我のリスクを減らすことができます。通路に物が落ちていたり、パイプなどが走行していると、それにつまずいて転倒するリスクが高くなります。できるだけパイプは壁に沿って配置し、ホースなどは壁にかけ、使ったものは元に戻すようにしましょう。

　危険要因は足元だけに限りません。頭の高さにある配管や出っ張りなどの障害物も怪我の

頭上注意

場長の言ったとおり看板を
下げたのに、怪我人は
増える一方じゃないですか！

床を片付けなさい！

普段から整理整頓を心がけることは、事故を予防することはもちろん、スタッフの衛生管理など
に対する意識も高まります。

原因となります。もちろん可能であれば取り外すことが理想ではありますが、除去できない
ものについては、目立つ色で塗ったり、テープを下げたり、看板を下げたりして注意を促す
ことはできます。

　酪農場にある機械・設備で危険性の高いのは、巻き込む、挟む、潰すなどの動作をするも
のです。巻き込む動きはベルトと滑車の接触部などで起こり、作業者の指、服、髪などを巻
き込むことで深刻な事故を招きます。フライトがむき出しのオーガーなどは作業者の体を挟
んだり、切断するリスクがあります。潰す動きは挟む動きに似ていますが、切れはしません。
スタンチョンや油圧式のゲートなどがこれにあたります。

　予防のためには、オーガーなどにはカバーをし、バキュームポンプなどのベルト構造があ
るものについては注意して取り扱う必要があります。スタンチョンについても手を挟まない
安全な扱い方を知っておきましょう。農場では、ときにカバーのついていないファンを見る
ことがありますが、怪我の原因となるのでファンカバーは装着しましょう。

電気系統は漏電や火災にならないように

　酪農場では数多くの電気機器が使用されており、その多くは高電圧です。そして農場全体
が濡れているため、スタッフは常に感電や電気系統が原因の火災に見舞われる危険性があり

ます。怪我や事故はもちろん、漏電などによる機器の故障は、生産性を大きく低下させます。

　濡れる場所に電気の配線や、配線用遮断器を設置するべきではありません。壁に沿って這わすか、配線に防水加工をするなどしましょう。必要以上に配線を延長してもいけません。延長部分は漏電するリスクが非常に高いです。

　配電盤のオーバーロードは漏電、火災の原因となります。配電盤には蓋を取り付け、空気中の埃やネズミが入らないようにしましょう。たこ足配線も電圧が電源容量を超える可能性があるので注意しましょう。高圧洗浄機も使用電力が多くショートしやすいので注意が必要です。

　電気火災が起こったときには感電を起こす可能性があることから、水を撒いてはいけません。乾燥粉末などを使った、電気火災対応の表記のある業務用消火器を使用しましょう。消化器の設置場所、使い方についてもスタッフ間で把握しておく必要があります。

　古い配線、損傷した配線を使ってはいけません。定期的に電気配線系統はチェックし、もし絶縁体のほころびや、スイッチの故障が見られたら、修理するか、できれば交換する必要があります。このような電気系統の修理は作業者の安全性を考慮して、専門業者に依頼することが勧められます。

　機械室は普段立ち入ることが少ないため、散らかったり、倉庫代わりになってしまいがちです。しかしながら機械室でつまずいたり転倒したりすることは大きな事故につながる可能性があるため、常に片付いた状態にしておくことが勧められます。そのためにも出入り口に鍵をかけたり、床に物を置く必要がないよう十分な収納を作りましょう。

＊

　機械も牛と同じで、普段からのメンテナンスがあってこそ事故もなく、農場に大きく貢献してくれます。繰り返しますが、機械の事故は深刻な事態を招きます。作業者は、その危険要因についてしっかりと理解し、注意して取り扱い、悲惨な事故が起こらないようにしましょう。

作業中の事故

　農場で仕事を行なううえで、ときには危険な場所での作業は避けられません。このような危険箇所での作業は、頻度は少ないものの、一歩間違えれば命に関わる大事故となる可能性もあります。ここでは、そのような場所で作業するうえでのリスク要因と、その回避方法についてお話ししたいと思います。

 閉鎖空間

　閉鎖空間とは、通常ヒトが長時間滞在するように設計されていないうえに、出入りする手

段が限定されているような場所を指します。とくに酸素濃度が低い場所や、毒性・可燃性の
ガスが充満している場所であれば、その危険性が大きくなります。

　酪農場でいえば、例えば、サイロ、ピット下、パイプ内、ダクト内などが閉鎖空間となる
可能性があります。閉鎖空間における事故は、ときに致死的にもなるので、入る前に細心の
注意を払う必要があります。サイロでの死亡事故は 2009 年に宮崎県でも起こっています。
本事例は、地下式サイロ内にブドウの搾り粕を入れたことで発酵が促され、二酸化炭素が急
激に発生したことにより、三人が酸欠に陥ったというものです。

　閉鎖空間での作業については、前もって安全管理上の対策を講じておく必要があります。
入る前には空間内の空気の状態を評価しましょう。例えば、内部にロウソクを吊るしてみて、
火が消えるようであれば酸素濃度が低いことがわかります。

　ガス発生時や酸欠時に、急いで逃げれば間に合うなどと思ってはいけません。酸欠状態に
陥ると気分が悪くなり、意識を失い、最悪の場合、そのまま死亡してしまいます。また、閉
鎖空間内は温湿度が上がりやすいので、暑熱ストレスを強く受ける危険性もあります。作業
中に具合が悪くなったら、すぐに中断しましょう。

　閉鎖空間での作業は一人で行なってはいけません。緊急時の対策を熟知した人の監視下で
行ないましょう。閉鎖空間での事故は、救助に入った人が二次的に被害を受ける可能性もあ
るので、焦って助けに入ってはいけません。実際に、コロンビアにおける過去の閉鎖空間で
の事故を見ると、被害者の約半分が救助者であったとのことです（FARSHA）。救助者も緊
急時にすぐに中に入ったりせず、急いで人を呼び、しっかりと空間内からの空気排出、もし
くは送風による空気の還流を行なってから救助にあたるようにしましょう。

　閉鎖空間での事故を減らす一番の方法は、そのような危険な場所に立ち入らないことです。
その必要性をできるだけ減らし、また作業する際にはマスクや命綱などをしっかりと着用し
て安全管理を心がけましょう。

🔲 高所での作業（落下事故）

　酪農分野における高所での作業としては、例えば、タワーサイロでの作業や、植物の伐採、
牛舎の色塗り、雨どいの掃除、屋根の修理などがあげられ、場合によっては、重機への乗降
や、フォークリフトに乗っての作業も落下事故の原因となります。とくに手すりなど、落下
防止策がとられていない場所での作業は危険なものになります。

　実際の事例としては、タワーサイロからの落下があります。タラップからサイロ内に入ろ
うとしたところ、酸欠状態になり 10m の高さから落下したというものです。このような状
況では、サイロ内の換気をしっかりと行なったうえで、作業者が安全帯や命綱などを着用す
る必要があります。また、作業者がタワーサイロでの作業についての危険認識が甘かったと
いうことも問題視されています。

　落下事故を予防するためには、何より高所での作業を避けることです。まずは地面に近い

場所から作業を行なう方法を考えましょう。例えば、壁の色塗りや屋根の掃除、植物の伐採などは、柄の長いペイントローラーやモップ、高枝切ばさみなどを使うことで地面に近い位置から作業することもできます。

高所での作業を避けられない場合は、落下事故が起きないよう予防策を講じる必要があります。例えば、安全器具としては、手足が滑りにくい長靴や手袋、落下防止のハーネス、頭部保護のためのヘルメット着用があげられます。また、風の強い日や、雨の後などで足場や手すりが濡れている場合、作業は避けたほうが良いでしょう。暗い時間帯の作業も避け、外見的に不安定な足場には重心をかけないようにしましょう。

梯子や脚立の使用は、リスクが低く、短時間で終わる作業に限定されます。使用前にぐらつきやロック部分の故障などの問題がないか確認しましょう。また、設置場所には平坦な場所を選び、周囲はあらかじめ片づけておきましょう。これはバランスが崩れないようにするためだけではなく、障害物や段差の上に落下することによる被害の拡大を防ぐためです。

梯子は、作業をするのに十分な長さのあるものを選択する必要があります。1m 程度余分に長い梯子を使用し、上の三段には足をかけないようにしましょう。梯子は地面に対して75 度の角度で設置することが勧められます（HSE, 2014）。設置後は、梯子の上部と下部をロープで固定するなどしましょう。

梯子を使用する際は、常に体の三カ所以上を梯子に接触させておく必要があります。例えば、登るときには両手とどちらかの足で体を支えますが、これで三カ所です。器具を持った状態で梯子を使用すると三カ所での維持が困難となるため、ツールベルトなどを装着する必要があります。また器具は片手で使えるような軽いものに限定するべきです。釘を打つ、ねじを回すなど、どうしても両手を梯子から離さざるを得ない作業を行なう場合には、ハーネスなどを装着することが勧められます。

梯子の上で遠くの物に触れようとしてはいけません。目標が遠い場合には一度降りて、梯子を近づけてから再度作業を行なうようにします。目安としては、ベルトのバックルが常に梯子の二本の縦棒の間にあるようにすることです。

脚立を使用する際の事故として最も多いのは、一番上の天板から転落してしまうものです。天板には足を置いてはいけません。誤って足を乗せないよう、天板に注意書きなどを張り付けるようにしましょう。脚立上で電球の交換など行なう際には両手が離れるので、代わりに両足と膝、体などの三点で体を支えるようにしましょう。

◔ 転倒、滑走

酪農場は、ほとんどすべての場所が濡れているといっても過言ではなく、その原因は、水、消毒液、こぼれたミルク、機械油、牛の糞尿など、さまざまです。そのため農場のいたるところで転倒、滑走が起こりやすくなっています。また床に散乱したパイプやホース、階段などの段差、乗り物への乗降などによる転倒も多く見られます。

良い例
- きちんと三点で支えている。
- 体の正中線は縦棒の間。
- 上三段には足をかけない。

悪い例
- 三点で支えていない。
- 正中線が縦棒の間から外れている。
- 無理な姿勢。

脚立の使い方
- 横向きに使用してはならない。
- 天板には乗らない。
- ツールベルトなどを着用して手を空ける。

ちょっとあんた！何軒ハシゴしてきたのよ⁉

ヒェェ～、皆はハシゴで失敗しないよう気をつけてね！

梯子や脚立は正しい使い方をしないと落下事故の元となります。一番安全なのは高所での作業を避けることです。まずは低い位置から作業をする方法を講じましょう。

転倒による怪我は高齢者で発生が多く、女性より男性が多いといわれています。その理由の一つが、男性のほうが重機への乗降の機会が多いからではないかといわれています。転倒による怪我で多いのは、転倒時に体を支えることによる腕や手首の損傷です。手指の損傷は多くの業務の障害となり、作業効率を著しく低下させます。とくに傾斜のある場所や、階段が糞尿、水、アルカリ洗剤などで濡れているときに転倒事故が増えます。コンクリートは藻類やエサのこぼし、牛の唾液により滑りやすくなり、分娩室などは羊水や胎盤などが転倒の原因となります。床は常にきれいにするよう心がけ、藻類などは高圧洗浄機によって除去しましょう。

階段は、その素材はもちろん、一段一段の高さや幅などのデザインも転倒事故の発生率に大きく関係します。段差が高いと登るときに転倒することが多く、逆に段差が低くても飛び降りたりして転倒することがあります。床にある1cm程度の段差は逆に意識しづらく、つまずいて転ぶことがあるので注意が必要です。段差の幅のバラつきなども、転倒の原因となります。とくに何かを抱えた状態で階段を下りると、足元が見えにくいため危険です。階段に手すりをつけることで、安全性を高めることができます。

パドックも、泥や草、地面の凹凸や予期せぬ穴などによって転ぶことが多いです。とくに牛を移動しているときの転倒事故が多いので、牛が予期せぬ動きを見せたり、走って逃げたりしたときには、無理に追いかけず、頭絡やロープから手を離しましょう。またパドックで、

予め床が滑りやすいとわかっている場所については看板を設置したり、室内を明るくすることも有効です。ギャグも足も滑ったら下手すると大惨事となります、気をつけましょう。

ほかの牛の動きを見ていた結果、注意散漫になり転倒するというケースもあります。目の前の作業に集中しましょう。

　前号でも解説しましたが、トラクターなどから降りる際の転倒も多く見られます。ギアや座席などに衣服をひっかけないようにしましょう。

　2003年にニュージーランドで行なわれた、酪農場における転倒や滑走についての調査では、転倒により怪我をした人の多くが長期的に同じ靴を履いていたため、靴底がすり減っており、また農場内のすべての作業に同じ靴を使用していたことがわかりました（T. Bentley, 2003）。多くの畜産関係者はゴム長靴を履きますが、ゴム長靴は安価で洗いやすく、また履きやすく脱ぎやすいため、非常に使いやすいです。しかしながら、できれば滑りやすい場所での作業は底に溝の多く入った靴を、そしてパドックなどでは足首をしっかりと支えてくれる靴を履くなど、状況に応じて靴を選択することが勧められます。外見的に問題が発覚してから靴を交換するのではなく、6カ月ごとに定期交換を行なうというのも一つの方法です。

*

　焦ったり、走ったりすることは、すべての事故の原因となります。農場内のコミュニケーションを強固にし、お互いに危険と思われる場所について教え合い、また互いに仕事を抱え込みすぎないようサポートし合いましょう。それだけでも農場内での事故は大きく減らせる

はずです。

環境要因・火災

　農場内の施設の構造によって、そこで働くスタッフの抱えるリスクは大きく変わります。ここで紹介する火災や、五感を障害する騒音、環境温度、有毒ガスはそれにあたり、労働環境を見直すことで、そのリスクを大きく減らすことができます。毎日快適に仕事をするためにも、環境由来のリスク要因について、しっかりと認識しましょう。

■ 騒　音

　音は、耳の中にある細かい毛（有毛細胞）によって聴取されます。しかしながら、あまりに大きい音を聞くと、毛が損傷を受けて扁平化し、その結果、一時的な聴力障害に陥ります。さらに長期的に騒音に触れた場合や、爆発音など、あまりに大きな音を聞いたときには、鼓膜の破壊や有毛細胞の重度の障害が起こります。この場合、聴力障害は永久的なものとなります。

　実際に、ニュージーランドの酪農場で働く74人を対象に調査を行なったところ、実に48%の人が過去に聴力障害に陥った経験があったとのことです（Canton K., 2012）。そのため海外では、農場の責任者は、スタッフが慢性的に85dBA以上の騒音下に置かれないように、またピーク時でも140dBA以上の騒音に晒されないよう配慮することが義務づけられています（WorkSafe, NZ）。救急車のサイレンや地下鉄の車内が80dBA、飛行機のジェット音が120dBAだといわれているので、これはかなり大きな音であることがわかります。

　農場は騒音に溢れています。酪農場において騒音の原因となるものとしては、カップの装着や離脱、バキュームポンプなどの搾乳器具、オーガー、グレインクラッシャー、ハンマーミル、マウントカッターなどの機械音、トラクターなどの重機、そして牛の鳴き声などがあります。

　とくに古く、さび付いた、メンテナンスの行き届いていない機材は大きな音が出やすくなります。そのため定期的に機械はメンテナンスし、潤滑油をさし、部品の緩みなどがないように気をつける必要があります。それでも騒音が出る機械については、使用頻度を減らすか、新しいものに交換することが推奨されます。新たに施設を新設する場合、機械室などは防音に配慮する必要があります。また騒音を伴う作業をする際には、耳栓やイヤーマフなどを装着することが勧められます。

　聴力障害は農場内における事故の原因となり、生産性を落とすだけではありません。コミュニケーション能力の喪失や心的不安などを招き、被害者の生活にまで大きく影響します。で

117

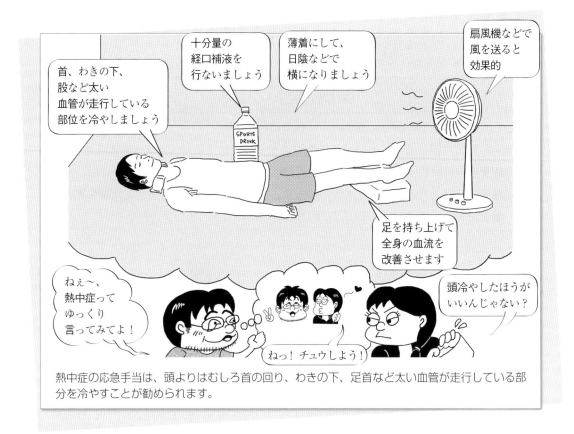

熱中症の応急手当は、頭よりはむしろ首の回り、わきの下、足首など太い血管が走行している部分を冷やすことが勧められます。

きるだけ騒音に触れる機会を減らす努力をしましょう。

 温湿度

　乳牛は暑さに弱く、暑熱ストレスによる生産性の低下が頻繁に議論にあがります。しかしながら、人が受ける暑熱の影響はどうでしょうか？ 農作業中の熱中症による死亡事故は、毎年 20 件前後発生しており、とくに 7 〜 8 月は発生率が高くなります（農水省）。畜産業を営むうえで、夏の暑さに耐えながら仕事をする機会は多く、その結果、熱中症などの深刻な問題が起こります。

　例えば、家畜の移動や飼料の刈り取り、サイレージの積み込みなどは、炎天下のもとで行なわなければならないこともありますが、このような肉体労働は環境温度の上昇のみならず、体内で産生された熱により熱中症のリスクが高まります。また、国内の酪農家の平均年齢は年々増加傾向にありますが、高齢者、心臓に持病を持つ人、太った人などは、とくに暑熱による影響を受けやすくなります。毎年熱中症でなくなる方の約 8 割が 65 歳以上であるという事実を忘れてはなりません（厚労省）。

　熱中症の初期症状として、皮膚の紅潮、筋肉がつる、頭痛などがあげられ、早期に対処しないと、寒気、嘔吐、幻覚などの神経症状をきたし、さらに意識を失います。重篤化したも

のは治癒後も後遺症を残すことがあり、熱中症による被害は深刻です。

　初期症状が見られた段階で日陰に移動しましょう。水分や電解質を十分に摂取し、濡らしたタオルやファンで体温を下げましょう。意識を失うほどの重篤な症状が見られるようであれば、すぐに救急車を呼びましょう。

　予防策としては、定期的に水分をとる、帽子をかぶるなどはもちろん、肉体的な負担が大きい仕事は涼しい時間帯に行なうことや、定期的に休憩をとることが重要です。体が高温環境に順応するのには時間がかかります。暑熱時には一定のペースで、焦らず、体を慣らしながら作業を行ないましょう。

　熱中症による被害を防ぐためには、関係者がお互いに意識し合うことも大切です。互いに助け合い、仕事が1人に集中することを避け、同僚に熱中症の症状が見られたときには、すぐに対処できるような体制作りをしておきましょう。

■ 有毒ガス

　糞尿が腐敗、発酵する過程でさまざまなガスが発生しますが、そのなかには人間にとって有害なものも含まれます。代表的なものとしては、アンモニア、硫化水素、メタンなどがあります。

　アンモニアは特徴のある臭いと刺激性のあるガスで、最も畜舎で感知されやすい有毒ガスではないかと思います。とくにスラリーが嫌気的に分解したときなどに生じ、致死的とはならないものの、眼や呼吸器などの粘膜を刺激します。

　硫化水素は致死性の高いガスであり、低濃度であれば腐った卵のような臭いがするものの、濃度が高くなると嗅覚が麻痺し、臭いがわからなくなるという特徴があります。また、空気より重く、低い場所で蓄積するため、気がつかないうちに畜舎内の濃度が上がるという危険性があります。実際に海外では、酪農家が硫化水素による急性呼吸器障害に陥り、搬送されたという事例があります（Gerasimon G, 2007）。硫化水素は、人や起立している牛より先に、横臥している牛でまずその症状が見られるため、もし横臥している牛で呼吸困難などの症状が見られた場合には、すぐに牛舎の換気を行なう必要があります。

　二酸化炭素も致死的にはならないものの、毒性があります。また、メタンなどは知らないうちに屋根部分で蓄積し、わずかな火花により爆発する可能性があります。

　国内の多くの牛舎は開放式であり、このような有毒ガスは問題となりにくいです。しかしながら、戻し堆肥を利用しているコンポストバーンなどでは敷料の切り替えしなどの際にガスが発生し、人および牛の健康を障害する可能性があります。

　もし作業中に異様な臭いや粘膜の刺激などを感じたときには、すぐにファンを回し、換気を促すとともに避難する必要があります。再度牛舎に入るのは一定時間が経過してからです。その間、注意深く牛をモニタリングしましょう。

■ 火 災

　酪農場には、可燃性の燃料、火災の原因となる電気系統や機械、そして非常に燃えやすい乾草などがあり、火事が起こりやすい環境であるといえます。酪農場において火災の原因となるものは大きく分けて三つあります。それは、①機械や電気系統、②人為的な火災、③畜舎のデザインやメンテナンスの問題です。

　電気系統でとくに発火の原因となりやすいのは、コンセントや配電盤における金属の腐食です。腐食により電流が滞ると、熱が発生して火災の原因となります。そのため1年に一度は業者に電気系統の安全確認を依頼するか、熱が発生していないかサーモグラフィーにより検査をすることが推奨されます。またアーク溶接機、切断トーチ、グラインダーなど、発熱するものや火花を生じる機械のそばには燃えるものを置かないようにしましょう、火災の原因となります。ヒートランプは農場の設備のなかでも最も火災のリスクが高いといえます。子牛用のヒートランプを設置する際には、鎖などの不燃性のもので、敷料に近すぎないよう、また牛が触れられない高さに吊り下げるようにしましょう。

　人為的な火災の原因として一番多いものは、タバコの消し忘れです。これは農場内を全面禁煙にすることで予防できます。それが難しい場合でも、喫煙所ははっきりと分けるべきでしょう。まわりに燃えるものがなければ火災は起こりません。常に散らかっているような農場は、火災のリスクが高くなります。

　電気系統が壁や天井に近すぎる、埃が溜まりやすいなど、施設にデザイン上の問題があると火災は起こりやすくなります。例えば、白熱電球が天井近くに下げてあり、天井が焦げてしまっている農場や、機械室の換気が悪く、ジェネレーターや冷蔵用コンプレッサーなどのオーバーヒートが起こる可能性のある農場などが、これにあたります。また、塵埃が蓄積することでファンが回らなくなり、モーターが加熱することがあります。このようなメンテナンス不足も火災の原因となるので注意しましょう。

　ほかに酪農場における火災の原因となるものとして、乾草があげられます。例えば、乾燥が不十分な状態で牧草をロールにした場合や、ロール後の降雨により水分を含んだ場合などに、植物中の酵素や微生物が働き、発熱や、場合によっては発火が起こります。乾草から発熱や煙、焦げるような臭いやキャラメルのような臭いがしたら、それは危険信号です。内部が空気に触れることで発火する可能性があるので、事前に水を用意するなどして取り扱いには注意しましょう。

　火災発生時の被害を最小限に抑えるためにも、火災警報システムやスプリンクラーなどを設置することを勧めます。消火器はすべての施設の、よく見えるところに設置しましょう。正確な使い方についてスタッフ全員が理解し、定期的に点検を行ない、きちんと稼動することを確認しましょう。避難経路はあらかじめ確保しておき、利用できる状態にしておきましょう。また、消防車がどのような経路で入場すれば良いのかあらかじめ決めておくことも重要

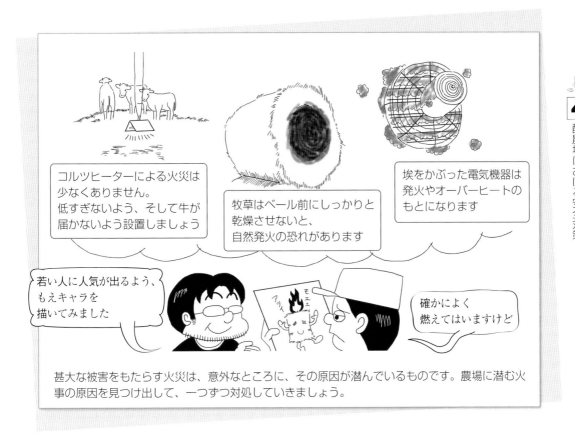

コルツヒーターによる火災は少なくありません。
低すぎないよう、そして牛が届かないよう設置しましょう

牧草はベール前にしっかりと乾燥させないと、自然発火の恐れがあります

埃をかぶった電気機器は発火やオーバーヒートのもとになります

若い人に人気が出るよう、もえキャラを描いてみました

確かによく燃えてはいますけど

甚大な被害をもたらす火災は、意外なところに、その原因が潜んでいるものです。農場に潜む火事の原因を見つけ出して、一つずつ対処していきましょう。

です。

　火災は、すべてを一瞬で奪ってしまう恐ろしい災害です。しっかりと予防策を講じて被害を防ぎましょう。

＊

　五感を障害する音、温度、ガスなどの怖いところは、知らず知らずのうちに体が影響を受けるという点です。無意識のうちに体調を損ない、気づけば重篤化している可能性もあります。そのようなことにならないよう、十二分に気をつけて作業を行なうようにしましょう。

牛の取り扱い

　酪農業における事故の原因として農業機械に次いで多いのが、牛に関連したものです。牛に関わる事故としてあげられるのは、角で突かれたり蹴られたりすることによる怪我や、保定時の事故、さらに人獣共通感染症などがあげられます。事故を防ぎ、牛との間に良好な関係を築くためにも、正しい牛の取り扱い方法について知っておきましょう。

⬡■ ハンドリング

　毎日のように牛に触れるなかで、私もヒヤリとしたことが何度もあります。ときに牛は人に対して攻撃的になり、予測できない動きをします。また保定時に牛が暴れ、ロープで挟まれることによる指の切断事故など跡を絶ちません。自分の身を守るためにも、そして牛のストレスを軽減して良好な関係を築くためにも、牛の体の構造や行動について詳しく知っておく必要があります。

　第2章「オー！ ウェルカム、アニマルウェルフェア」でも少し話しをさせていただきましたが、まず牛を扱ううえで知っておいていただきたいことが、牛の視覚とフライトゾーン（逃走距離）、そしてバランスラインについてです。牛の視覚は非常に広く、約340度ともいわれています（AHDB, 2015）。牛に近づくときには決して後方20度の死角から近づいてはいけません。フライトゾーンとは牛の警戒心の及ぶ範囲であり、人がフライトゾーンの中に入ると牛は一定の距離を保とうとして離れます。人がバランスラインのどちら側にいるかによって牛の動く方向が決まります。バランスラインは牛の正中および、肩に沿って描かれた線です。

　また牛を取り扱ううえで、その感情を理解することが重要です。もちろん牛はしゃべれないし、表情から感情を理解することも難しいですが、その姿勢や行動からわかることも多くあります。例えば、牛が顔を真っ直ぐに向けた状態で頭を下げることは、服従心もしくは恐怖心の現れです。しかし鼻息荒く、首を直角に曲げたとき、それは強い敵対心を持っている証拠です。早々にその場から離れることを勧めます。

　尾や肢についても同様のことがいえます。例えば、尾を股の間に挟むような動きは恐怖心を、尾を上に持ち上げる動きは、蹴る直前のサインである可能性があります。牛が前肢を持ち上げて地面を蹴る仕草を見せたら、牛の攻撃範囲から早急に離れる必要があります。成牛は角や後肢を円状に動かし、子牛は真っ直ぐに蹴り上げます。常日頃から牛の攻撃範囲を意識しながらハンドリングを行ないましょう。

　牛のハンドリング時に起こるほかの事故として、牛体と施設との間に体を挟まれるというものがあります。挟まれることによる事故を防ぐためには、まず牛と施設との間の狭い空間に身を置かないこと、接近する必要があるときには常に避難場所を意識しておくことが重要です。また腕時計などの装飾品や、ポケットに注射器を入れた状態で挟まれると、とくに被害が大きくなりやすいので注意しましょう。

　牛の性格にも個体差や品種差があるので、とくに気性が荒い牛などはあらかじめ把握しておく必要があります。ハンドリングに馴れていない育成牛や、分娩後に子牛と同居している母牛などは、とくに注意が必要です。牛は過去に受けた経験をしっかりと記憶しており、日常的に乱暴な扱いをされている個体は過剰な恐怖心を示し、強い攻撃行動を示します。ほかに牛を興奮させる要因として、空腹や喉の渇き、大きな音、痛み、追い込み、そして病気や

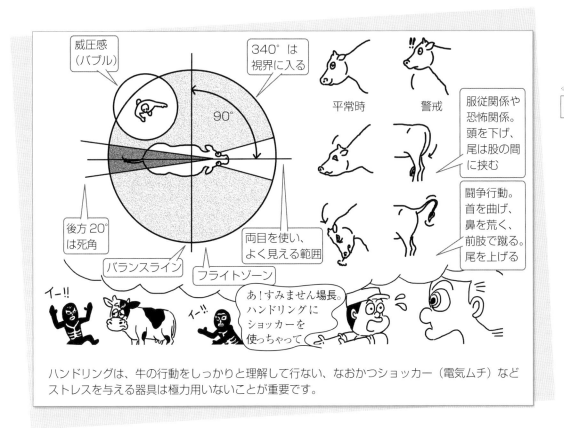

ハンドリングは、牛の行動をしっかりと理解して行ない、なおかつショッカー（電気ムチ）など
ストレスを与える器具は極力用いないことが重要です。

怪我などがあります。

　逆に牛を興奮させないためには、牛の扱い方を熟知した人が静かに、落ち着いて動くことが重要です。基本的にかけ声は自分の存在を伝えるために使うものであり、牛を動かすために使うものではありません。近づく前に声をかけて、自分がどこにいるか気づかせてやりましょう。

　牛のフライトゾーンについては、小さくすることは容易ではありませんが、人が牛に及ぼす威圧感については、その人の意識や行動によって容易にその大きさを変えることができます。人が牛に及ぼす威圧感は、その人を中心に円形に広がり、簡単に大きくも小さくもなることから「バブル」（泡）と呼ばれます。どのような行動が牛に威圧感を与えるか、牛の立場になって考えることが大事です。常にバブルを小さくしながら牛を取り扱うよう意識しましょう。

　疲労、油断、一人での作業は、事故を増やす原因となります。疲労がたまっていると判断力が低下し、ハンドリングのような日常業務でも失敗しやすくなります。油断はすべてにおいて失敗の元となります。仕事に慣れ、牛は怖くないと思った頃に怪我をしやすいことは皆さん重々ご承知だと思います。高齢者ほど回避行動をとるのが遅れるため、ハンドリング時に怪我をしやすくなります。とくに複数頭数を一度に扱う場合、一人で作業を行なうべきではありません。ゲートの開閉や誘導など、複数人数で行なったほうがより効率的に、牛にス

トレスを与えることなく行なえます。誰かが側にいれば、怪我を負ったときにもすぐに助けを呼ぶことができます。

　ハンドリングによる怪我を避けるうえで、ロープワークや保定の技術は非常に重要です。われわれ獣医師の間でも「保定八割」といわれるように、処置をするうえでしっかりとした保定を行なうことは大前提です。またロープに指を絡めて切断したりすることがないよう、保定中に牛が暴れたらまずロープから手を離しましょう。きちんとした保定技術を得ることは一生の宝であり、仕事の効率性、そして安全性を向上させてくれます。

　牛が動きやすい環境を作ることも重要です。牛は急な傾斜や直角の通路などを嫌います。牛舎を新設するときには、このような点にも配慮したいものです。牛舎内を明るくすることは、作業中の事故低減につながります。足元がしっかりと見える明るさを確保しましょう。牛は下方向の視野が狭いことから、足元を確認するときには動きを止め、首を曲げなくてはいけません。そのため床に落ちているものや影、水溜まりや段差などによって動きを止めてしまいます。

　酪農は畜産業のなかでも家畜と人との接触頻度が高く、とくに牛との親密な関係が求められます。ハンドリングは人にとっても、牛にとっても、非常に重要な技術です。牛について理解し、そして牛の立場になって、優しく取り扱いましょう。

◔■ 人獣共通感染症

　人獣共通感染症（ズーノーシス）とは、人とそれ以外の脊椎動物の両方に共通して起こる感染症のことです。豚などと比べると牛と人との間で共通するズーノーシスは数が少なく、また発生頻度も少ないために軽視されがちですが、酪農従事者も常にさらされている、重要なリスク要因の一つです。

　主要なズーノーシスとしては、大腸菌症やサルモネラなどの消化管感染症、レプトスピラ症、リステリア症、Q熱、搾乳者結節、白癬菌症などがあげられます。これらはすべてその症状、感染経路が異なるため、飼養者はそれぞれに異なった対策をとる必要があります。

　ズーノーシスを予防するうえで何よりも重要なのは、しっかりと手を洗うことです。そのためにも農場の水道蛇口そばには石鹸やタオルなどを常設する必要があります。ときどき冬の助産後など、バケツに入ったお湯で手を洗い満足してしまいがちになりますが、衛生的な流水で手を洗わなくては不十分です。石鹸についても固形のものよりも、液状のものが推奨されます。固形のものは数人で共有するため、洗い方が不十分になったり、付着した固形物を介して手指が汚染される可能性があります。タオルについても同様の理由から、ペーパータオルの利用が推奨されます。農場内の各所にアルコールスプレーを設置することも有効です。

　ズーノーシスの一部は、牛の体液が粘膜に接触することで感染が成立します。そのため作業時に手袋やマスクを着用することは、ズーノーシス予防に効果があります。また手指に傷

手洗いはズーノーシスを予防するうえで基本中の基本です。さらに子牛の管理や搾乳時における動物間の水平伝播を防ぐこともできます。

などがあった場合には、絆創膏や包帯などにより傷口を塞ぐ必要があります。汚染物が粘膜面に触れたら、すぐに洗うようにしましょう。

　ズーノーシスが人に感染した場合、どのような症状を示すか知っておく必要があります。仮に体調を崩し病院に行ったときには、自分が日常的に牛に触れていることを医師に説明し、ズーノーシスの可能性について相談しましょう。医師も患者の生活環境を知ることで、より正しい診断を下すことができます。

　表1に、牛—ヒト間における主要なズーノーシスをまとめましたが、これらはあくまで国内での発生歴がある、病名のついているものに限定しています。実際には、法定伝染病である炭疽、国外で発生が見られるブルセラ症や牛結核、さらに傷口から雑菌が入ることによる化膿や、敗血症などのリスクがあります。また近年、抗生物質の耐性化が世界的に問題になっていますが、乳牛から人へのMRSA（メチシリン耐性ブドウ球菌）の感染も報告されています（E. J. Kaszanyitzky, 2007）。

　農場内でのズーノーシスの発生を防ぐために、手洗いなどの衛生対策を行なうことはもちろんですが、牛での疾病の発生を防ぐことも重要です。大腸菌やサルモネラ、クリプトスポリジウムなどは子牛で強い下痢症状を示し、同時に大量の病原体を排泄します。また、皮膚糸状菌症も牛で強い痒みの原因となりストレスとなります。ワクチンや飼養管理により、これらの病気の発生を減らすことが、ひいては人への伝播を防ぎます。

表1 牛—ヒト間における主要なズーノーシス

病名	原因	牛での症状	人での症状	感染経路
消化管感染症	サルモネラ、大腸菌、キャンピロバクター、クリプトスポリジウムなど	下痢	下痢、嘔吐、腹痛	経口
白癬菌症	トリコフィートン	脱毛、痒み	皮膚の紅潮、痒み	直接接触
レプトスピラ症	レプトスピラ	食欲不振、発熱、流産	発熱、肝機能低下、腎不全	粘膜、外傷、経口などさまざま
リステリア症	リステリア	流産、発熱、顔面麻痺	神経症状、発熱、下痢	経口
搾乳者小結節	パラポックスウイルス	乳頭のできもの	手指のできもの	直接接触
Q熱	コクシエラ	流産	発熱、肺炎、流産	胎水との接触

　日常的に牛の健康状態を維持することが従業員の健康維持にもつながります。両方の健康維持を意識した農場経営を行ないましょう。

＊

　われわれ畜産関係者は、日常的に牛に触れるなかで、そこに潜むリスクを忘れてしまいがちになります。一度ハンドリングで怪我を負ったり、牛から病気をもらったりすると、精神的に牛に対する恐怖心が芽生え、仕事に影響が及びます。牛を理解し、愛情を持って接することが、事故を未然に防ぐことにつながります。

人為的要因

　農場スタッフ、業者、獣医師など、酪農経営には多くの人間が関わります。人が出入りし、関わる以上、人為的要因による事故もまた避けることができません。ここでは、注射や運転、そして子どもの事故など、人に関わる危険要因について解説したいと思います。

■ 針刺し事故

　牛に注射針を刺すのは、獣医師だけに限りません。農場の規模拡大が進むなかで、これまで獣医師が行なっていた作業を従業員が行なうケースも増えています。例えば、ワクチネーション、ビタミン注射、カルシウムの皮下投与などは、多くの農場で獣医師の指示のもと、従業員が行なっているのではないのでしょうか。

　注射を行なううえで避けなければいけないのは、誤って自分の手や体に針を刺してしまう

ことです。このような事故を人の医療分野では「針刺し事故」と呼びます。北米における調査によると、約80%の畜産農家が過去に注射針を自分に刺した経験があるということです（UMASH）。軽い事故を含めば、この数字はさらに高くなると考えられます。

　針刺し事故は、軽いものではただの刺し傷ですが、刺し傷からの感染やアレルギー反応を招く可能性があり、さらに深部組織を損傷したときには手術が必要となることもあります。実際に2016年に北米で行なった調査では、後遺症が残った人や、死亡例も報告されています（Buswell ML, 2016）。

　そもそも動物用医薬品はヒトでの安全性が証明されていないため、あらゆる薬剤が危険性を秘めています。とくに問題となりやすい薬剤は、生ワクチン、油性アジュバントのワクチン、鎮静剤、ホルモン剤、そしてチルミコシンなどの抗生物質です。

　生ワクチンは弱毒化した病原体そのものなので、針刺し事故により人に感染を引き起こす可能性があります。油性アジュバントやペニシリンなどは強いアレルギー反応を誘発し、ショックを引き起こす可能性があります。ホルモン剤は流産などの危険性があるため、できれば女性従業員は取り扱わないようにしましょう。チルミコシン製剤は海外で人の死亡事故が報告されているため、取り扱いに注意する必要があります（Nebraska Dept. of Labor, 2003）。

　注射をする機会を減らすことも、事故を防ぐ有効な手段です。鼻腔内投与のワクチンや、背中に落とすプアオン製剤などは、作業者にとって安全性の高いものです。

　針刺し事故を防ぐためには、まず牛の保定をしっかりとすることです。作業中に牛が暴れたりすると、どんなに熟練した人でも事故を起こしてしまうかもしれません。皮下注射をするときなどは、つまんだ皮膚に注射をしますが、長い針を使うと貫通して自分を刺してしまうことがあります。状況に応じて針を使い分ける必要があります。むき出しの針や注射器を持ち歩くと、牛に押し付けられたときや転倒したときなどに事故を起こす可能性があります。針をむき出しの状態で持ち歩かないようにしましょう。

　使用後の針に蓋をすることを「リキャップ」といいますが、ヒト医療では原則、リキャップは行なわないよう勧めています。これは針刺し事故が針に蓋をするときに最も起こりやすいためです。しかしながら連続で注射を行なう畜産現場ではリキャップをしないわけにはいけないので、図に示したような技術を使うことが推奨されます。作業時は手袋を着用し、口で蓋を外すような行為もやめましょう。

　もしも針刺し事故を起こしてしまったときには、まず初めは傷口から血を絞り出すようにしましょう。汚染物質を体外に排出させることが、まず優先事項となります。それから傷口をアルコールなどで、しっかりと消毒し、止血しましょう。

　針刺し事故が起こったことは、周りの人にしっかりと報告しましょう。もしも注射部位の炎症や腫脹、発熱、痛みなどが見られたら、速やかに病院に行きましょう。このとき医者に、接触した薬物の種類や名前を報告しましょう。

　事故を予防するうえで最も重要なことは、焦らず、ゆっくりと仕事ができる体制を作るこ

針の蓋を台の上に置いた状態で蓋をすれば、誤って手に刺しにくくなります

二段階リキャップ。針先が手に向かないように軽く蓋を被せ、それからしっかりと蓋をする

注射針に向かって真っ直ぐに蓋をするのが、針刺し事故の一番の原因です

使用済みの針は、しっかり蓋のできる専用の容器に捨てましょう

先端をペンチで曲げれば……針刺し事故しにくくなるよ

あんなもんで刺されてたまるか！

牛が受ける痛みを軽減するためにも、もちろん針は衛生的で鋭利なものを使用する必要があります。事故を避けるためにも、作業者ができるだけ気をつけるようにしましょう。

とです。一度に何頭もの牛を処置するときなどは、無理して一人で行なわず、保定も含めて何人かで行なうようにしましょう。

車両事故

　酪農場にはバルク車や、トラクター、飼料運搬車など、さまざまな大型車両が出入りします。それら車両による人身事故や、対物事故による施設の破損が多くの農場で見られます。とくに生乳処理室に至るまでの敷地が狭い農場では、このような問題が見られやすくなります。

　農場内の事故を避けるためには、農場の入口を広くとり、バルク車や飼料運搬車がバックする必要のないような構造にすることが理想です。関係車両の邪魔にならないよう、従業員専用の駐車場は離れた場所に設けましょう。

　農場内のルールをしっかりと取り決めることも重要です。白線などで駐車場所を区分けしたり、標識を立てることも事故低減につながります。実際にわかりやすく速度表記をすることで、事故が低減した農場の例もあります（丸山，2016）。センサーライトなどを設置し、表示を見やすくすることも重要です。

　農場外での事故については、農業機械で公道を走ることによる交通事故があげられます。本来、最高速度が20km未満の車両についてはシートベルトの着用義務がないものの、以前

お話ししたとおり、転倒事故から身を守るためにはシートベルトは常に着用するべきでしょう。

　農機はさまざまな点で一般車両と異なりますが、それが公道における事故の原因となります。例えば、トラクターは一般車両と比べるとゆっくりと走りますが、そのため後続の車が距離感をつかみにくく、追突してしまうことがあります。また右折時や減速時などに追い越そうとした車両と接触してしまうケースもあります。とくに連結装置を装着したトラクターでは、予想以上に車体が長くなってしまっているために、接触事故が起こる危険性があります。農機によっては横幅が広いものもあり、このような車両も後続車との接触の恐れがあるので注意が必要です。

　このような事故を避けるためにも、公道を走る前にはライトやウインカーがきちんと点灯することを確認しましょう。夜間はできるだけ公道の走行を避けるべきですが、走行時には必ず反射板を装着することが勧められます。

　一般車両に合わせて速度を上げることは、転倒やガードレールへの衝突を招く可能性があるので避けましょう。それよりは自分のペースでゆっくりと運転することが勧められます。交通の状況を見て、後続車に対してはハザードで道をゆずることで事故を避けましょう。

　春や秋の繁忙期には、農機に関連した交通事故が増えます。できるだけ焦らず、運転を楽しむくらいの余裕を持って仕事を行ないたいものです。

■ 子ども

　酪農場には乳牛、子牛、さまざまな器具機械や薬品、乾草ロールなど、子どもの興味を引くものが数多くあります。しかしながら、これらはすべて子どもにとっての危険要因となるものであり、一歩間違えば致死的な事故を招きかねません。

　例えば、オーストラリアの農場では、15歳未満の子どもが毎年20人以上事故により死亡しています。また2001〜2004年に行なった調査では、農場における事故の15〜20%を15歳未満の子どもが占めているというデータがあります。そして子どもの死亡事故の25%が、外部から来た訪問者であることもわかっています。死亡事故の主な内容は、幼児であればラグーンなどに落ちることによる水死、それより上の年齢であれば車両事故が多いとのことです（Farmsafe Australia）。

　農場内における子どもの事故を避けるためには、何よりも子どもの危険要因への接触を避けることです。例えば、ラグーン、牛舎内、搾乳室、機械室などには、柵や施錠により近づけさせないようにする必要があります。薬品はすべてカギのかかる倉庫に仕舞うようにしましょう。農場内に専用のチャイルドルームを作ることも事故防止につながります。

　子どもが触っても事故が起きにくいよう配慮することも重要です。例えば、熱湯が出る蛇口は取っ手を外したり、蛇口をロックすることで事故を予防することができます。トラクターやスキッドローダーなどのエンジンのカギは必ず抜いておくようにしましょう。

面接で「チャイルド
ルーム完備」って
聞いたんですけど

はいはい、
預かりますよ

子どもを預ける場所があるかどうかは、女性が職場を選択するうえで重要な要素の一つです。
従業員を多く抱える農場ほど、このような配慮が必要になってきます。

　農場では、子どもの予測できない動きが危険を生むこともあります。国内での事例として、搾乳室に入ってきた子どもの声に驚いた乳牛に踏まれ、骨折したというケースがあります（MAFF）。酪農場を生活の場とするからこそ、牛の扱いについて普段から教えておく必要があります。

　子どもは大人の背中を見て学びます。普段から大人が農場の安全管理について理解し、子どもにしっかりと教育すれば、子どもに関連した事故も減らせるはずです。大切な家族の命を危険にさらすようなことがないよう、まず大人が危険要因について認識しましょう。

＊

　ここで紹介した針刺し事故や車両事故などは、私自身、何度もヒヤリとしたことがあります。これらの事故は予防のための体制を作ることもさることながら、それ以上に、自分が普段から危険意識を持つことが重要です。習慣的な作業も、農場における子どもの存在も、当たり前だと思わず、常にそこに危険が潜んでいることを頭に入れておきましょう。

肉体疲労とストレス

　これまで農場に関わる危険要因を数多く紹介してきましたが、そのすべてに関わるのが余

裕のなさからくる焦りや、一人での作業、そして肉体的・精神的疲労です。畜産業はほかの職種と比べ、肉体的・精神的負担が大きいともいわれています。健康に仕事を続けるためにも、少しでもそれを軽減するための方法を知っておく必要があります。

肉体的疲労

　酪農は過酷な仕事です。1日2回、週7日、年365日搾乳作業を行なう必要があり、それに加えての日常的な肉体作業が重なると、慢性的に疲労を抱えることになります。

　疲労とは「精神あるいは身体への負荷により作業効率が一時的に低下した状態」と定義されますが、実際に肉体疲労によってルーチン的な作業をしたときの失敗が増えることがわかっています。酪農においても、労働時間が延長することで深刻な事故の発生率が高まることがわかっています（Minn. University）。

　肉体的疲労と精神的ストレスとの間には密接な関係があります。両者を一括りにすることはできませんが、疲労もストレスも肉体的・精神的エネルギーを必要としている状態です。疲労状態の人はストレスを感じやすく、またストレスがたまっている人は疲労状態に陥りやすくなります。健康を保つためには双方のコントロールが必要となります。

　疲労にもさまざまな種類があり、軽いものでは睡眠不足や忙しく働いた翌日など、休息により回復する一過性の疲労があります。問題になるのは、休息によっても回復しない、体に弱さを感じるような慢性的な疲労です。このようなタイプの疲労は作業者の判断力を鈍らせ、仕事の作業手順を狂わせ、事故が増える原因となります。

　疲労がたまる原因としては、肉体的負担の大きい作業はもちろん、朝早くから夜遅くまで働くようなライフスタイル、分娩が重なる時期などにおける継続的な睡眠不足、長期的な悪天候での作業、高温多湿での作業、バランスの取れていない食事などが考えられます。睡眠や食事をしっかりとっても疲労が回復しないようなら、病気からくる疲労である可能性も踏まえ、一度病院への受診を勧めます。

　疲労をためないためにも、「マキシマムワーク・ミニマムレスト（最大限の労働時間と最低限の休息時間）」を設定して仕事をすることが勧められます。そのためには計画性をもって仕事に取りかかる必要があります。肉体的負担をできるだけ解消するために、食事時間や休息時間を必ず確保しましょう。一人ですべて行なおうとせず、仕事を共有し、必要に応じて人員を確保しましょう。健康的でバランスの取れた食事をし、食後には消化のための時間を確保することも重要です。また脱水も疲労の原因となるため、定期的に水分を摂取する必要があります。

　繰り返しますが、疲労は作業効率を落とし、あらゆる事故の原因となります。ニュージーランドの調査では、週に50時間以上の労働をする人が一般職では29%であったのに対し、酪農業では69%と有意に高かったとのことです（J. Montgomerie, 2014）。肉体的に過酷な仕事だからこそ、疲労をためないようにしっかりと自己管理しましょう。

日常的な肉体労働は慢性疲労の原因となります。定期的に休息を取り、睡眠不足や不摂生な食事は避けましょう。ちなみに乳牛の乳房は乳汁や血液などを含め50 kg以上あるといわれています。

精神的ストレス

　牧歌的な環境で牛の鳴き声を聞きながらのんびりと仕事をする――そんな社会的なイメージとは裏腹に、酪農は肉体だけでなく精神的なストレスも大きい職種です。

　近年の調査では、対象となった130種の職種のうち、農業は心臓病、高血圧、潰瘍などストレスに起因する病気による死亡率が最も高かったとのことです（A. Bowman, 2016）。さらに2012年で北米に行なわれた調査でも、農業は自殺率の高い職種の一つにあげられています（W. L. W. Mcintosh, 2016）。

　酪農を営むうえでストレス要因となるものは数多くあります。例えば、乳牛の病気、悪天候、乳価、農業政策、借金、機械の故障、長時間労働、従業員の確保、従業員間の対立などがあります。これらに家族との関係や、自分の健康状態、社会的不安など、一般的なストレス要因も加算されるため、酪農家の精神的負担は非常に大きいものとなります。

　これらのストレス要因のうち、とくに問題となるのが悪天候や伝染病、乳価、農業政策など、自分でコントロールしにくいものだと言われています。実際に、イギリスでは2001年の口蹄疫の発生後に農家の自殺率は一時的に10倍に増えました。オーストラリアでは干ばつなどが農家を精神的に追い詰める要因になっています（A. Goffin, 2014）。

場長があんまり怒るから。すごいストレスですよ

あのね、怒るほうも体力使うんだよ

人間関係は酪農場においても主要なストレス要因の一つです。双方の立場を理解し、話し合いの機会を設けることでトラブルを避けましょう。

　農家の精神的負担は、春と秋に高くなりやすいことがわかっています。これは繁忙期における過剰労働、そして疲労が大きなストレスとなっているためだと言われています。

　ストレスや疲労は知らず知らずのうちにたまってしまうことがあり、気がつけば専門機関での診察が必要になってしまうケースもあります。そのため初期症状をよく知っておき、周囲の人もそれに気づいてあげる必要があります。

　ストレスによる体調の変化としては、頭痛、下痢や便秘、心拍の亢進などが見られ、また落ち着きがなくなる、どなる回数が増える、イライラする、黙り込む、感情のコントロールができなくなる、自信喪失するなど感情面での変化も著しく見られます。また行動面でも、不眠症、喫煙や飲酒が増える、コミュニケーションができなくなる、乱暴で否定的な言葉を使うようになる、暴力的になるなどの変化が見られます（A. Bowman, 2016）。さらに精神的負担により酪農家の作業能力は7%前後低下することがわかっています（A. A. Burki, 2009）。身近な人の、このような変化に早期に気づいてあげる必要があります。

　経営形態によってもストレスの度合いが変わるので注意が必要です。例えば、酪農に加え園芸などを行なっている兼業農家のほうが多忙ゆえに専業と比べてストレスが大きいことがわかっています。また、二世代で家族経営している農場では若い世代のほうがより強いストレスを受けていることがわかっています。これは若い世代が自分の力のなさを感じている一方で、借金などの不安を多く抱えていることが理由だと思われます。一方で、高齢者世代は

経営上の不安や次世代との意見の不一致が、そして母親や義理の娘は農場経営からの疎外感がストレスとなりやすいようです（R. J. Fetsch, 2014）。

　家と職場が一緒であることもストレス要因となっています。多くの人が職場と家は別であり、帰宅した段階で仕事のことを忘れ、家族や趣味などに時間を使うようになります。しかしながら多くの酪農家は家と職場が共通であり、お産のときなどは家にいても心が休まりません。これはストレスをコントロールするうえで大きな問題となります。

　なお、ストレスをコントロールするうえで知っておく必要のあることは、すべてのストレスが悪いというわけではない、ということです。人はストレスを受け、それを回避することで発展を遂げてきました。そのためかストレスのない環境に置かれた多くの人は、新たな挑戦を求めるようになると言われています（O. Becroft, 1997）。

　問題となりにくいストレスとしては、コントロールできるストレス、予測できるストレス、そして自発的に受け入れたストレスです。先に述べたコントロールできない問題はともかく、多くの問題は心の準備をしておけば、そこから受ける影響を最小限に抑えることができるのです。例えば、繁忙期の前には機械のメンテナンスや必要な従業員の確保をしっかりと行ない、計画性を持って行動するようにしましょう。子牛の下痢や肺炎が増える冬場が来る前にしっかりとワクチネーションや暖房器具の準備を行ない、寒さに負けない体制を作り上げましょう。常に関係者間で相互的にコミュニケーションを取り合い、社会的な状況を理解しておくことも重要です。

　また、自分自身も定期的に休憩を取ったり健康診断を受けたりすることで、健康状態を維持するよう努力しましょう。できるだけしっかりとした食生活を心がけ、十分な睡眠を取るようにします。ストレスの初期症状についてしっかりと理解し、日常的に信頼できる家族や友人に悩みを相談することも重要です。

　何よりも物事を深刻に考えすぎず、楽観的に考えることが重要です。バンジージャンプもさせられると多大なストレスとなりますが、自発的に行なえばレジャーにもなります。考え方で自分が受ける影響は大きく変えることができます。

　人間がかかる病気のうち、75 〜 90％がストレスに起因するとも言われています（S. Pish, 2012）。まず自分が抱えているストレスや不安の原因は何か考え、そのうえでそれを減らす、もしくは楽しむくらいの気持ちで日々を過ごしましょう。

＊

　肉体的・精神的疲労は、そのリスク要因を完全になくすのははっきり言って不可能です。しかしながら作業の効率化や心構えで、明日から負担を減らすことができることもまた事実です。「らくのう」には「苦悩」が付き物ですが、一方で「楽」も常に含まれています。ストレスをため込まず、助け合いながら、日々を乗り越えていきましょう。

総括：俺たち元気いっぱい！今日も搾るぜおっぱい！

安全対策の重要性

これまで、酪農現場に潜む危険要因について解説してきました。関係者は常に、事故によってどのような被害が生じるか認識しておく必要があります。

農場における事故は、複数の面で経営に影響を及ぼします。金銭的な面でいうと、まず怪我をしたスタッフやその家族に対する補償、事故で作業が中断することによる損失、事故で破損した器具や機材の修理費、状況によっては新たな人材の確保が必要になる可能性があります。

事故によって苦しむのは怪我をした被害者や、その家族に限ったことではありません。被害者の業務の埋め合わせは誰かが行なうこととなり、まわりの人達にも負担がかかります。農場内で起こった事故については、しっかりと調査し、再発防止に努める必要がありますが、それにかかる時間も少なくはありません。しかし再発防止や保障をしっかりしないと、農場内の士気低下や、離職率の増加につながります。さらに農場に対する世間的なイメージも悪くなります。

このように農場内の事故によって生じる被害は多角的かつ多大なものとなります。あえて事故を起こすリスクを選ぶよりは、積極的に安全対策を実施することが勧められます。労働環境の安全対策に1ドル使うことは、3ドルの節約につながることが北米の保険会社の調査でわかっています（WOSHTEP, 2010）。安全対策は出費ではなく、投資なのです。

では実際に、どのようにして農場での事故対策を行なっていけばよいのでしょうか？ 三段階に分けて解説したいと思います。

（1）危険を認識する

危険を回避するためには、何よりもまず農場内の、何が危険なのかを認識する必要があります。危険を認識して初めてそのリスク要因について分析することができるのです。

これまで農場で見られる一般的な危険要因について解説してきましたが、実際にはこれらはほんの一部にすぎません。スタッフや家族など、関係者全員に仕事をしていて危険と感じたことについて尋ねてみましょう。現場で働いている人は、ほかにヒヤリとした経験や、危険に感じた作業が数多くあるはずです。

農場に潜む危険要因に気づくためにも、現場で働くスタッフが危険を感じたときに報告しやすい体制を築いておくことが重要です。そのためにも雇用主はスタッフの報告に対して耳を傾け、しっかりと受け止める必要があります。スタッフを大切に思っており、危険要因に

危険要因に対する対応策は一つではありません。実現可能な手段を、ときには複数併用し、安全を確保しましょう。

対して対策を講ずる姿勢があることを、普段から伝えておきましょう。

（2）危険要因について分析する

　自分達の農場に潜む危険要因について認識できたら、次は予防策を講ずるために、それを分析する必要があります。分析すべき項目としては以下のものがあります。

✓ その作業中にどのような事故が起こり得るか？

　その作業によって起こる事故の種類は一つではありません。あらゆる可能性を考えておく必要があります。例えば、牛のハンドリング一つとっても、牛に蹴られる危険性以外に、牛に乗られる、角で突かれる、転倒する、体を挟まれる、などの危険性が潜んでいます。

✓ 事故によって生じる怪我の度合いは？

　事故が起こったとき、どのような健康被害が生じるか。それによって優先順位も、対応の仕方も変わります。例えば、同じ機械による怪我であっても、カッターで指を切るのとPTOに巻き込まれるのでは怪我の度合いが変わります。

✓ 事故の対象となるのは誰か？

　事故発生時に健康被害を受けるのは誰でしょうか？ 場合によっては作業者だけでなく、周りの人も二次的な被害を受ける可能性があります。例えば、閉鎖空間における事故などは、救助者が同様の被害を受ける可能性があります。

✓ 優先順位は？

　発生頻度や怪我の度合いによって対策の優先順位は異なります。例えば、酪農において事故の原因として最も多いのは農業機械、次いで牛のハンドリングです。とくに農業機械による事故は被害も深刻なものとなりやすいため、優先的に従業員教育など行ない、予防を徹底する必要があります。

✓ 事故が発生したとき、他者がそれに気づけるかどうか？

　その作業はいつも単独で行なうものですか？ 熱射病や転倒など、早期に救護すれば命に別状がない事故であったとしても、発見が遅れれば命に関わります。このような作業は、緊急時に連絡を取る方法を予め講じておく必要があります。

（3）回避方法を検討する

　上で述べたように、まず優先度の高いものから対策を実施していく必要があります。回避方法にはいくつかの手段がありますが、事故の原因によって実施できる内容は異なります。状況によっては複数の手段を併用する必要があります。

✓ 危険を除去する

　これが最も安全な方法といえます。例えば、とくに気性の荒い牛を淘汰することや、転倒の原因となる段差や凹凸をなくすこともこれにあたります。しかしながら農場で起こる多くの事故は日常業務から生まれるものであり、危険要因を完全に除去するのは困難な場合がほとんどです。

✓ 代替的な手段を講ずる

　あえて危険なものを用いず、より安全性の高い手段を選択することです。例えば、消毒薬を刺激の弱いものに替えたり、音のうるさい機械を静かなものに買い替えることなどがこれにあたります。

✓ 状況を改善する

　完全に置き換えるのではなく、農場に存在する危険要因のリスクを減らすというものです。例えば、トラクターに ROPS を装着したり、PTO にカバーをつける、危険な場所のまわりには柵を設けることなどがこれにあたります。

✓ 警報

　火災や、機械の緊急停止時などに作動する警報を備え付けておくのも、リスクを減らす手段として有効です。

✓ 個人用保護具（Personal Protective Equipment, PPE）

　この方法は「最終手段」といえます。というのは、PPE を装着しても怪我の原因となるリスク要因はそのままだからです。さらに PPE は着用者の身しか守ることができません。しかしながら騒音対策としての耳栓や、ズーノーシス対策としての手袋などは積極的に利用することが勧められます。できればほかの対策と併せて行ないましょう。

✓ 注意喚起

農場内に存在する危険要因について、普段から関係者間で意見交換しておくことが大切です。雇用主は予めスタッフに作業手順と、事故の可能性について説明しておく必要があります。作業内容について正確に知っておくことこそが、危険回避につながるのです。

✓訓練

スタッフに対しては注意喚起を行なうだけでなく、実施訓練や座学などを含めた教育プログラムを農場内で実施することを勧めます。教育プログラムは、雇用時はもちろん、理想的には年1回、全スタッフに対して行なうことが推奨されます。また、新たな業務に配属された人や、新しい機材が導入された場合などにも訓練を行なう必要があります。

受講者は、まず農場内における事故が自分自身に関わる問題であることを実感する必要があります。そのためにもプログラムは複数人数で行ない、ディスカッションや意見交換の場を設けることで、客観的立場に立たせないようにしましょう。実際の体験談や、過去の教訓を盛り込むことも参加者の関心を促す手段の一つです。講義の時間は限られているため、何が重要か話を限定して、最も知るべきことに集中した解説をすることが勧められます。何よりも参加者には敬意を払うべきです。参加者に思いやりを持って話をするからこそ、積極的に聞く姿勢が生まれるのです。

🔆 緊急時対応

どんなに予防策を講じても、事故を100%防ぐことはできません。残念ながら、事故が起こってしまった場合の対応についても予め考えておく必要があります。

最低でも「救急セット」は各農場で準備しておくべきです。その保管場所や使い方については、スタッフ全員が知っておく必要があります。規模の大きい農場では複数の救急セットを用意し、各牛舎や、必要に応じてトラクターの中などに常設しておくことを勧めます。

救急セットには、例えば、絆創膏（傷に貼るテープ）、包帯、粘着テープ、ピンセット、ゴム手袋、消毒薬、ハサミ、生理食塩水、ブランケット、緊急時対策用教本などを入れておくことを勧めます。また、これら救急箱に常備するものについては、一覧を作成して、ふたの裏、もしくは箱の下に貼っておくことを勧めます。不足しているものがあれば、速やかに補充しましょう。

救急セットと同様、消火器の場所も予め従業員間で共有しておく必要があります。また緊急時の連絡先について予めスタッフ間で共有し、さらに避難経路や、避難後に落ち合う場所なども予め決めておくと良いでしょう。もちろん人命を優先するべきですが、火災などが起こったときに牛をどのように避難させるかも考えておくことを勧めます。

🔆 最後に

農場で起こる事故の予防は、決して一人の力でできるものではありません。それぞれが義

片づけられない人の気持ちはよくわかりますが、救急箱や消火器などは、いざというときに慌てないよう、普段から整理整頓しておかなくてはなりません。

務を果たして初めて農場の安全が守れるのです。

農場の責任者は、すべてのスタッフに安全に働ける職場を提供する義務があります。そのためにもリーダーシップを発揮し、すべてのスタッフに対し農場に潜む危険要因について説明し、予防プログラムを周知徹底させる必要があります。また、安全マニュアルの作成やコピーの配布、そして安全対策のために必要な個人用保護具（PPE）や消火器、救急箱などを設置する義務があります。

スタッフもまた、自分の身の健康と安全を守るための努力をする必要があります。雇用主が安全のために作成した取り決めに従って仕事をしなくてはなりません。必要に応じてPPEなどを着用し、ふざけて仕事をしてはいけません。作業中に危険要因に気がついたら、すぐに上司にそれを報告しましょう。病気や疲労、飲酒などによって作業に支障が出るようであれば、無理をしてはいけません。雇用主とスタッフ、双方の理解があって初めて酪農場での事故は防ぐことができるのです。

冒頭で説明しましたが、事故によって農場が受ける被害は甚大です。酪農・畜産という危険を伴う仕事を毎日行なうからこそ、日頃から安全を意識する必要があります。事故がなく、健康だからこそ、毎日胸を張って言えるのです。「俺たち元気いっぱい！ 今日も搾るぜおっぱい！」

※本稿は Dairy Japan 2017 年 1 〜 9 月号の連載「俺たち元気いっぱい！ 今日も搾るぜおっぱい！ 酪農場における安全対策」を加筆・改稿したものです。

第 **5** 章

対峙しなきゃ！周産期胎子死に！
子牛の事故低減に向けて

周産期における胎子の正常な発達と、状態の変化

酪農経営において、新生子牛の事故は世界的に大きな問題として認識されています。とくに妊娠260日〜産後48時間後における子牛の事故は、周産期胎子死（Perinatal Morality）と呼ばれ、その発生率は世界的に5〜8％前後であるとされています（JF Mee, 2013）。

その割合を、分娩前、分娩経過中、分娩後の三段階に分けると、それぞれ10％、75％、15％といわれています。つまり分娩前の事故は全体の10％にすぎず、周産期胎子死の9割は予防が可能であるといえます（Max Irsik）。イギリスの調査で、分娩48時間以内の事故件数は、その後の事故件数の約2倍に上ることがわかっており、周産期胎子死を予防することが農場全体の成績に大きく影響することがわかります。

本章では、周産期胎子死を減らすために農場で行なえる対策についてお話したいと思います。長い妊娠期間と大切な子牛の命を無駄にしないため、少しでも参考になれば幸いです。

■ 周産期における子牛の正常な体の変化

周産期胎子死を低減するためには、早期に子牛の異常に気がつく必要があり、そのためには、まずこの時期における正常な子牛の生理的、機能的変化を理解する必要があります。今回は、周産期胎子死の対象となる時期である、胎齢260日以降、分娩、分娩後48時間までの三段階における変化について解説いたします。

①胎齢260日以降

胎齢260日に達した胎子は体長が80〜100cmほどの大きさであり、体表は既に体毛に覆われています（Bruin, M.G, 1910）。残りの妊娠期間を経て胎子として完全な成熟を遂げるものの、その多くは既に子宮外での生存能力を持っています。ホルスタインでは約280日間の妊娠期間を経て分娩に至ります。

②分娩

そもそも子牛は、呼吸、代謝、血液pHの調整、体温維持など、妊娠中はすべてを母牛に委ねていますが、娩出後はすべて自分で行なうようになります。その過程で起こる子牛の機能的、生理的変化は大きく、かつ複雑であり、わずかな問題でそれは大きく狂ってしまいます。

代表的なのは血液循環です。胎子の心臓には卵円孔と動脈管という特殊なバイパスがあり、これにより血液は肺をほとんど通過することなく循環されます。子宮内で肺が機能していない胎子にとっては胎盤が肺の役割をし、さらに胎盤はへその緒を介して栄養の供給や排

泄なども行ないます。通常、卵円孔や動脈管は娩出後、血圧の変化に伴い閉鎖し、肺に血液が流入し、正常な呼吸と循環が開始されます。

　分娩は三つのステージに分けられ、まず第一期である開口期から始まります。開口期は頸管が拡張し、子牛が産道に入るまでの時期であり、通常2〜6時間継続します。このときから子宮の収縮が徐々に開始し、開口期の終わりにはその頻度が3分に1回程度まで増え、徐々に胎盤と子宮との結合が弱くなります。このとき尿膜の破裂による一次破水が起こります。

　それに続くのが陣痛期です。この時期には頸管が完全に弛緩し、羊膜と胎子が産道に侵入するとともに、強い子宮の収縮

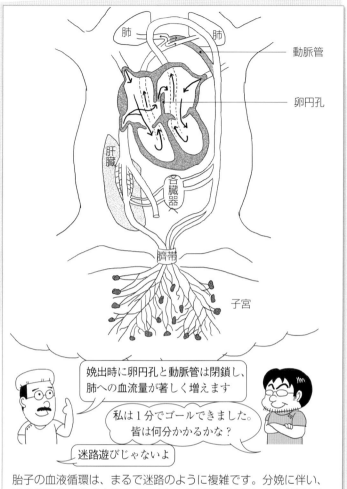

肺　　　肺

動脈管

卵円孔

肝臓

各臓器

臍帯

子宮

娩出時に卵円孔と動脈管は閉鎖し、肺への血流量が著しく増えます

私は1分でゴールできました。皆は何分かかるかな？

迷路遊びじゃないよ

胎子の血液循環は、まるで迷路のように複雑です。分娩に伴い、その機能を大きく変えます。また、胎子期には肺に血流がほとんど供給されませんが、これは呼吸も母牛に依存しているためです。

（陣痛）が起こります。多くの場合、このとき初めて胎子の大きさ、胎勢、多胎などの状態を手で把握することとなります。また、胎子の蹄間を刺激したときに肢を引っ込める引き込み反射、手を口腔内に入れると舌を動かす吸入反射、状況によっては直接胸部に触れて心拍を確認することで、子牛の生存状態を把握することができます。

　陣痛に伴い胎子が子宮頸管を通過するとき、へその緒が圧迫され母体から胎子への酸素の供給が減少します。もともと胎盤は肺と比較して酸素の供給能力が低く、また子宮内で胎子は運動をしないため酸素の要求量も低く、胎子は妊娠期間中やや低酸素状態にあります。正常な分娩であっても、陣痛期に血中酸素飽和度が20％から5％に低下することが知られています（F. Garry, 2015）。しかし、分娩時におけるへその緒の断裂や、子宮外の低い環境温度により子牛の自発的呼吸が開始し、娩出後は時間経過に伴い低酸素状態から回復しま

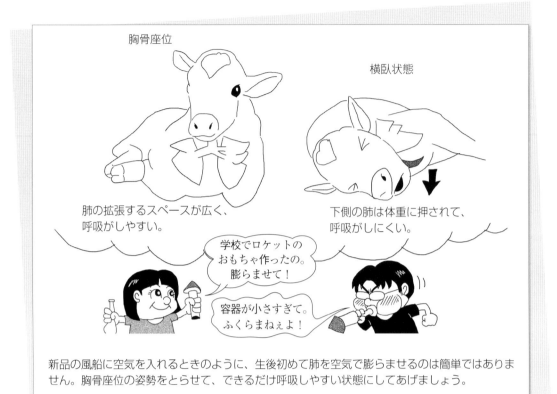

胸骨座位

横臥状態

肺の拡張するスペースが広く、
呼吸がしやすい。

下側の肺は体重に押されて、
呼吸がしにくい。

学校でロケットの
おもちゃ作ったの。
膨らませて！

容器が小さすぎて。
ふくらまねぇよ！

新品の風船に空気を入れるときのように、生後初めて肺を空気で膨らませるのは簡単ではありません。胸骨座位の姿勢をとらせて、できるだけ呼吸しやすい状態にしてあげましょう。

す。

　また、子牛の自発呼吸を促す刺激の一つである「アシドーシス」についても理解しておく必要があります。アシドーシスとは血液や体組織のpHが酸性に傾いた状態であり、人間でも喘息や肥満、脱水などによって起こる病態です。通常、胎子は娩出時において血液中の炭酸ガス濃度の上昇、陣痛による血液循環障害を経て、アシドーシスの状態にあります。

　このように正常な分娩を経た子牛であっても、娩出時には低酸素症、アシドーシスの状態にありますが、健康畜であれば、これらの状態は時間経過に伴い生後24時間程度で改善します（B. Ravary, 2009）。0.5〜4時間程度の陣痛期を経て、胎子は子宮外へ娩出されます。通常、娩出された子牛は胎便によって皮膚が汚されていることもなく、透明な羊水で湿潤しています。

③出生〜生後48時間

　人の産科においては、新生児の健康状態を皮膚の色や刺激反応、心拍数などによって健康状態を判断しますが、新生子牛の場合、以下のような点について観察し、評価することが推奨されます。

　心拍：新生子牛の心拍は非常に速く、成牛では1分当たり60〜85回であるのに対し、

144

新生子牛は 100 ～ 150 程度と、約 2 倍の差があります（S. McGuirk, 2012）。胸部に指をあてることで評価することができます。

呼吸：子牛は臍帯の断裂と娩出に伴い、すぐに自発呼吸を行ないます。生後 1 時間目における呼吸は 1 分当たり 50 ～ 75 回と多く、呼吸が完全に安定するまで娩出後 12 時間程度を要するといわれています（安藤, 2013）。通常、呼吸や循環の安定とともに、子牛のアシドーシスも解消されていきます。

活力：子牛の活力は、新生子牛の健康状態を評価するうえで最もわかりやすく、参考になる項目です。

通常、娩出後 2 分程度で子牛は自力で頭部を持ち上げられるようになり、少なくとも 15 分以内には胸骨座位の姿勢を維持できるようになります。胸骨座位とは、頭部を完全に持ち上げ、前足を正面に出して、あるいは前膝を曲げて胸を地面につけて座っている状態のことを指します。胸骨座位は横臥と比べて肺にかかる負荷が非常に小さく、この姿勢をとるまでどれぐらい時間がかかったかが、新生子牛の健康状態の評価項目としては非常に重要です。さらに生後 1 時間以内に子牛は自力で起立できるようになります。

体温：新生子牛の体温は平常時の 38.5 ～ 39.0 ℃ と比べ、39.6℃前後とやや高くなります（B. P. Smith, 2014）。娩出後 30 分ほど経過すると平常時の体温まで下がりますが、子牛が健康で飼育環境に問題がなければ、それ以上は下がることがありません。新生子牛は体表が羊水で濡れており、さらに体脂肪も少ないため、寒さに弱いものの、母牛が体表を舐めるリッキングや、体を動かして熱を産生することによって、正常な体温を維持することができま

周産期における子牛の状態変化

胎齢 280 日を経て、分娩に至る。
↓
開口期（2～6 時間）を経て一次破水。
↓
陣痛期（0.5～4 時間）を経て頭位で娩出される。
このとき子宮内で刺激に対して反応を示す。
娩出時すべての子牛は低酸素症、アシドーシスである。
↓
出生子牛の特徴
●体温：39.6℃とやや高い。
●心拍：100～150 回／分と早い。
●呼吸：50～75 回／分と早い。
↓
娩出後 2 分程度で頭部を持ち上げる。
↓
3 分程度で胸骨座位となる。少なくとも 15 分以内。
↓
1 時間程度で起立する。
↓
2 時間以内に哺乳開始。
良質な初乳を生後 2 時間以内に 2～3ℓ、
生後 12 時間以内に再度 2～3ℓ 与える。
↓
低酸素血症、アシドーシスは
生後 24 時間以内に解消する。

す。

　哺乳：通常、新生子牛は 2 時間以内に哺乳を開始します。自然環境下であれば母牛の乳房から直接初乳を飲むのですが、ほとんどの酪農場では生後間もなく母子分離を行なうため、人の手によって初乳を与える必要があります。

　子牛には 12 時間以内に 100 ～ 200g 程度の免疫グロブリンを与えることが推奨されます（Penn State）。そのためにも免疫グロブリン含量が 50mg ／ ml の初乳であれば 4 l 程度飲ませたいものです。実際に 4 l 飲ませるのは困難なことも多いですが、その場合、体重の 10%の量を目標にしましょう。また、出生後は時間経過に応じて腸管の吸収能力が低下するため、まず 2 時間以内に半量を与え、そして 12 時間以内に残りの半量を与えることが推奨されます。

　十分量の初乳を飲んだ子牛は循環血液量が増加し、アシドーシスおよび低酸素症から回復するとともに、初乳中に豊富に含まれる栄養素によって体温を維持しやすくなります。生後48 時間以降の生存率を高めるためにも、早期に十分量の初乳を摂取することは欠かせません。

＊

　このように分娩前後の子牛の体には大きな生理的変化が生じます。冒頭でも述べたように、この流れのどこかに問題が生じることは、その後の子牛の健康に大きく影響し、周産期胎子死の原因となります。

周産期胎子死の原因①　妊娠末期から分娩

　前項でお話ししたように、妊娠 260 日から娩出後 48 時間以内における胎子死、つまり周産期胎子死は、その背景に分娩前後における子牛の生理的変化があります。では実際に周産期胎子死を引き起こす原因とは何か、またそれはどのような形で現れるのでしょうか。

　ここからは、周産期の胎子に起こり得る異常と、その原因についてお話しします。

■ 妊娠牛の栄養管理

　ホルスタインは受精後平均 280 日で分娩に至りますが、実際には 260 日を過ぎた段階で多くの胎子が子宮外で生存するだけの能力を持っています。しかしながら、胎子の発育の75%は妊娠最後の 2 カ月間に起こるといわれるように（K. Waters, 2013）、ほんの数日分娩が早まるだけでも胎子の生存率は大きく影響を受けます。

　例えば、肺の形成は妊娠の初期に起こりますが、肺胞の発達や、肺サーファクタントの分泌など、子宮外における呼吸の準備が整うのは妊娠末期です。肺サーファクタントとは肺胞

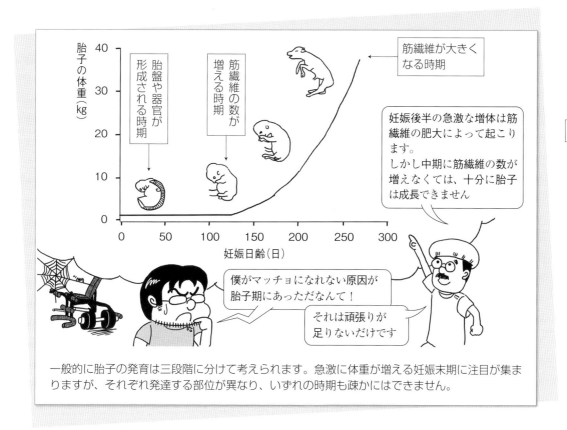

一般的に胎子の発育は三段階に分けて考えられます。急激に体重が増える妊娠末期に注目が集まりますが、それぞれ発達する部位が異なり、いずれの時期も疎かにはできません。

の形を保つために必要な分泌物であり、これが不足すると肺はその形を保てず、機能が損なわれます。そのため、早産などにより生まれた未成熟な個体でよく問題になるのが呼吸窮迫症候群（RDS）です。これは肺サーファクタントの不足により全身に十分な酸素が供給されず、低酸素症やアシドーシスを引き起こす病態です（Hwa. Ma, et. al., 2012）。

　NRC でも、妊娠 190 日を越えた段階から胎齢に応じて追加のエネルギーを与える必要があるとしています（NRC）。これは子牛の旺盛な発育を満たすために必要となる栄養素であり、実際に妊娠末期の栄養状態が悪い母牛から生まれた子牛は、健康牛から生まれた子牛と比べて体重が約 2kg 軽くなったという報告があります（Corah, et al., 1975）。子牛の生時体重は、その後の生存率や斃死率と相関があることからも、妊娠後期における母牛の栄養状態が周産期胎子死を予防するうえで重要であることがわかります。

　妊娠末期の栄養状態が影響を及ぼすのは、胎子の発育だけに限りません。分娩時の陣痛の強さ、初乳の質や移行免疫、子牛の離乳前の生存率なども、母牛の栄養状態により影響を受けることがわかっており、胎子の生存に大きく影響を及ぼします（Colorado State Univ., ほか）。

　近年、妊娠後期だけでなく、妊娠前期～中期における母牛の栄養状態にも注目が集まっています。胎子にとっての生命線である胎盤や、その他器官の形成は妊娠前半に起こります。実際に受胎後 83 日間における母牛の栄養充足率が 55％と 100％のときで比較する

147

と、胎子の肺や気管などの呼吸器系臓器の重さに両者間で差が見られることがわかっています（Long, et. al., 2010）。

　新生子牛は体組織中の脂肪含量が 3％程度しかなく（S. Ghelsinger）、体の主な構成成分は蛋白質です。そのため妊娠中には母牛に十分な蛋白質を供給するのはもちろん、ビタミンやミネラルも十分量供給する必要があります。とくにビタミン A や E、またセレンやヨウ素などのミネラルの妊娠期間中の欠乏は、新生子牛の心疾患や虚弱の原因となります。

　新生子牛は事実上 0 日齢として認識されますが、実際には長い妊娠期間を子宮内で成長に費やし、娩出されます。子牛が健康な状態で子宮外での生活をスタートするためにも、この長い妊娠期間を無視することはできません。新生子牛が 0 日齢ではなく実際は 280 日齢であるという意識で管理を行なうと、ものの見方が大きく変わるかもしれません。

早産を引き起こす原因

　牛で早産が起こる生理的な原因としてまず思いつくのは、双子などの多胎妊娠ではないでしょうか。多胎妊娠時における妊娠期間の短縮についての調査は数多く行なわれており、例として、ホルスタインだと双子で平均 6.8 日、三つ子だと平均 12.7 日妊娠期間が短縮したという報告があります（H. D. Norman, 2009）。

　母牛が分娩を開始するためのシグナルの一つに胎子のストレスホルモンがあり、成長に伴い子宮内を狭く感じた胎子がストレスホルモンである副腎皮質ホルモンを分泌し、それをきっかけに分娩が開始するといわれています。多胎妊娠の場合、通常の妊娠と比べ子宮が胎子にとって狭くなるのが早く、それが妊娠期間を短縮させる理由の一つだともいわれています。

　多胎での分娩は正常な分娩と比べ難産になりやすいことは、多くの人がご存じだと思います。2009 年の調査でも、単体妊娠での難産発生率が 7.2％であったのに対し、双子妊娠の場合は 22.5％と約 3 倍であったとのことです。その主な原因は体勢の異常によるものですが、多胎妊娠による母牛への栄養不足や、ホルモン分泌異常なども原因だと考えられています。難産率と同様、胎子死の発生率も単体妊娠では 5.9％であったのに対し、双子では 22.4％と約 4 倍であり、多胎妊娠が周産期胎子死の発生率に大きく関与していることがわかります（O. Cobanoglu, 2010）。

　早産を引き起こす病的要因は数多くあり、例えば、人では感染症、過肥、栄養不良、遺伝的要因などです。これら人における早産の原因は、牛にも当てはめることができます。例えば、レプトスピラ、サルモネラ、クラミジア、トリコモナス、BVD、IBR などは、早産の原因となる感染症の一部です。これらに限らず、母牛で高熱を引き起こす、あらゆる感染症が早産の原因となり得ます。植物、真菌、化学物質などの中毒物質や、栄養不良、腰仙椎や脊椎の損傷などによっても牛では早産が起こります。また、妊娠期間は種牛と母牛、両方からの遺伝的影響を受けるともいわれています（Norman, HD., 2009）。

早産で娩出された胎子へのケアは、とくに迅速に行なう必要があります。何が早産の原因になるか理解し、早産の恐れのある個体については分娩室への移動を早めたり、監視を強化することで周産期胎子死の発生を防ぎましょう。

難産（開口期）

次に難産が胎子に及ぼす影響についてお話ししたいと思います。難産介助の方法については、デーリィ・ジャパン社から刊行されている書籍を参考にすることをお勧めします。ウェブからでも注文できるので便利ですね。

分娩はまず2〜6時間継続する開口期に始まりますが、この時期には徐々に母牛の陣痛が強くなり、それとともに胎盤と胎子との結合が弱まっていきます。胎盤は胎子の生命線であり、両者間の結合が弱まるのは胎子にとって致命的です。開口期が長引くことは珍しくはありませんが、あまりに長いときには獣医師に相談することを勧めます。

しかしながら、早い段階での介助は産道の不十分な拡張、つまり頸管拡張不全を招く可能性があるので注意が必要です。通常、頸管は陣痛促進に伴い、産道に入る胎子の物理的刺激によって徐々に拡張していきます。そのため時期早々に手を入れて頸管拡張前に破水を起こしてしまうことは、難産の原因になります。破水しておらず、子宮内で胎子が刺激に反応するようであれば、多くの場合、頸管が開くまで待つほうが賢明です。

早産のときにも頸管拡張不全は起こりやすくなります。これはホルモン分泌に異常をきたしているか、胎子の衰弱によって頸管への物理的刺激が弱くなることが原因ともいわれています。このような場合、用手による頸管への刺激や薬剤の使用が必要となります。獣医師に相談しましょう。

頸管拡張不全は子宮捻転時にも併発しやすく、捻転介助後に頸管が拡張しておらず頭を抱えることは珍しくありません。この場合においても、捻転介助後に二次破水が起こっておらず胎子が刺激に反応するようであれば、2〜3時間は待ったほうが良いという意見があります（N. Lyons, et. al., 2013）。筆者も捻転介助後、待つことで胎子が無事娩出された経験が何度もあります。

頸管拡張不全は、まず待つことが基本です。しかしながら、過度の延長は胎盤剥離や胎子の酸欠を招く可能性があるため注意が必要です。いつ介助に踏み出すか、1人で決断せず、ぜひ獣医師に相談してください。

難産（陣痛期）

開口期に続き0.5〜4時間の陣痛期に入りますが、このとき陣痛が弱かったり、産道が狭い、胎子が大きい、胎子失位などの問題があると分娩時間が延長し、胎子の生命に危険が及びます。実際にドイツの酪農場で行なった調査によると、陣痛期の2時間以上の延長は、

尾位は正常分娩に分類されるものの、酸欠や肋骨骨折による周産期胎子死のリスクが頭位と比べて高くなります。いざというときに焦ることがないよう、産科器具などは前もって準備しておきましょう。

周産期胎子死の発生率に大きく影響したとのことです（Gundelach. Y., 2009）。

　分娩時における陣痛微弱は、高齢牛、栄養不良による母牛の体力の低下や、低カルシウム血症により起こります（Colorado State Univ.）。このような場合、カルシウムの投与により陣痛が強くなり、胎子が娩出されますが、まずは産道や胎子に異常がないか確認する必要があります。

　母牛の過肥は産道の狭窄を招くので、周産期におけるボディコンディションの管理には気を配りましょう。また骨盤の狭窄や胎子過大については、とくに育成牛であれば人工授精の時期や、授精する種に配慮することで予防が可能です。胎子失位については整復困難だと感じたときには、無理をせず獣医師に連絡してください。

　陣痛期の延長に伴い胎盤剥離や臍帯の損傷が起き、胎子への酸素の供給が滞ると、胎子は苦しさのあまり胎便を排泄します。その結果、羊水や胎子が胎便により染色しますが、陣痛期における出血と同様に、これは胎子からの危険信号として認識する必要があります。

　陣痛期の延長や無理な牽引は、胎子の低酸素症とアシドーシスを重篤化させ、活力を奪い、娩出後の生存率を著しく低下させます。次号で詳しく解説しますが、難産で生まれた子牛は、さらに初乳の吸収不全、低体温症、低血糖など、さまざまな状態を引き起こし、ひいては死に至ることもあります。

　難産による周産期胎子死の発生率が高い農場は難産の発生率もさることながら、難産介助

の仕方に問題がある可能性があります。どのタイミングで介助を行なうか、どのような器具を使い、どのように行なうのか、農場内で話し合い、一定のルールを設けることが勧められます。できるだけ分娩に立ち会うことも重要です。

＊

　前回もお話ししたように、周産期胎子死の75%が分娩経過中に起こるものです。分娩事故を減らすだけで、農場における周産期胎子死の大半が予防できる可能性すらあります。とくに夜間などにおけるお産は、できるだけ早く終わらせたいと思うかもしれませんが、子牛の命を第一に考え、焦らず慎重に行なっていただきたいと思います。

周産期胎子死の原因②　分娩後

　妊娠中、子宮内で母牛によって守られていた子牛も、分娩を機に子宮外での生活を余儀なくされます。生存環境の変化により子牛が受ける影響は非常に大きく、出生時のコンディションがその後の子牛の生存率に大きく影響します。

　ここでは、娩出後における子牛の健康障害と、その特徴についてお話ししたいと思います。

低酸素症

　そもそも子牛は生まれる前から血中の酸素濃度が低く、生理的な低酸素状態にあります（F. B. Garry, 2015）。これは胎盤のガス交換機能が肺と比べて低いこと、さらに連載1回目で述べたように、胎子の心臓の構造が出生前後で大きく異なることが理由としてあげられます。

　しかしながら、胎子が子宮内で行なう自発的運動は極めて少なく、生命維持のために必要とされる酸素の量もわずかです。そのために胎子期において血中酸素濃度が低いことはあまり問題となりません。

妊娠～分娩における異常事態

妊娠期間中の問題
早産
多胎妊娠、母牛の栄養不良、感染症、中毒物質、神経の損傷、遺伝的影響……

母体の栄養不良
生時体重の低下、虚弱子、新生子牛の心疾患、陣痛不足、初乳成分の低下、子牛の抵抗力……

↓

分娩前半（開口期）における問題
頸管拡張不全、
子宮捻転、
開口期の延長……

↓

分娩後半（陣痛期）における問題
胎子失位、
胎子過大、骨盤が狭い、
陣痛微弱、
胎盤剥離、
低カルシウム血症、
胎子奇形、
陣痛期の延長……

また生理的な低酸素症については、娩出後に正常な肺呼吸を開始すれば、自ずと解消されるため問題となりません。

しかしながら、分娩時間の延長や胎盤剥離、頸管拡張不全や胎子失位、早産など分娩過程に問題があると、子宮内における胎子の低酸素症はより重篤なものとなります。このような胎子は子宮内で胎便を排泄し、出生時に体表面が胎便で汚れています（K. E. Hard, 2008）。

正常時でも分娩経過中に、胎子の酸素飽和度が一時的に20%から5%まで低下することが知られていますが（Bluel, et al., 2008）、さらに分娩時間が延長すると低酸素脳症により脳に障害を残し、哺乳欲の弱い「子牛虚弱症候群」に陥ってしまいます。進行すると胎子は酸欠により死に至ります（G. Dewell, et al.）。

生まれてすぐの子牛は呼吸回数が多いですが、これは酸欠状態であるがゆえに積極的に酸素を吸入する必要があるためです。呼吸は通常、生後1時間程度で安定し、正常な回数となりますが、難産などで生まれた子牛についてはこの限りではありません。呼吸が安定するまで、より長い時間がかかります。

重度の低酸素症に陥った子牛は出生時から活力が乏しく、粘膜が紫色になるチアノーゼを呈します。しかしながら軽度から中程度であれば、明確な症状を示さないために診断が難しくなります。

低酸素症に陥ると血中の炭酸ガスや乳酸の濃度が高まることで、次に述べるアシドーシスが重篤化します。低酸素症やアシドーシスは相乗的に状況を深刻化させ、事態の悪化を招くため、分娩時にはできるだけ胎子にかかる負担を減らしてやる必要があります。

アシドーシス

すべての胎子はアシドーシス状態で産まれてきます。そもそも胎子が娩出後、自発的な呼吸を始めるきっかけがアシドーシスと低温刺激だといわれています（K. P. Poulsen, 2008）。

アシドーシスとは体内で産生された酸を排泄できず、血液のpHが酸性に傾いた状態です。人では主に腎臓の障害で代謝性アシドーシスに、呼吸器の障害で呼吸性アシドーシスに陥りますが、アシドーシスは頭痛、疲労感、食欲不振、呼吸速迫などを引き起こします。牛でもこのような症状が同様に見られます。

出生直後の子牛は生理的に呼吸性、代謝性、両方のアシドーシスに陥っていますが、通常、呼吸機能の改善と、運動量の増加、初乳の摂取などにより、生後24時間程度でアシドーシスは改善されます。つまり健康に生まれた子牛であれば、出生時のアシドーシスは問題とならないのです。

しかしながら、難産を経過した子牛では、アシドーシスが改善するまでの時間が48時間程度まで延長します（B. Ravary, 2009）。難産だけでなく、早産や母体の栄養不良などに

子牛版アプガースコア			
	0	1	2
Activity 筋緊張	横臥：元気がない	伏臥：ときどき頭を振る	頻繁に頭を振る
Pulse 心拍	なし	＜100／分	≧100／分
Grimace 趾間反射	なし	鈍い：緩慢	鋭い：素早い
Appearance 歯肉の色	蒼白―暗紫	紫	ピンク
Respiration 呼吸	なし	不規則：浅い	規則的：深い

(石井、2013)

僕もアプガー博士を真似して島本スコアというのを考えたんですが……

しっかりしているまんぞくのいく状態もんだい無さそう と

「と」だけ思いつかないんですが、何かありません？

とほうもない内容ですね。とほほ……

アプガースコアは考案者の Apgar 博士の名前の頭文字になぞり、五つの項目に分けて子牛を評価します。事故を未然に防ぐためにも、継続的な観察は欠かせません。

よっても同様の事態が起こります。

　人において新生児の娩出直後の状態を評価する方法として「アプガースコア」というものがあります。この評価法を子牛で当てはめたとき、スコアが低く、状態が悪いほどアシドーシスが強く表れることがわかっています。またアシドーシスの重篤度に応じて、初乳からの免疫グロブリンの吸収率が低下することもわかっています（杉本ほか, 2011）。

　アプガースコアの評価項目のなかでも、とくに子牛の筋肉の強健性は現場でできるアシドーシスの評価として価値が高いです。重篤なアシドーシスに陥ると頭部拳上、胸骨座位、起立までの時間が延長します。筋肉の動きの乏しい子牛に対しては何らかの対処が必要になります。

■ 低体温症

　母牛の子宮内は 39℃前後と非常に温かく、分娩をきっかけに子牛は、それよりも低い温度環境での生活を余儀なくされます。

　さらに生まれたばかりの子牛は体脂肪率が低く、体積に対する体表面の割合が高く、体表が羊水で濡れているなど、非常に低体温症に陥りやすい状況にあります。そのため室温環境下であっても新生子牛の１／４が低体温症に陥り、体温が 37℃以下まで下がったという

報告があります（F. B. Garry, 2015）。

　子牛の熱の産生方法は、①震え産熱、②非震え産熱、③肉体的運動、の三つに分けられます。震え産熱とは寒冷時に毛を立たせ、体を震わせることによって熱を産生する方法であり、寒いときにはよく見られる行動です。非震え産熱とは脂肪を燃やすことで熱を産生する方法であり、新生子牛の場合、とくに褐色脂肪が熱源となります。肉体的運動とは出生後時間経過に応じて見られる起立、歩行や哺乳などの運動によって産生される熱です（M. Vermorel, et al., 1983）。

　つまり子牛の元気を奪い、運動量を減らしてしまう、あらゆる原因が低体温症を助長するのです。難産や先に述べた低酸素症やアシドーシスも低体温症の主要な原因となります。また胎子の脂肪細胞は妊娠末期に作られるため、妊娠末期の母牛の栄養が足りていないと、胎子の熱源となる褐色脂肪の量も減少します（S. Lecoutre, 2015）。

　低体温症に陥ると子牛は心拍を高め、体を震わせることで何とか体温を維持しようと努力します。しかし低酸素症が併発していると、筋肉の緊張が障害されて体を震わせにくくなるため、体温の維持がより困難になります。低体温症の進行に伴い、徐々に活力を失い、心拍が低下し、意識が混濁し、やがて死に至ります。

　正常に娩出された子牛であれば、出生時から備わっている褐色脂肪の燃焼、体の震え、親のリッキング（体表を舐めること）、さらに通常の起立や歩行などの運動、初乳の摂取などにより熱が産生され、体温を維持することができます。

　子牛の低体温を把握するのには、何よりも体温を測定することが重要です。子牛は出生時には39.6℃前後と、通常の子牛の体温である38.5〜39.0℃と比較するとやや高くなっています。しかしながら体温は出生2時間後には38.8℃、6時間後には38.3℃と徐々に低下していきます（B. Ravary, 2009）。つまり出生後継時的に体温を測定し、この数値より体温が低いときには、子牛は低体温症に陥っている可能性が高いということです。難産を経過した胎子では、とくに出生直後の体温が高い傾向があるので注意が必要です。体温を測定して38.3℃未満であるときには、すぐに対処する必要があります。具体的な対処方法については、次回以降でお話しします。

◯▪ 低血糖

　低血糖は、先に述べたほかの病態と比べると問題になりにくいものの、子牛の活力低下や体温低下の原因となります。

　その主たる原因は初乳の摂取量不足ですが、摂取遅延や、吸収不良なども同様に低血糖の原因となります。いうまでもなく、子牛が健康な生涯を送るためにも初乳の早期かつ十分量の摂取は欠かすことができません。

　しかしながら難産経過子牛、それに継発する低酸素症やアシドーシス、低体温症に陥った子牛は、起立までの時間の延長や哺乳欲の低下を示します。その結果、初乳の摂取が遅れ、

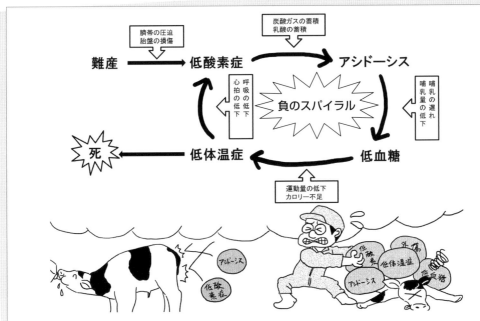

健康な子牛であれば、軽度のアシドーシスや低酸素症は自然に治癒します。しかし難産を経過した子牛では状態が悪化し、負のスパイラルに陥りやすくなります。畜主が早期に発見し、しかるべき処置を行なう必要があります。

さらに摂取量が減ります。初乳の摂取不足が低血糖を招き、子牛は元気がなくなります。

　低血糖は、ほかの病態に継発して二次的に起こるもので、特徴的な症状は見られないものの、娩出後に衰弱している子牛の背景には、このような病態が隠れていることを知っておく必要があります。

分娩時損傷

　難産経過後に活力を示さない子牛は、分娩過程で何らかの外傷を受けている可能性があります。例えば、肋骨骨折、脊椎の損傷、四肢の骨折、横隔膜の裂創、肝臓破裂、大腿部神経麻痺、気管の変形などがこれにあたります。これらはどれも新生子牛にとって致命的となります。

　とくに肋骨骨折は難産経過した子牛での発生が多いことがわかっており、ある調査では無理な牽引で産まれた子牛の21%で肋骨の損傷が見られた一方で、帝王切開で生まれた子牛では1頭も確認されなかったとのことです（P. D. Constable, 2011）。肋骨骨折は左右の肋骨を触知して、左右対称かどうか比較することでわかることもありますが、軽度の損傷であれば認識されないまま発育不良牛となることもあります。

　難産により骨盤や脊椎を損傷することもありますが、これも外見的に明らかではなく、生後1〜2週間で初めて異常に気がつくことがあります。無理な牽引後に異様に呼吸が早い

低酸素症

原因：分娩時間の延長、胎盤剥離、頸管拡張不全、失位、早産

症状：呼吸が早い、粘膜のチアノーゼ、哺乳が下手、歩行時のふらつき

アシドーシス

原因：難産、低酸素症、起立や哺乳の遅れ、初乳摂取不足

症状：活力の低下、筋肉の反応性の低下、哺乳意欲の低下

低体温症

原因：難産、母牛の栄養不足、起立や哺乳の遅れ、初乳摂取不足、寒冷環境

症状：過度な震え、活力の低下、意識混濁、皮膚温度の低下、粘膜が冷たい

低血糖

原因：初乳摂取不足、初乳摂取遅延

症状：活力の低下、体温の低下

分娩時損傷

原因：無理な牽引、胎子失位

症状：呼吸障害、外見の異常、起立不能、発育不良

子牛については、このような骨の損傷のほか、胸腔内出血、横隔膜の裂創などを疑う必要があるかもしれません。

まとめ

出生後に次のようなサインの見られる子牛に対しては、とくに注意が必要です。

✓ 意識や活力が弱い。

✓ 頭部拳上、胸骨座位、起立、哺乳に至るまでの時間経過が長い。

✓ 筋肉の緊張が弱く、四肢を投げ出す。

✓ 体温が低い。

✓ 外見的にも心拍や呼吸が不安定。

今回紹介した低酸素症、アシドーシス、低体温症などは、多くの新生子牛で生理的に見られる状態ながらも、難産や早産などの問題により、まるで負のスパイラルのようにそれぞれが重篤化し、やがて死に至ります。何よりも新生子牛をしっかりと観察し、異常が見られたら早期に対策を講じることが重要です。

一つ知っておくべきこととして、新生子牛は重度の障害を抱えていても、生後最初の15～30分は外見的に異常を示さないことがある、ということです。このような子牛では出生後副腎皮質ホルモンであるカテコラミンの分泌が高まり、そのため外見的に異常を認識しにくくなることがあります（F. B. Garry, 2007）。しかしながらホルモンの分泌が減るにつれ、徐々に子牛は弱り、場合によっては低体温により、死に至ります。

難産を経過した子牛が健全な状態で産まれてきているとは決して思ってはいけません。子牛は難産を介して何らかの肉体的ダメージを負って生まれてくるのです。それを理解し、観察を怠らず、できるだけ早く異常に気づいてあげるのが管理者の義務です。

子牛蘇生の ABCDE　A（気道確保）・B（呼吸刺激）

　これまでにお話ししたように、生後間もない子牛は、早産、難産、低体温、低酸素血症、アシドーシスなど、さまざまな問題を抱えることとなります。この急激な状態の変化に対応できず、瀕死に陥った状態が「新生子仮死」と呼ばれ、このような子牛に対しては、できるだけ早く「新生子蘇生術」を行なう必要があります。現場で分娩に立ち会う畜主や従業員が、その技術を持っているかどうかで子牛の生存率は大きく変わります。

　一般的に新生子蘇生術は A・B・C に分類され、これらはそれぞれ、Airway（気道の確保）、Breath（呼吸刺激）、Circulation（循環の改善）を意味しています。

　これに Drug（薬剤の使用）が加わることもありますが、今回は農場でできる周産期胎子死の予防がテーマなので、Drug の代わりに Dam（母牛の看護）、そして新生子牛の生存に欠かせない Environment（環境条件）を加えた A・B・C・D・E の五つに分けて解説したいと思います。

　これら A 〜 E は農場で実施すべき優先順位に並んでいることも頭に入れておいてください。まずは気道確保と、呼吸刺激について説明します。

A = Airway（気道の確保）

　分娩過程に胎子の気道確保として、まず行なうべきことは、胎子の鼻口腔周囲に付着している胎膜の除去です。誰しも一度は、分娩舎内で顔に胎膜を被った状態で窒息死している胎子を見たことがあるのではないでしょうか。分娩過程で胎盤を介した呼吸から肺呼吸に切り替わりますが、鼻口が胎膜で塞がれていては、子牛は息ができずに死んでしまいます。5 分前後臍帯が圧迫されることで、胎子の生存率は著しく低下し、それより短い時間であっても脳障害が起きる可能性があります（J. H. Dufty, 1977）。できるだけ分娩に立ち会い、分娩過程で胎膜を顔から剥がしてあげましょう。

　分娩過程で胎子が骨盤で引っかかり、前半身が宙吊りになることがあります。この状態を数秒間維持すると、重力により胎子の鼻腔内の粘液が排出され、気道確保になります。ただし母牛の骨盤が狭い、もしくは胎子が大きい場合には、母子の骨盤がかみ合う「ヒップロック」の状態かもしれないので、すぐに胎子の体を回しながら（捻じりながら）牽引し、娩出させてあげましょう。

　胎子娩出後は、何よりもまず顔面周囲を拭う必要があります。鼻孔、口腔周囲の粘液や羊水を除去した後は、眼窩から鼻端へマッサージするように乾いたタオルで拭いてやります。このとき舌をつかみ、軽く引っ張ることでも気道が確保でき、呼吸の改善になります。

　子牛が息をしにくそうだと感じたら、チューブなどで鼻腔および口腔から粘液を吸引して

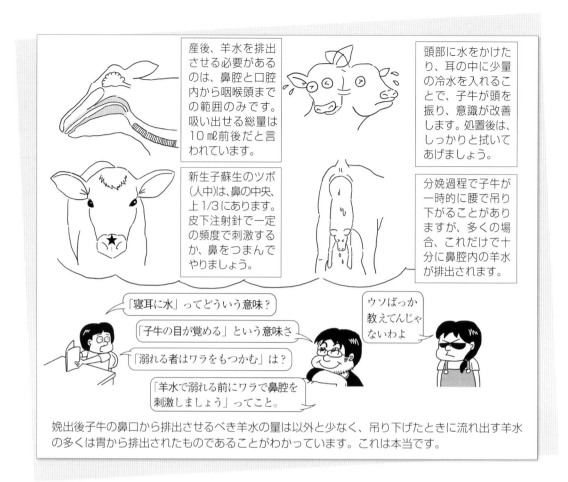

あげます。このとき吸引できるのは鼻腔内に残っている少量の羊水や粘液であり、気管や肺に残留しているわずかな粘液は生後数時間以内に吸収されるので心配いりません。そのため、簡易人工呼吸キットであってもチューブであっても、吸引できる粘液は10㎖程度のわずかな量です。それでも吸引により子牛の呼吸が改善し、娩出後の低体温症予防につながることがわかっています（C. H. Uystepruyst et al., 2002）。具体的な方法としては、点滴用のチューブで鼻腔から吸引したり、断端を面取りした管（外径は13㎜ほどで長さは1mほど）で口腔から吸引する方法があります。

　子牛を吊り下げることについては賛否両論あります。そもそも、その目的は気道内の羊水を排出させることですが、確かに吊り下げてみると子牛の鼻と口から粘液が流れ落ちるのを見ることができます。しかしながら、このとき排出させる羊水の大半は、子牛の第四胃から食道を通じて流れ出たものです。むしろ子牛を吊り下げることは腹腔内臓器による肺の圧迫を招き、子牛の呼吸を障害するといわれています。そのため近年では、多くの文献が娩出後に子牛を吊り下げることに否定的です（Roy Lewis DVM, 2015ほか）。

　一方で、帝王切開により娩出された子牛は吊るすことで、その後の呼吸とアシドーシスの状態が改善することがわかっています（Uysterpruyst et al., 2002）。しかしながら子

牛を吊り下げることには先に述べたような弊害もあるため、60秒以内に留めることが推奨されています（John F. Mee, 2008）。実際に子牛を吊り下げながら時間を測ってみると、60秒は決して短い時間ではありません。それに子牛の鼻腔から羊水が排出されるのにかかる時間はほんの数秒です。吊り下げなくとも、子牛を積み上げたワラの上などに寝かせ、頭を体より低くするだけでも鼻腔内の羊水が排出されることがわかっています（Colorado St. Univ.）。

B = Breath（呼吸刺激）

呼吸刺激の方法はいくつかあり、例えば、冷水を頭にかけることによる"あえぎ反射"、鼻腔内の物理的刺激による"くしゃみ反射"、気管の圧迫による"発咳反射"、さらに専用の器具や薬剤を使った呼吸喚起などがあります。子牛の無呼吸状態は数分間であっても健康上深刻な影響を及ぼします。これらの方法を組み合わせた呼吸刺激を、できるだけ迅速に行なう必要があります。

子牛に水をかけることによる呼吸刺激は多くの農場で行なわれています。なかには子牛の全身にかけてしまっている方もいますが、この方法は延髄に刺激を与えることにより"あえぎ反射"を起こすことが目的なので、水をかけるのは頭部だけにしましょう。過去の報告では、5ℓの冷水を頭にかけることで子牛の呼吸が改善されたというものがありますが（J. Grognet, 2003）、500㎖程度でも効果が得られるという意見もあります。また、耳の中に水を入れることで子牛が耳を振り、覚醒を促すことができます。水の量としては50㎖程度、積雪地域であれば雪を入れてやることでも十分な効果が得られるともいわれています（R. Lews. CA）。

物理的な刺激も、子牛の呼吸刺激として有効です。例えば、指やワラを鼻の中に入れることで"くしゃみ反射"を引き起こし、鼻腔から羊水を排出させると同時に呼吸を促すことができます。このときの子牛の反応が極端に弱いときには、とくに注意が必要です。気管を直接つまむことで"発咳反射"を引き起こすことも、同様に呼吸刺激として有効です。

鼻中隔のやや上あたりを細い皮下注射針（22〜20G）で刺激することは交感神経を刺激し、カテコラミンの分泌を促し、心拍出量の増加と呼吸改善につながるといわれています。この部位は「人中（jenchung）」と呼ばれ、いくつかの文献でその有効性が報告されています（N. G. Robinson et al., 2008）。鼻中隔を力を入れてつまむことでも呼吸を刺激できるといわれているので、一定の間隔で刺激してみるとよいかもしれません（G. Chuck, 2015）。

ワラやタオルで胸部から頭にかけて強くマッサージすることでも、羊水の排出や呼吸を促すことができます。親牛が子牛を舐める行動（リッキング）でも同様の効果を得ることができますが、多くの酪農場では生まれてすぐに子牛を隔離するため、飼養者が母牛の代わりをしてやる必要があります。

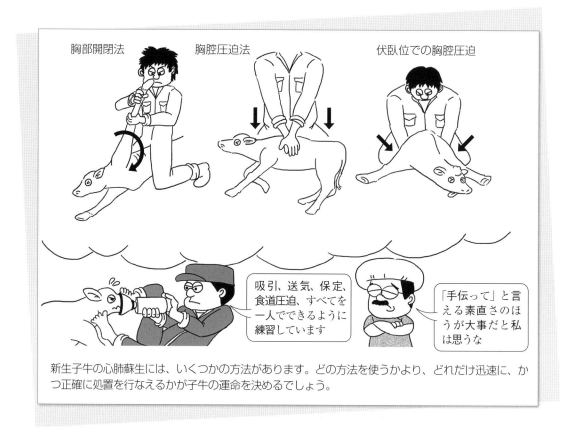

胸部開閉法　　　　胸腔圧迫法　　　　　　　　伏臥位での胸腔圧迫

吸引、送気、保定、食道圧迫、すべてを一人でできるように練習しています

「手伝って」と言える素直さのほうが大事だと私は思うな

新生子牛の心肺蘇生には、いくつかの方法があります。どの方法を使うかより、どれだけ迅速に、かつ正確に処置を行なえるかが子牛の運命を決めるでしょう。

　本章のはじめでも紹介しましたが、子牛を呼吸しやすい姿勢にすることも有効です。胸骨座位のように左右胸郭が膨らみやすい姿勢をとらせることで、子牛は呼吸がしやすくなります。生まれて最初に肺を膨らませるのは、初めて風船を膨らませるときのように強い力が必要となります。頭部の挙上を維持できない状態であっても、カエルのように両前肢を前方に広げた姿勢をとることで、重力による胸郭の圧迫を軽減してやることができます。

　胸部圧迫による人工呼吸は、横向きに寝ている状態（横臥状態）で行なう方法と、腹這いの姿勢で行なう方法があります。

　横臥状態で行なう場合、術者は子牛の後躯にまたがり、胸郭を開くように前肢を大きく持ち上げ、肺を圧迫しながら閉じます。この方法を1〜1.5秒に1回くらいの間隔で繰り返し、力強く行ないます。

　腹這いの姿勢で行なう場合には、まず子牛の両前肢と頭を真っ直ぐ前に伸ばします。術者は子牛の背中にまたがり、左右胸郭を後ろから、横隔膜を圧迫するように手のひらで強く押し込みます。これも同様に1〜1.5秒に1回くらいの間隔で、繰り返し行ないます。人における心肺蘇生と同様、肋骨を折るくらいの覚悟で行なったほうが良いかもしれません。

　人工呼吸法として、子牛の気道内に空気を送り込む方法はいくつかあります。農場で一般的に行なわれるのは、術者が直接、子牛の鼻から空気を送り込む、いわゆるマウス・ツー・ノーズと、簡易人工呼吸器セットを使った方法です。

マウス・ツー・ノーズは人獣共通感染症を招く可能性もあるため、あまり推奨できる方法ではありません。実施するときには、まず子牛の首をまっすぐ伸ばし、気道を確保します。空気が漏れないよう口と片方の鼻の穴を塞ぎ、反対側の鼻の穴から息を吹き込みます。このとき気管の上にある食道を指で圧迫して塞がないと、空気は肺ではなく胃に入っていってしまいます。もし空気が胃に入ってしまったら、お腹が膨らむので、すぐわかるはずです。

簡易人工呼吸器キットについても同様であり、使用時には食道を指で押さえないと空気が胃に流入してしまいます。羊水で濡れた口にキットを当てつつ、食道を圧迫しながら空気を送るのを一人で行なうのは決して容易ではありません、誰かに手伝ってもらいましょう。キットの効果については、新生子牛に対して吸引・送気を行なうことで、初乳の摂取量や血中酸素濃度が改善することが過去の調査でわかっています（安藤ほか, 2013）。

低酸素血症は重度であれば粘膜が紫色になるチアノーゼなどの症状が見られるものの、中程度であれば明確な症状が見られず、診断は困難となります。しかしながら、低酸素状態が長期化すると子牛はアシドーシスに陥り、心拍や呼吸が弱くなって元気消沈します。通常新生子牛の呼吸は 1 分当たり 50 〜 75 回、心拍は 100 〜 150 回と非常に活発です。呼吸や心拍の弱い子牛や、胸骨座位に至るまでの時間が長い子牛がいたら獣医師に相談しましょう。

娩出直後の子牛はすべて低酸素状態であること、そして難産経過した子牛ではとくにリスクが高くなることを頭に入れ、積極的に子牛の呼吸を補助してやる必要があります。迅速に対応できるよう、普段からお産室には聴診器、人工呼吸器、針、シリンジ、吸引用のホースなど、必要なものをすべて備え付けておきましょう。

*

子宮内における生命活動のほぼすべてを母体に依存してきた胎子にとって、娩出後最初の数時間は大きな環境的、生理的変化に順応するための重要な期間となります。胎子は呼吸すらも母親に依存しているので、娩出直後は息を吸って吐くことすら決して簡単なことではありません。これが難産を経過し、衰弱した子牛であればなおさらです。分娩の監視や新生子蘇生術は積極的に行ない、周産期胎子死を減らすための努力をしましょう。

子牛蘇生の ABCDE　C（循環改善と初乳）

本章のはじめに解説しましたが、子宮内で胎盤を介して行なわれていた血液循環は、分娩を境に子牛の体内ですべて完結するようになります。さらに肺への血液循環を促進するために、心臓の構造まで変化することをお話ししました。分娩の過程で起こる臍帯の圧迫や循環器系の変化により、子牛は一時的な循環障害、そしてアシドーシスに陥ります。さらに難産などにより血液循環の改善が遅れると、低体温症に陥るリスクが高まります。ここでは子牛蘇生の二つの C、循環の改善（Circulation）と、周産期胎子死を防ぐうえでも重要な初乳

(Colostrum) について解説します。

■ 循環障害とアシドーシス

　周産期胎子死のうち分娩後から 48 時間以内に起こるものは全体の 15%だといわれており、その原因として一番多いのがアシドーシスだといわれています（J. F. Mee, 2008）。アシドーシスとは血液の pH が酸性に傾いた状態であり、陥ると活力や哺乳欲の低下を示し、さらに重篤化すると呼吸困難となり沈鬱状態になります。すべての子牛は娩出された段階で軽度のアシドーシスに陥ってはいるものの、とくに難産経過したものはその症状が重篤であり、回復までに長期間を要します。

　アシドーシスには呼吸性のものと代謝性のものがありますが、出生直後の子牛はその両方に陥ります。通常、呼吸性アシドーシスも代謝性アシドーシスも分娩後の時間経過に応じて回復しますが、呼吸や血流が改善しないと回復が遅れます。アシドーシスからの回復が遅れると、子牛が起立、哺乳するまでの時間も延長し、低体温症や低血糖を招いてさらに状態が悪化します。そのため、できるだけ早く子牛の血流改善を図る必要があります。

■ 循環障害と低体温症

　新生子牛の体表をタオルで拭くことが呼吸刺激となることは前回お話ししましたが、強く体を拭いて体表の羊水を拭き取ることは循環改善や胎便の排泄も促し、また子牛の体温低下を防ぐうえでも非常に重要です。通常は親牛が舐めること（リッキング）で体表の刺激と粘液の除去が行なわれますが、酪農場ではすぐに母子分離を行なうためそれができません。飼養者は母牛の代わりにしっかりと体を拭いてあげましょう。

　体を動かすことは血液循環を促し、さらに筋肉を動かすことで熱が産生されるため低体温症の予防にもつながります。寒いときには子牛も、もちろんわれわれも体を震わせますが、これも熱産生のための運動の一つです。そのため子牛の起立を積極的に促すことも循環の改善につながります。はじめは腰をつまむ程度の刺激から始め、自発的に起立できないようであれば腰を持ち上げて起立を促してみましょう。

　そもそも新生子牛は寒さに弱く、寒冷環境下では容易に低体温症に陥ってしまいます。新生子牛の実に 25%が、室温下であっても低体温症に陥るといわれています（F. B. Garry, 2015）。その理由として体表が羊水で濡れていること、熱源となる褐色脂肪の量が少ないこと、体表の面積が体積に対して広いことなどがあげられます。子牛の体温は対流、伝導、蒸散などによって失われますが、飼養者はこれら熱の喪失経路について理解し、対策を講じる必要があります。

　子牛の低体温症に早期に気づくためには、何よりも体温を継時的に測定することが重要です。低体温は初期であれば体の震えなどの症状が見られますが、進行すると震えも止まるた

子牛が体熱を喪失する経路

子牛の体表から外に向かって熱が放出される

輻射

周りの空気の流れに応じて熱が失われる

対流

蒸散

呼気や体表から水分が蒸発して熱が失われる

接触している物体との間で熱が喪失する

伝導

へぇー、こんな便利なものがあるんだ

カーフウォーマーだね。顔を見たらわかるよ

生まれたての子牛は低体温症に陥るリスクが非常に高いです。熱喪失の経路を理解すると対策をとりやすくなります。カーフウォーマーのような機材を使うのも勧められます。

め気づきにくいことがあります。出生直後の子牛の体温は 38.9 〜 39.5℃と通常よりやや高く、生後 30 分以降は 38.3 〜 38.9℃まで低下します（Colorado Univ.）。できれば子牛の直腸温度を出生後 30 分ごとに測定し、体温が 38.3℃よりも低いときには何らかの処置を行なうことが推奨されます。

　子牛が低体温症に陥った際の対策としては、タオルで体表を強く拭くこと、さらにドライヤーにより乾燥を促し、ヒートランプや電気毛布、湯たんぽなどによる加温や、温かい初乳の給与、敷料の追加、カーフジャケットの着用などがあげられます。とくに低体温症に効果が高いといわれているのが沐浴です。実際に低体温症の子牛に対する体温の改善効果は、ヒートランプやカーフジャケットと比較して沐浴が有意に高いことがわかっています（B. Robinson）。

　低体温症に陥った子牛を風呂に入れる際に注意すべき点は、熱いお湯には入れないことです。低温環境下に置かれた牛は皮膚が弱っており、熱い湯に入れることで皮膚組織が傷つく可能性があります。さらに急激な温度変化によりショックに陥り死亡した例もあります（H. S. Thomas, 2011）。38〜40℃の温湯に入れ、体温が正常に復するまで温めてやりましょう。風呂から出した後は再び体を冷やしてしまわないよう、タオルやドライヤーで体表をしっかり乾かす必要があります。

163

🔔 初乳

　出生時に免疫能力を保有していない子牛にとって、初乳は自己免疫を確立するまでの期間における、子牛の唯一の防御機能であるといえます。初乳は免疫だけでなく、腸管の発達、増体速度、生産寿命、分娩日齢、分娩後の泌乳量など、子牛の生涯生産にまで強く影響を及ぼします（M. Yang, 2015 ほか）。しかしながら今回のテーマはあくまで周産期胎子死なので、初乳が娩出後 48 時間以内の子牛の生存率に及ぼす影響に的を絞って解説をしたいと思います。

　温かい初乳を子牛に飲ませることは、直接的な体温の上昇はもちろん、ラクトースや脂質などの摂取により熱の産生を促し、低体温症の予防に大きく寄与します（B. Krinste, MAFRI）。初乳は常乳と比べると脂質含量が約 2 倍、蛋白質やビタミンに至っては約 4 倍と栄養価が非常に高く（Foley and Otterby, 1978）、そのため摂取による体内での熱産生量も常乳より高いのです。また、初乳中に含まれる化学成分は子牛の体内の脂肪組織の利用効率を高めることもわかっています（M. L. Gohia, 2013）。

　もし子牛が初乳を飲まないと、エネルギー源である血中グルコースは生後 30 ～ 60 分程度で消費してしまいます。次に肝臓中のグリコーゲンを利用してエネルギーを産生しますが、これも 4 ～ 6 時間程度しか持たず子牛は低血糖に陥ってしまいます。さらに褐色脂肪を数日間で消費してしまうと、子牛は飢餓により死亡してしまいます（H. S. Thomas, 2011）。免疫グロブリンの吸収だけでなく、熱源としても早期の初乳摂取が求められます。

　本章のはじめに解説しましたが、子牛には 12 時間以内に 100 ～ 200g 程度の免疫グロブリンを与えることが推奨されます。まず生後 2 時間以内に 38℃の初乳を 2 ～ 3ℓ、さらに生後 12 時間以内に再度 2 ～ 3ℓを与えましょう。子牛の生存率、生産性を高めるためにも最低でも体重の 10%は飲ませておきたいところです。初乳を十分に摂取すれば血流量が増えて循環も改善します。

　実際に子牛を温かい環境に置き、生後 60 分以内に初乳を与えることは、点滴により糖分を補充することと比較しても体温の低下が抑えられるうえに、血中グルコース濃度が高く維持できることがわかっています（R. L. Stanko, 2014）。獣医師は補液により子牛に必要な糖分を補い体熱の産生を促すことはできますが、早期かつ十分な初乳の摂取にはかないません。新生子牛はできるだけ温かい環境に置き、早期に初乳を与えましょう。

　娩出後、子牛はその顔面を敷料や糞尿で汚染された床に接触させますが、このときさまざまな病原体が体内に侵入する可能性があります。新生子牛の消化管内では病原体と初乳中の免疫グロブリンとの間でレースが行なわれます。免疫グロブリンが先に腸管に到達すれば子牛の体は守られますが、病原体が先に到達したら出生直後から下痢や敗血症に苦しめられることになります。

　通常、腸管内における初乳の吸収効率は 30 分で 5%程度、つまり 6 時間で 30%ほど

迅速な初乳の給与が求められるなか、チューブによる経口投与は非常に重宝する技術です。ぜひ習得し、1頭でも多くの子牛を救ってあげてください。

低下し、24時間までに終了するともいわれています（Dairy Australia）。難産や寒冷刺激などのストレスを受けた子牛では哺乳欲や吸収率がさらに低下します（H. S. Thomal, 2011）。このような個体に対してはストマックチューブなどによる強制投与を行なうことが推奨されます。

　チューブによる初乳の強制投与は、飼養者が習得すべき技術の一つです。ニップルで哺乳した場合と違い、初乳が第一胃に入ることや誤嚥の恐れがあることなどから強制投与を敬遠する人もいます。しかしながら近年の調査で、強制投与でもニップルで哺乳した場合と同等の移行抗体が得られることがわかっています（C. M. Jones et. al., 2011）。慎重に行なえば誤嚥もほぼ起こらないため、飼養者は虚弱子牛に対しては積極的にチューブによる初乳の投与を行なうべきです。

　チューブによる初乳の投与を行なう際に注意すべき点がいくつかあります。まずチューブによる誤嚥や気管の損傷を防ぐためには、挿入前にチューブをしっかりと濡らすことや、無理せずゆっくりと挿入することが重要です。挿入前には子牛の鼻端から肩までの長さを測り、印を付け、それ以上は挿入しないようにしましょう。挿入時に子牛が咳き込まないこと、空気は吹き込めるものの吸えないこと（陰圧状態）、胃内ガスの排出音などからチューブが気管に入っていないことが確認できます。チューブは衛生面にも気を使う必要があります。使用後は乳成分が凝固する前にしっかりと洗浄・消毒し、衛生的な場所に吊るして乾燥させま

しょう。強制投与を行なうときには過剰な量を投与しないようにしましょう。仮に乳が逆流して口から出たときには、誤嚥を避けるために頭を水平かやや下向きにしましょう。抜くときには誤嚥を避けるためチューブの先を折り曲げる必要があります。

難産などによって分娩に時間を要した子牛は血流の障害により、顔面などを中心に広く浮腫（顔が腫れた状態）が起こることがあります。通常、娩出後の血流の改善とともに浮腫は軽減しますが、なかには２〜３日浮腫が改善しないケースもあります。このような場合には子牛は自発的に哺乳することができないので、チューブなどで強制的に初乳を投与してやる必要があります。娩出後、顔面や舌が腫脹している子牛に対しては、患部を優しくマッサージしてやると回復が早まるといわれています（M. Irsik. D. V. M）。

難産やアシドーシスにより免疫グロブリンの吸収能力は低下しますが、一方で、このような個体では抗体を吸収できる期間が延長することがわかっています（Colorado Univ.）。哺乳開始や初乳の給与が遅れたからといって諦めず、積極的に初乳を与えるようにしましょう。周産期胎子死の予防につながるはずです。

＊

新生子牛における循環障害はアシドーシスや低体温症を招き、最悪の場合、子牛を死に至らしめます。初乳の給与は循環や低体温症の改善だけでなく、後の発育や生産性にまで関わる重要な行為です。子牛が頭を起こし、起立し、初乳を飲んだらひとまず安心です。あとは残りのＤとＥを満たし、周産期胎子死を乗り越えましょう。

子牛蘇生の ABCDE　D（母牛）・E（環境）

最後に、分娩直後の母牛の看護（D）、および新生子牛の飼育環境（E）について、周産期胎子死予防の観点から解説させていただきます。

D（Dam、母牛の看護）

子牛が頭部を持ち上げ、安定した呼吸をしているのを確認した段階で、いったん母牛に目を向けたいと思います。早期に母子分離をするため、子牛の生存に関して母牛の重要性は和牛と比較して乳牛では低く感じますが、母牛は子牛の生存に欠かせない初乳を提供してくれる、大切な存在です。

まず分娩直後の母牛について懸念すべきことは、分娩に伴う産道の損傷です。多くの場合、正常分娩であれば産道の損傷は問題とはなりませんが、過大胎子やお産に時間を要したときなどに、陰部が裂けたり、出血が継続することがあります。裂けた陰部については尿膣や子宮内膜炎などの原因とならないように、早期に縫合する必要があります。

子宮脱もまた早期の対応が求められる、分娩直後に起こりやすい問題です。子宮脱は無理

子牛も免疫を得る前に糞尿の中に産み落とされては、たまったものではありません。できるかぎり清潔な場所でお産をさせてあげましょう。

な牽引や、子宮筋麻痺などによって起こります（Colorado State Univ.）。娩出後すぐに子宮脱が見られた場合には、できるだけ早く母牛を衛生的な場所に移動させ、子宮からの感染を予防するように努めましょう。子宮脱に陥った母牛は出血性ショックにより急死することがあるので、迅速な対応が求められます。

多胎であることに気づかず、時間差で産まれてきた子牛を死なせてしまうことが現場ではあります。予定日より早い、胎子が小さいなど、多胎を疑う要因があるときには積極的に産道に手を入れて確認しましょう。まれに手も届かないほど奥に2頭目がいることもあるため、観察を欠かせてはいけません。

ほかに胎盤停滞、乳熱、ケトーシスなど、分娩後の母牛に見られる病態は数多くあります。しかしながら、これらは周産期胎子死に大きく関わる病態ではないため、今回は説明を省きます。ただし、母牛の健康を障害するあらゆる要因が初乳の質を低下させるということは理解しておく必要があります。

母牛は分娩を介して、多いときには50ℓ以上の体液を喪失するといわれており、脱水症状および体力の低下が懸念されます（Enemark JM., et al., 2009）。脱水が48時間以上継続すると、泌乳量が30％低下することがわかっています（C. Cantley）。とくに難産を経過した母牛では脱水が顕著となり、初乳の量が減少することも知られています。

分娩後の母牛に大量経口輸液を行なうことは、脱水の改善のみならず、ルーメンを拡大す

ることで第四胃変位の発生を予防できるといわれています（R. Garcia, 2016）。また味噌を溶かしたお湯を飲ませる人がいますが、味噌は蛋白源になるとともに、酵素の作用によりルーメン微生物の活性を促す効果があるといわれています（折橋, 2012）。

　成牛は子牛と比べて脱水の症状が認識しにくいものの、実際には母牛は分娩を介して大量の水分および電解質を喪失しています。母牛をいたわる気持ちで十分な看護および経口補液を行なうことで健康状態が改善し、泌乳量が増え、今回および次回の分娩における周産期胎子死の予防につながります。

E（Environment、新生子牛の飼育環境）

　生後48時間目までの生存率を上げるうえで、子牛の飼育環境は非常に重要です。ここでは注意すべき点を、いくつか紹介したいと思います。

母子分離について

　多くの酪農場では、生まれてすぐに子牛を母牛から離し、個別のペンで飼育します。このような母子分離は一部の動物愛護団体などから否定的に受け止められていますが（D. Claughton, 2016）、実は子牛の生存率を上げるためにも必要な行為なのです。

　子牛は、娩出直後は免疫を持っておらず、初乳を飲んで初めて自己防衛のための抗体を得ることができます。多くの場合、分娩環境は母牛の排泄物などで汚染されており、娩出直後の子牛を飼育するのに適した環境であるとはいえません。状況によっては、子牛が娩出過程で顔面から母牛の糞便の上に落ちるケースもありますが、その場合、子牛は免疫獲得前に、口いっぱいに糞尿を受け止めることになります。それを避けるためにも、できるだけ早く、衛生的で、温かく、監視がしやすい環境に移動してやる必要があるのです。

　子牛が母牛から直接哺乳した場合、実際の初乳の摂取量を把握することが難しくなります。確実に、十分量の免疫を子牛に獲得させるためには、母子分離と人工哺乳が必須となります。実際に娩出後90分の間、母子分離を行なわないでいると、FPT（初乳の摂取不足）になるリスクが高まることがわかっています（S. M. McGuirk, 2003）。

　母子分離を行なうことで、母牛由来の病原体の子牛への感染リスクを減らすことができます。母子分離が遅れることでクリプトスポリジウムや呼吸器病などの感染リスクが高まり、それによって子牛の死亡率が6倍近く増加するといわれています（D. Moore, et al., 2007）。子牛の健康のためにも、子牛は母牛から早期に離す必要があります。

臍の消毒

　胎盤から分離した臍帯は、病原体にとっては格好の侵入経路となります。臍帯から侵入した細菌は、最悪の場合、敗血症を引き起こし、娩出直後の脆弱な子牛を死に至らしめること

があります。

臍を消毒することで、感染のリスクを減らすと同時に乾燥を促すことができます。複数の調査で、生まれてすぐに臍帯を消毒された子牛では、されなかった子牛と比べて健康状態が良好であったと報告されています（V. Lauer, 2015）。

推奨される消毒薬は、7％ヨードやクロルヘキシジンなどです（A. L. Robinson, 2015）。濃度の高い消毒薬を使用することは臍帯周囲の炎症を引き起こすため推奨されません。また、抗生物質を塗布すると臍帯が乾燥するまでの時間が延長するといわれているのでやめましょう。臍帯からの細菌の侵入を防止する目的で、臍をキッチンクリップで挟むのも一つの方法です。

臍帯炎を防ぐ一番の方法は、子牛を衛生的な環境で飼育することです。生後5日程度経過しても臍帯が乾燥しない個体については、健康状態もしくは飼育環境に問題があるかもしれないので注意しましょう（Hides SJ, 2005）。

子牛の熱の喪失経路

飼育環境の改善により低体温症を防ぐためには、改めて子牛の体温の喪失経路について理解する必要があります。163ページで掲載した体温喪失経路の図を参考にしながら読み進めてください。

蒸散————

呼気や体表から水分が蒸発することによる、熱の喪失です。蒸散による熱喪失を防ぐためには、まず体表をしっかりと乾燥させること、ペン内に湿度が溜まらないよう換気をしっかりとすること、そしてカーフジャケットの着用などが勧められます。

換気の目的とは、空気を動かすことで新鮮な空気を提供し、不快な臭いや過剰な湿度、そして空気中の有害物質を除去することです。夏期には熱を除去することも目的の一つとなります。

子牛の飼育環境は湿度65〜75％程度が推奨されます（J. Moran, 2002）。子牛は毎日約7.5ℓの水分を体から排出しますが、適切な換気がなければ排出された水分はペン内で蓄積し、子牛の体表を濡らし、ひいては蒸散による熱の喪失を招きます（N. Broadwater, Minnesota Univ.）。

また、換気によりペン内の温度を子牛の熱的中性圏である10〜25℃に保つ必要があります（T. Kohlman, 2013）。熱的中性圏とは、動物にとって体温を維持しやすい「ちょうど良い温度帯」のことです。環境温度が熱的中性圏より高くても低くても、子牛は体温維持のためにエネルギーを犠牲にしなくてはならなくなります。

カーフジャケットもまた、体表面からの熱の喪失を予防する有効な手段となります。実際に北米で行なわれた実験によると、ジャケットの着用により生後3週間までの1日増体量

が約 150g 改善したとのことです（T. Adams, 2012）。

　ジャケットを使用するうえでの注意点は、着用により子牛の体表が汗ばむようであれば、夜になって気温が下がる前に体をしっかり拭いてやる必要がある、ということです。体表が濡れたままでは、逆に蒸散により体温を喪失してしまいます。

　また、ジャケットの着用は大量の敷料や、隙間風の予防など環境改善と併せて行なう必要があります。床が濡れている状態でジャケットを着用しても、お腹を冷やしてしまいます。一つの目安としては、熱的中性圏である 10℃を下回ったときに着用させると良いかもしれません。

伝導—————

　伝導とは、接触している物体との間での熱の喪失です。伝導による熱の喪失を防ぐためには、何よりも乾燥した敷料を十分に敷くことが重要となります。

　新生子牛は 1 日の 90％を寝て過ごします。冷たい床の上で寝ることは子牛の体温を著しく奪い、例えば、濡れたワラの上で寝ることで熱の喪失量が 3 倍にもなることがわかっています（K. Gunderson, 2002）。

　ワラは乾燥していれば非常に優れた敷料だといえます。実際に、砂、ノコ屑、ワラの 3 種類の敷料で比較したところ、ワラが最も断熱効果が高く、湿度を吸収し、さらに子牛の 1 日増体量が高く、下痢の治療日数も短かったとのことです。また敷料を十分供給することで、呼吸器病の発生率が下がることも、同じ調査でわかっています（K. Viney, 2016）。

　一方で、ワラは水はけが悪い、という欠点があります。そのため子牛の糞尿などによって濡れてしまうと、すぐに冷たくなり、細菌や害虫の格好の増殖の場となってしまいます。そのため、オガクズなどを敷いた上にワラを敷くと、より長い期間ワラを敷料として利用することができます（F. Cullens, 2016）。

　敷料が乾燥しているかどうか確認するために、定期的に「ニール・テスト」（膝つき試験）を行なうことを勧めます。これは床に膝を 30 秒つけるだけの簡単な試験です。もし立ち上がったときに膝が濡れていたら、敷料を交換することが勧められます（J. Driessen, 2016）。

　敷料は子牛のお腹を暖め、湿度を吸収し、環境由来の感染リスクを減らし、さらに快適性を高めてくれる重要な環境要因です。定期的な交換により、子牛に衛生的で温かい飼育環境を提供してください。

輻射—————

　温かいものから冷たいもの、もしくは空気中に熱が放出されることによる熱の喪失です。これはコルツヒーターなどにより、ペン内の空気を暖めることで緩和することができます。

　コルツヒーターやハロゲンヒーターを用いるうえで注意すべき点は、牛や敷料に触れない高さに設置することです。ヒーターに直接触れることは火傷や火災の原因となります。

　また、ヒートランプなどで敷料が加温されると、サルモネラなどの細菌が増殖するのに適

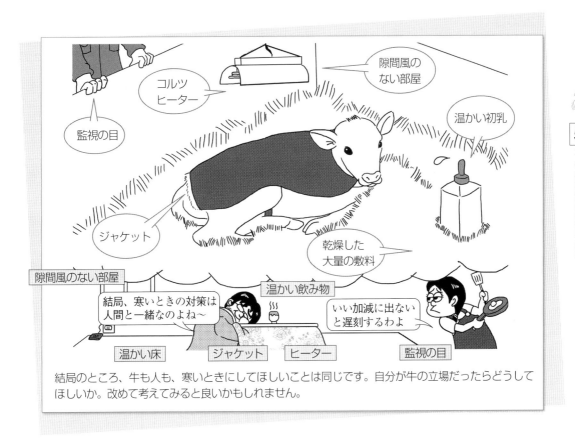

結局のところ、牛も人も、寒いときにしてほしいことは同じです。自分が牛の立場だったらどうしてほしいか。改めて考えてみると良いかもしれません。

した環境が作られてしまいます（M. Pierce, 2011）。ヒートランプは清潔で、乾燥した敷料と併せて使うようにしましょう。

対流

　対流とは、空気が子牛の体表を撫でることによって起こる熱の喪失です。これは隙間風をなくすことや、体表をしっかりと乾かすことなどによって軽減することができます。濡れた体に風が当たると、子牛は徐々に低体温症に陥ります（S. Leadly, 2016）。

　先に換気の重要性について述べましたが、換気の際には牛に直接風が当たらないように配慮する必要があります。体に直接当たる風は、子牛の体力を奪います。ペンに子牛を入れる前に、自分もペンの中に入り、体を屈め、隙間風がないことを確認しましょう。

＊

　本章で、分娩前後における胎子の身体の著しい変化、子宮外の環境に適応することの難しさ、そして子牛への負担を少しでも減らす方法について、少しでも理解が深まったなら幸いです。未来の財産である子牛を、長い妊娠期間の末に失ってしまうのは、あまりに残念なことです。今日からもっと胎子死に対峙して、1頭でも多くの子牛を救ってあげてください。

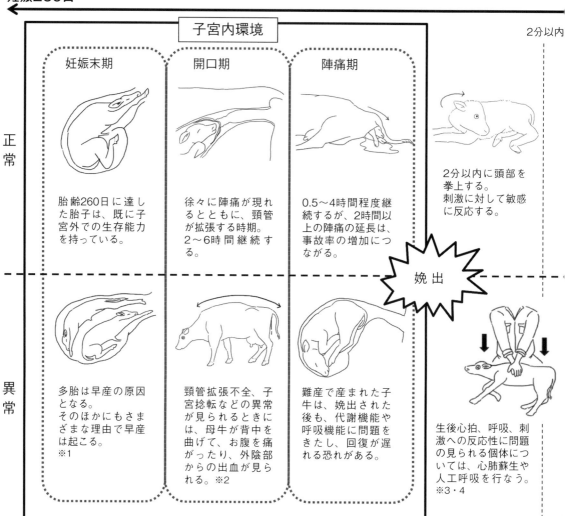

妊娠260日

子宮内環境

2分以内

	妊娠末期	開口期	陣痛期

正常

胎齢260日に達した胎子は、既に子宮外での生存能力を持っている。

徐々に陣痛が現れるとともに、頸管が拡張する時期。2～6時間継続する。

0.5～4時間程度継続するが、2時間以上の陣痛の延長は、事故率の増加につながる。

2分以内に頭部を拳上する。刺激に対して敏感に反応する。

娩出

異常

多胎は早産の原因となる。そのほかにもさまざまな理由で早産は起こる。※1

頸管拡張不全、子宮捻転などの異常が見られるときには、母牛が背中を曲げて、お腹を痛がったり、外陰部からの出血が見られる。※2

難産で産まれた子牛は、娩出された後も、代謝機能や呼吸機能に問題をきたし、回復が遅れる恐れがある。

生後心拍、呼吸、刺激への反応性に問題の見られる個体については、心肺蘇生や人工呼吸を行なう。※3・4

※1 早産の原因	※2 お産時の異常	A 気道確保	B 呼吸刺激
・多胎妊娠 ・母牛の栄養不良 ・感染症 ・中毒物質 ・遺伝的影響 ・奇形 ・胎子死……	・頸管拡張不全 ・子宮捻転 ・開口期の延長 ・胎子失位 ・胎子過大 ・陣痛微弱 ・胎盤剥離 ・胎子奇形	・鼻腔周囲の胎膜、羊水の除去 ・母牛骨盤からの吊り下げ ・吸引による羊水の除去 ・娩出後の吊り下げ ・舌を引く	・冷水を頭にかける ・鼻腔内への物理的刺激 ・気管の圧迫 ・人工呼吸器 ・マウスツーノーズ ・人中刺激 ・マッサージ ・心肺蘇生法

変化と胎子死の予防策

15分以内　　　1時間以内　　　2時間以内　　　24時間以内

15分以内に胸骨座位に至る。この姿勢をとらせることによって、子牛の呼吸は大きく改善する。

1時間以内に起立し、歩行する。運動させることで子牛の血流、体温が改善する。

できるだけ早期に母子分離し、初乳をしっかりと飲ませる。

乾燥した、衛生的なペンに収容する。※7

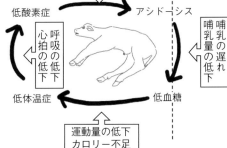

炭酸ガスの蓄積　乳酸の蓄積

低酸素症　→　アシドーシス

心拍の低下　呼吸の低下

低体温症　←　低血糖

哺乳の遅れ　哺乳量の低下

運動量の低下　カロリー不足

難産を経過した子牛でとくに低酸素症、アシドーシス、低血糖、低体温症などの状態異常が見られやすい。できるだけ早く改善させる必要がある。※5

哺乳欲のない子牛に対しては、強制経口投与を積極的に行なう。※6

低体温症は主要な胎子死の原因。継時的に体温をモニタリングし、徴候が見られたら早期に対処する。

※5　**C　循環の改善**
- タオルなどによる体表の刺激
- リッキング
- 起立を促す
- 初乳の給与
- 保温
- 補液
- 温かい風呂……

※6　**C　初乳の重要性**
- 生後 2 時間以内に 2〜3 ℓ、さらに 12 時間以内に再度 2〜3 ℓ を与える。
- 6 時間程度で初乳の吸収能力は著しく低下するので、できるだけ早く飲ませること。
- チューブでの経口投与は積極的に利用する。

D　母牛の状態
早期の対応が求められる状態
- 陰部の裂創
- 産道からの大量の出血
- 子宮脱
- 起立不能
モニタリングすべき状態
- 起立困難
- ケトーシス
- 胎盤停滞……

※7　**E　飼育環境**
- 臍帯を消毒したのち母子分離し、乾燥した、衛生的なペンに収容する
- 大量の敷料
- コルツヒーター
- 隙間風のない部屋
- カーフジャケット……

※本稿は Dairy Japan 2017年4～9月号の連載「対峙しなきゃ！ 周産期胎子死に！ 子牛の事故低減に向けて」（島本正平＆山本浩通）を加筆・改稿したものです。

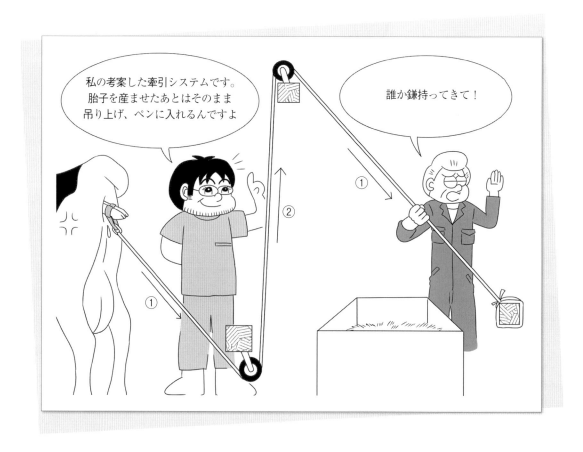

第 6 章

抗生剤の恩恵を後世に残すために
畜産を取り巻く耐性菌問題

「耐性菌問題」の連載中に、初のバリウム検査で
ピロリ菌に引っかかった

えええっ!?

胃が荒れて
ます

①

ピロリ菌といえば胃炎や潰瘍の原因となる病原菌だ。
耐性菌の可能性を考え、治療には複数の薬を併用する

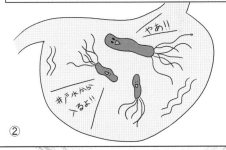

②

「耐性菌問題」連載の最中にまさか自分の身体の中に
耐性菌がいる可能性を示されるとは……

はい 招介状。
除菌しなさい

まさかの出来事に少し落ち込んだ

③

でも無事除菌に成功し、ピロリ菌にさよならできた

運が良かっただけ
なんだから、
気をつけなさいよ

ワァーイ!!

健康
大好き!!

④ 耐性菌問題は他人事ではない。皆で取り組もう

世界における耐性菌問題と畜産の位置づけ

世界における耐性菌問題

1928年にアレクサンダー・フレミングが世界初の抗生物質であるペニシリンを発見してから、人類の健康状態は飛躍的に向上しました。例えば、北米の1920年における平均寿命は56.4歳でしたが、現在では平均年齢は80歳近くになっています（C. L. Ventra, 2015）。このような急激な寿命の延長は、それまでいかに細菌感染に対して人が無力で、多くの命が失われてきたかを物語っています。

しかしながら、これまで新たな抗菌薬が開発されるたびに、それに追随するように耐性菌が生まれてきました。現在では耐性菌による死者はEUと北米だけで年間約5万人、全世界で毎年70万人に上ると言われています（Jim O'Neill, 2016）。そしてその数は、このまま対策を取らないと2050年には1000万人を超え、ガンによる死者数を超えるとも言われています（Marlieke E. A, 2016）。

とくにメシチリン耐性ブドウ球菌（MRSA）、バンコマイシン耐性腸球菌（VRE）、多剤耐性結核菌などは発展途上国を中心に深刻な問題となっています（AG Duse, 2005）。2008年にはインド出身の男性から、一つの薬を除くすべての抗菌薬に耐性を示す病原体が見つかりました。当初スウェーデンで見つかったその病原体の耐性遺伝子は、現在では中国、アジア、アフリカ、ヨーロッパ、北米でも見つかっています（K. K. Kumarasamy, et, al. 2010）。

日本国内でも耐性菌の発生は見られ、例えば、ある病院が2014年に行なった調査では、入院患者から検出される黄色ブドウ球菌の3割以上がメシチリン耐性であり、そのほか複数の抗菌薬に耐性を示す大腸菌やクレブシエラなどが検出されています（高山陽子, 2017）。多剤耐性アシネトバクターは2000年以降、北米で急激な広がりを見せ大きな問題となりましたが、日本国内でも2010年に東京の病院内で46人の集団感染を起こし世間を騒がせました。

耐性菌問題における畜産分野の位置づけ

人医療において抗菌薬が高い効果を示すことが確認され、畜産分野でも広く抗菌薬が使われるようになりました。1940年代後半には、牛の乳房炎に対するペニシリンの使用を開始しています（V. Economou, 2015）。増体の改善を目的とした抗菌薬の使用も畜産分野では古くから行なわれてきましたが、健康畜に対する抗菌薬の低濃度かつ長期的な使用は耐

ペニシリンは通称「医学会最大の偶然」から生まれた薬剤です。実際フレミング博士の研究室は煩雑としていたと言われています。親近感を覚えますね。

性菌の発現を助長するということで、世界的に大きな問題となっています。

しかしながら世界的な人口の増加と畜産物を消費する経済的中間層の増加に伴い、抗菌薬やホルモン剤は安定的に畜産物を供給するために欠かせないツールとなっていきました。現に北米では年間に販売される抗菌薬の8割は畜産分野で消費され、そのうちの8割は健康畜に与えられているとのことです（C. L. Ventola, 2015）。日本国内においても2001年と2002年における抗菌薬の販売数量が、人体用が509.4tなのに対し、動物用は994.4tと非常に多くなっています（Y. Tamura, 2015）。

何よりも問題なのは、家畜への投薬により発生した耐性菌が、食肉や土壌の汚染、直接接触などを介して人に伝播することです。なかでも耐性を持ったキャンピロバクターやサルモネラなどが畜産物を介して人に伝播し、食中毒を起こすケースが多く見られます（WHO, 2014）。

国内でも輸入品を含め、畜産物の耐性菌汚染は問題となっています。例えば、ブラジルから輸入される鶏肉における薬剤耐性大腸菌の検出割合は国内産のものよりも高くなっています。また豚肉や牛肉についても国内外を問わず耐性菌が分離されており、食品安全上問題となっています（浅井, 2016）。

このような事実を背景に近年、畜産分野における抗菌薬やホルモン剤などの使用に関して、消費者から高い関心が向けられています。一部の食品販売業者では、抗菌薬を使用した畜産

物の利用を自粛するケースも出てきたほどです（K. Mcavoy, 2016）。

　もちろん抗菌薬は人や家畜だけでなく、伴侶動物、水産物や果樹にも利用されているため、耐性菌問題の原因は畜産だけにあるのではありません。また動物が感染症で苦しんでいるときに抗菌薬を使わないことは動物福祉上問題となりますので、今後も消費者の不安や猜疑心を煽らないように、賢く使っていく必要があります。

■ 国内外における耐性菌予防のための取り組み

　家畜への抗菌薬の使用により細菌の耐性化が助長されることについては、古くは1969年、イギリスのスワンレポートで報告されています。

　北米では1970年に米国食品医薬品局（FDA）が畜産分野における抗菌薬の使用が人の医療分野に及ぼす影響を懸念し、学術機関に調査を依頼しています。そして1976年にタフツ大学の調査結果から、鶏のエサにオキシテトラサイクリンを添加することで、養鶏場で働く従業員から同じ耐性菌が分離されることがわかりました（M. McKenna, 2011）。それから40年以上が経過し、2017年1月以降、人の医療上重要な抗菌性物質については成長促進目的の使用を中止し、さらにVFDという新しいカテゴリーを設け、それを使用するには獣医師の許可が必要となりました。40年以上もの間、北米は家畜への抗菌薬の使用を制限するべきか否か、結論を先送りしてきたのです。

　EUはより早い段階から耐性菌対策に乗り出し、1999年から抗菌薬のモニタリングプログラムを立ち上げ、使用量を2006年までに減らすという計画を立てました。

　世界保健機関（WHO）は「食用動物における薬剤耐性の封じ込めに関する国際的原則」を作り上げ、耐性菌対策について国際調和の促進を図っています。また国際獣疫事務局（OIE）は2000年より「家畜における薬剤耐性に関するガイドライン」の作成を開始し、薬剤耐性に関する国際基準を示すことで抗菌薬の慎重使用を求めました。

　ここで言う慎重使用とは、抗菌薬を使うべきかどうかを十分に検討したうえで、適正な抗菌薬の選択・使用により最大限の効果を上げ、耐性菌の発生を最小限に抑えることを言います。抗菌薬の過剰使用と誤用こそが、薬剤耐性菌の最も大きな発生要因であると考えられています。

　日本国内でも1999年に医薬品製造販売業者を対象とした抗菌剤の使用量の調査、病畜を対象とした薬剤耐性調査、そして健康畜を対象とした病原菌の耐性調査を三本柱とした、動物由来薬剤耐性モニタリングシステム（JVARM：Japanese Veterinary Antimicrobial Resistance Monitoring System）を構築しました。

　さらに2015年5月にWHOは薬剤耐性に対する国際行動計画（グローバル・アクション・プラン）を採択し、薬剤耐性に対する世界的な取り組みが始まりました。それを受けて2016年4月5日に、わが国の行動計画（薬剤耐性対策アクションプラン）も策定されました。

本アクションプラン内では、以下の六つの目標を掲げています。

1 薬剤耐性問題に対する知識や理解を深めるための啓発および教育

2 薬剤耐性の変化や抗菌薬の使用量をモニタリングする動向調査および監視

3 薬剤耐性菌の発生・拡大を阻止するための感染の予防および管理

4 抗菌薬の適正使用の推進

5 新たな予防や診断・治療の手段を創造するための研究開発

6 国際協力

今後ますます産業動物に対する抗菌薬の使用に対しては厳しい目が向けられると思います。アクションプランを実施し、家畜の健康状態を維持しつつ、抗菌薬の使用量を減らすためには、畜産農家と獣医師の相互協力が欠かせません。お互いに意見を交換し、連携を高めることがより重要になると考えられます。

ワン・ヘルスという考え

薬剤耐性問題について話をするうえで、たびたび話題に上がるのが「ワン・ヘルス」という言葉です。ワン・ヘルスとは、2004年に提唱された「One World, One Health（一つの世界、一つの健康）」という言葉に由来しています。これは人と動物間の伝染病を阻止する目的で提案された、マンハッタン原則から生まれた言葉です。人・動物・環境は相互に関連し、それらすべてを健全な状態に維持することで真の健康が守られるという考えです（CDC）。

現に動物の健康は、人の健康と大きく関係しています。人における感染症のうちの60%は動物由来であることがわかっています。さらに新興感染症のうちの75%、そしてバイオテロリズムに利用できる病原体のうちの80%が動物由来であることがわかっています（OIE）。

さらに近年、交通や流通が発展したことで、人はもちろん動物や物品などが、あらゆる国から出入りしている状況です。SARSやインフルエンザのように、動物由来の伝染病が容易に国内に侵入できてしまう状況になっています。

もちろん耐性菌問題も人・動物両方に関わる大きな課題です。人における抗菌薬の処方も、実にその半分が必要のないものであったとの調査結果があります（W. Monica, 2014）。ワン・ヘルスの考えに従い、耐性化問題を解決するためには人と畜産分野の連携が今後必要となります。

*

本来、抗生物質が自然由来であるように、耐性菌もまた自然発生するものです。これは微生物が生存するための進化の一つであるとも言われています。しかしながら抗菌薬の乱用により選択圧が高まり、耐性菌が増えやすくなることもまた事実です。もはや国際機関は耐性菌に対するリスク評価から、リスク管理の時代に移行しつつあるという認識を持っています。

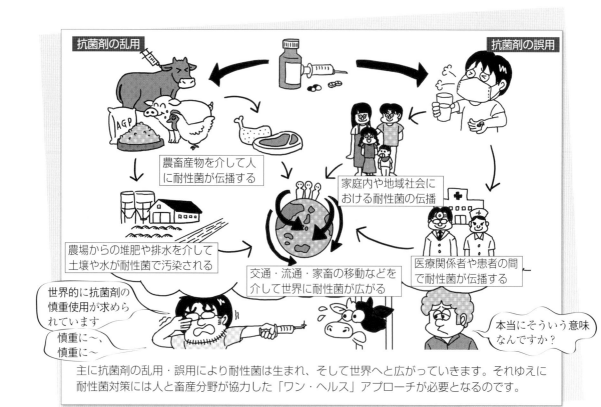

農畜産物を介して人に耐性菌が伝播する

家庭内や地域社会における耐性菌の伝播

農場からの堆肥や排水を介して土壌や水が耐性菌で汚染される

交通・流通・家畜の移動などを介して世界に耐性菌が広がる

医療関係者や患者の間で耐性菌が伝播する

世界的に抗菌剤の慎重使用が求められています

慎重に～、慎重に～

本当にそういう意味なんですか？

主に抗菌剤の乱用・誤用により耐性菌は生まれ、そして世界へと広がっていきます。それゆえに耐性菌対策には人と畜産分野が協力した「ワン・ヘルス」アプローチが必要となるのです。

　ペニシリンの発見者であるアレクサンダー・フレミングは、自身が発見した抗生物質の乱用に対して警鐘を鳴らしました。「ペニシリンを乱用する人は、ペニシリン耐性菌によって死に至る人々に対する責任を負うことになる」と。

抗生物質の歴史、畜産との関わり

　前項で、世界初の**抗生物質**はアレクサンダー・フレミング博士によって 1928 年に発見されたというお話をしました。しかしながら、実は世界初の**抗菌薬**を発見した人物はドイツのパウル・エールリッヒと、日本人である秦佐八郎だったのです。抗生物質と抗菌薬、この二つはどう違うのでしょうか。抗菌薬の歴史、畜産との関わりと併せて解説したいと思います。

■ 抗菌薬の歴史

　抗菌性物質については、実はペニシリンが発見されるはるか昔からその存在が広く知られていました。例えば、古代エジプトやギリシャでは 2000 年ほど前から、感染した傷口に

カビを使う治療法が用いられていました。しかしながら、なぜ、このような方法が有効なのかは明らかにされてきませんでした。

1874年には、ペニシリンを産生するアオカビを発酵に使ったチーズは細菌汚染しにくいこと（S. G. B. Amyes, 2001）、また1897年にはDuchesneが、致死量の病原菌とアオカビを混合して投与するとラットが死亡しないことを明らかにしています（S. Duckett, 1999）。このようにペニシリンの存在については、発見されるはるか前から存在が示唆されていたのです。

そんななか、1910年にドイツのパウル・エールリッヒと秦佐八郎が、何百ものヒ素化合物から抗菌作用のあるものを見つけ出し、世界初の合成抗菌薬であるサルバルサンを作りました。これは細菌感染症である梅毒の治療薬として広く利用されました。

ここで説明しておきたいのが、**抗菌薬**と**抗生物質**の違いです。一般的に、細菌の増殖を抑制したり、殺す薬が「抗菌薬」だと定義されています。この抗菌薬のうち、細菌や真菌などの「生き物」から作られるものが「抗生物質」と呼ばれるのです。つまり、「抗菌薬」のほうがより広義な言葉で、秦佐八郎らがヒ素化合物から合成したのは「抗菌薬」であり「抗生物質」ではないのです。

そして1928年、ペニシリンが発見されます。フレミング博士はペニシリンに関する論文を発表しますが、当時ペニシリンは全身に投薬可能な治療薬として認識されておらず、消毒薬のような扱いを受けてしまったため、あまり注目されませんでした。

しかしながら1942年に、ハワード・フローリーらの研究グループによってペニシリンが分離・精製され、さらに細菌感染症に対して極めて有効な治療薬であることがわかり、世界的に高い評価を受けました。第二次世界大戦下において、ペニシリンは多くの人々の命を救い、1945年にフレミングはフローリーらとともにノーベル賞を受賞したのです。

記録上、ペニシリンの投与を初めて受けた患者はオックスフォードの警察官であり、庭仕事中にバラの棘でできた引っかき傷から細菌が感染し、敗血症に陥ったとのことです。頭部が著しく化膿した患者は、ペニシリンの投与により一時的に回復を見せたということです（J. Wood, 2010）。抗菌薬が開発されるまでは、庭仕事でさえ命取りとなり得たのです。

ペニシリンは人々、とくに幼児の死亡率の低下に大きく貢献しました。1900年における北米では肺炎、結核、腸炎などの感染症が死亡原因の約1／3を占めており、さらにそのうち40%が5歳未満の子どもでした。もちろん飲用水の塩素消毒や、ワクチンの普及などの影響もありますが、北米では20世紀の間に平均寿命が29.2歳延長したのです（CDC, 1999）。

🔍■ 耐性菌の広がり

ペニシリン発見後もサルファ剤、ストレプトマイシンなど、さまざまな抗菌薬が発見・合成され、数多くの命が救われました。しかしながら抗生物質の歴史は、そのまま耐性菌の歴

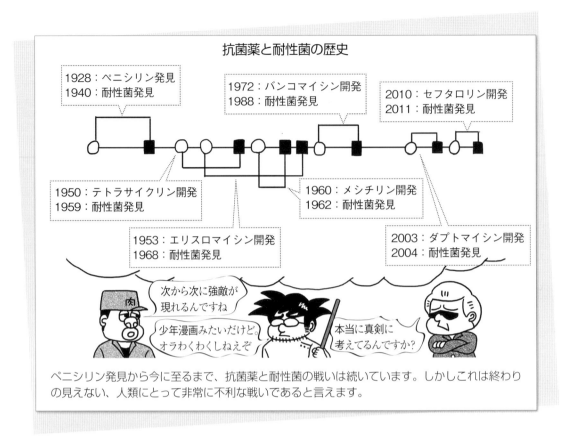

抗菌薬と耐性菌の歴史

1928：ペニシリン発見
1940：耐性菌発見

1972：バンコマイシン開発
1988：耐性菌発見

2010：セフタロリン開発
2011：耐性菌発見

1950：テトラサイクリン開発
1959：耐性菌発見

1960：メシチリン開発
1962：耐性菌発見

1953：エリスロマイシン開発
1968：耐性菌発見

2003：ダプトマイシン開発
2004：耐性菌発見

次から次に強敵が現れるんですね

少年漫画みたいだけど。オラわくわくしねえぞ

本当に真剣に考えてるんですか？

ペニシリン発見から今に至るまで、抗菌薬と耐性菌の戦いは続いています。しかしこれは終わりの見えない、人類にとって非常に不利な戦いであると言えます。

史に言い換えることができます。まるで「いたちごっこ」のように、抗菌薬の開発とともに耐性菌もまた出現してきたのです。

　例えば、ペニシリンの発見は 1928 年ですが、ペニシリン耐性菌の発見は 1940 年です。MRSA に対して用いられるバンコマイシンは 1972 年に使用開始され、1988 年には耐性が確認されています。幅広い感染症に使われるイミペネムは 1985 年に使用開始され、1998 年には耐性が確認されています。同じく MRSA に主に使われるダプトマイシンに至っては、使用が始まった 2003 年の 1 年後に耐性菌が確認されています（C. L. Ventra, 2015）。

　耐性菌に対抗するためには、新たに抗菌薬を開発する必要があります。しかしながら、抗菌薬の開発には標的分子の探索、いくつもの臨床試験、そして政府の承認など、何年もの期間がかかる一方で、細菌は 20 分ごとに新しい世代を生み出していきます（M. Mckenna, 2015）。

　さらに、新たな抗菌薬の開発は年々減っているのが実情です。これは一般的に、慢性疾患に対する治療薬のほうが、抗生物質を開発するより利益が大きいからとも言われています。例えば、新たな抗生物質の開発によって得られる利益が 5000 万ドルであるのに対し、神経筋に関わる病気の治療薬の開発による利益は約 10 億ドルであるとも言われています（C. L. Ventra, 2015）。人が耐性菌との「いたちごっこ」に勝利することは決して容易ではあ

りません。

■ 畜産と抗菌薬の関わり

　1900 年代初期、先進国では文明化により人口が増加し、急激な食料の需要増加に追い
つくため、農家は多大な苦労を強いられていました。当時、食料品の金額は徐々に増加傾向
となり、その増加率は北米で年 7% と非常に高い水準でした。もはや卵や肉は上流階級のみ
が購入できる高級品だったのです（V. Broslawik, et al., 2014）。

　食料品の金額増加と家計の圧迫から、1910 年には北米で暴動やボイコットが相次ぎ、
さらに 1914 年から始まった第一次世界大戦により、食料の需要はさらに高まります（A.
Wright, 2015）。そんななか、抗菌薬は畜産の生産効率を高める強い武器となりました。

　畜産に多大な影響を及ぼした抗菌薬の一つが、1943 年に発見されたストレプトマイシ
ンです。ストレプトマイシンは、牛で広く問題となっていた牛結核や乳房炎などに高い効果
を示しました（V. Broslawik, et al., 2014）。抗生物質の使用により牛の生存率は大きく
上がり、農場の規模拡大につながっていきました。

　さらに畜産分野における抗菌薬の利用に拍車をかけたのが、1950 年における、抗生物
質を飼料添加することで鶏の増体促進効果が得られたとする調査結果です。これにより成長
促進目的で抗菌薬が広く使われるようになり、現在ではイオノフォア、モネンシン、ラサロ
シド、バージニアマイシン、テトラサイクリンなどが、牛のエサに添加することで増体が改
善することが知られています（P. Hughes ほか）。

　成長促進を目的とした抗菌薬の使用は、大量の抗菌薬が畜産分野で消費されること、無差
別的な使用によって広く耐性化を招くこと、さらに耐性菌が人に感染するリスクがあること
などから、強く問題視されています。そして畜産分野における抗菌薬の使用が、人への耐性
菌伝搬のリスクを招くことは多くの調査結果が示しています。

　1976 年における、鶏と養鶏場職員が共通した耐性菌を保有していたという調査結果に
始まり、七面鳥から検出されたバンコマイシン耐性腸球菌（VRE）を、七面鳥農家だけで
なく、と畜業者、そして周辺住民が有意に高い割合で保有していること（Bogaard et al,
1997）、養豚場近くの川は、農場の上流より下流で有意に大腸菌数が多いこと（Sapkota,
2007）、養鶏場で採取されたハエが高い確率で耐性腸球菌やブドウ球菌を保有している
こと（Graham, 2008）、牛肉を含めた畜産物から検出されたクレブシエラ菌が高い確率
でアンピシリンやテトラサイクリンなどに耐性を持っていること（Kim, 2005）、母親が
未殺菌の乳を飲んだことにより新生児の ICU で起こった耐性サルモネラの集団感染事例
（Bezanson, 1983）、畜産農家は一般人と比較して MRSA の保有率が有意に高いという
調査結果（Lews, 2008）など、畜産分野における耐性菌の発現と、人へのリスクは数多
くの文献で示されています。

　前回も触れましたが、日本国内においても 2001 年と 2002 年における抗菌薬の販売

数量は、人体用が509.4tなのに対し、動物用は994.4tと非常に多くなっています（Y. Tamura, 2015）。現状テトラサイクリン系やスルフォンアミド系の販売が多く、人医療上重要とされているフルオロキノロン系や第三世代セファロスポリン系などは比較的少ないとのことです（JVARM）。

　牛での抗菌性飼料添加物は、主に哺乳期用飼料や幼齢期用飼料として、バシトラシンやクロルテトラサイクリン、モネンシンなどが承認を受けています。なかでも最も販売量が多いのがモネンシンに代表されるイオノフォア系抗生物質ですが、これは比較的、人の健康への影響が少ないとされるため、世界的に飼料添加物として使われています（JVARM）。

　前回もお話しましたが、国内外を問わず畜産分野への抗菌薬の使用に対する監視体制や罰則が次々と設けられています。EUにおける2006年からの成長促進目的での抗生物質の使用禁止や、北米におけるVFDによる監視体制、そして日本国内におけるコリスチンの飼料添加物としての使用禁止などがこれにあたります。

　このような規制の結果、フランスでは2000～2009年にかけて抗菌薬の使用量が20%低減し、さらにオランダやデンマークも抗菌薬の使用量を大きく減らし、結果に対して政府、農家ともに高い満足感を得ています（T. Lam, 2016）。抗菌薬の使用制限が耐性菌発現に及ぼす影響も明らかであり、実際にオランダとギリシャとの耐性菌検出の割合にも顕著な差が現れています（J. G. Bartlett, 2013）。ただし、2006年から成長促進を目的とした抗菌薬の使用を制限した結果、一部の国では治療目的での抗菌薬の消費量が増えたという一面もあります（Cogliani,et al, 2011）。

＊

　抗菌薬は人々の健康状態を大きく改善しただけでなく、畜産分野においても家畜の生産性の向上、発病率の低下、事故率の低下、畜産物の価格の安定化、アニマルウェルフェアの充足など、さまざまな恩恵をもたらしました。しかしながら近年、「抗生物質時代の終焉」を告げる研究者が多くいます。つまり、これまで、われわれが得ていた安全な生活や安定的な食料の供給が得られなくなる可能性があるのです。

　人類はこれまでペスト、コレラ、梅毒などの細菌感染症により、多くの命を失ってきました。抗菌薬が効果を失うことで、がん患者や未熟児などの死亡率は大きく増加します。分娩後に敗血症で死亡する妊婦の数は増加し、帝王切開や臓器移植などの外科的手術もまともに行なえなくなります。

　耐性菌問題に対する対策を講じなければ、後の世代の畜産農家、そして人類は抗菌薬によって得られていた恩恵を失うことになるのです。自分の子ども達の生活を守るためにも、私達は耐性菌問題に向き合っていかなくてはいけません。

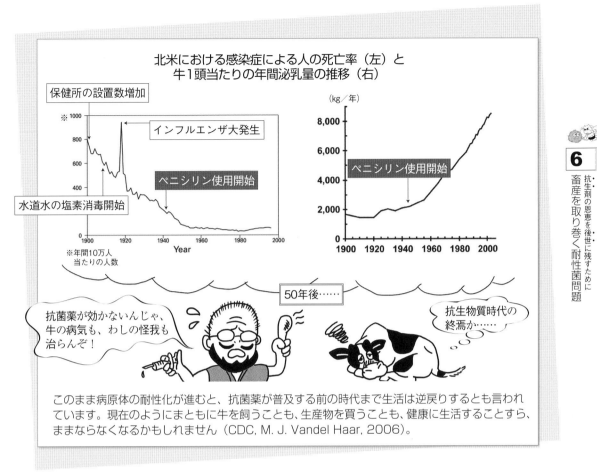

北米における感染症による人の死亡率（左）と
牛1頭当たりの年間泌乳量の推移（右）

このまま病原体の耐性化が進むと、抗菌薬が普及する前の時代まで生活は逆戻りするとも言われています。現在のようにまともに牛を飼うことも、生産物を買うことも、健康に生活することすら、ままならなくなるかもしれません（CDC, M. J. Vandel Haar, 2006）。

抗生剤の分類

　抗菌剤の作用機序と同様、病原菌が耐性を確立する機序も一種類ではありません。病原菌が耐性を確立する過程を理解するには、まず抗菌剤について詳しく知る必要があります。今回は、抗菌剤の分類方法についてお話したいと思います。抗菌剤にはいくつかの分類方法がありますが、ここでは以下の五つを紹介したいと思います。

1. 抗菌スペクトルによる分類
2. 抗菌作用による分類
3. 作用機序による分類
4. 薬物動態による分類
5. 重要性による分類

　各抗菌剤の名称については次回以降に詳しく解説しますので、参考程度に読んでください。

1. 抗菌スペクトルによる分類

「スペクトル」とは英語で「範囲」という意味であり、「抗菌スペクトル」とはその抗菌剤の効果が及ぶ範囲を示します。広く作用が及ぶ抗菌剤については広域スペクトル、範囲が狭い抗菌剤については狭域スペクトルと呼ばれます。

広域スペクトルの薬としては、テトラサイクリン、一部のペニシリン、フルオロキノロン、第三世代もしくは第四世代セファロスポリンなどが含まれます。広域スペクトルのものは、グラム陽性菌にも、グラム陰性菌にも高い効果を示します。このように種類を問わず細菌に作用する広域スペクトルの抗菌剤が耐性菌の発生には大きく関わると言われています。

一方、狭域スペクトルの抗菌剤は、特定の菌種にしか効果を示しません。例えば、グリコペプチドやバシトラシンなどはグラム陽性菌にしか、ポリミキシンなどはグラム陰性菌にしか効果を示さないのが特徴です。同様にアミノグリコシドやサルファ剤などは好気性菌にしか、ニトロイミダゾールなどは嫌気性菌にしか効きにくいのが特徴です。

細菌がグラム陽性か陰性かは、グラム染色の結果によって決まります。グラム染色とは、細胞壁のペプチドグリカンの有無によって細菌の色分けを行なうものです。好気性菌とは主に酸素の存在下で増殖する菌であり、嫌気性菌とは増殖に酸素を必要としない菌を指します。

このように細菌が本来備えている、抗菌剤に対する抵抗性を「自然耐性」（intrinsic resistance）といいます。病原菌の自然耐性を考慮することなく、効果の乏しい抗菌剤を乱用することこそが治療費の増大、そして耐性菌の増加を招くのです。

2. 抗菌作用による分類

おおまかに見て、抗菌剤は殺菌的と静菌的に分けられます。殺菌的な抗菌剤は微生物を完全に殺す一方、静菌的な抗菌剤は病原体の増殖と成長を妨げるに留まります。そのため、殺菌的な抗菌剤が免疫に頼らずとも病原菌を除去できるのに対し、静菌的な抗菌剤を使用した場合は、最終的に宿主の免疫機能によって病原体は除去されます。

殺菌的な抗菌剤にはアミノグリコシド、セファロスポリン、ペニシリン、そしてフルオロキノロンなどが含まれ、静菌的な抗菌剤にはテトラサイクリン、サルファ剤、マクロライドなどが含まれます。

一部の抗菌剤は殺菌的と静菌的両方の特徴を持ちますが、これは投与量や投与間隔、そして細菌の感染状況などによって変わります。例えば、アミノグリコシドやフルオロキノロンなどは投与濃度に応じて、殺菌的にも静菌的にも働くことが知られています。

静菌的な抗菌剤は一般的に、殺菌的なものと比べて作用発現がゆっくりで、上述したように病原菌を除去することは宿主の免疫機能に依存する形となります。そのため、免疫が抑制されている個体や、免疫機能を失っている個体、急性感染症や栄養失調状態の個体などへは、

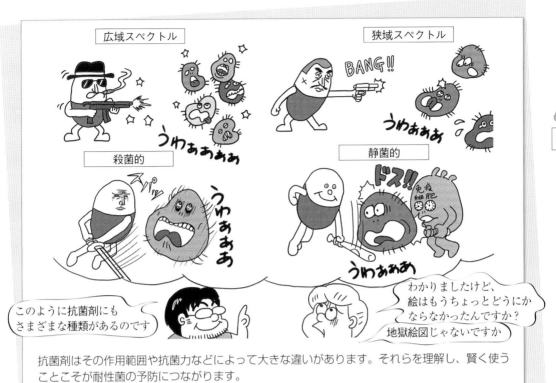

抗菌剤はその作用範囲や抗菌力などによって大きな違いがあります。それらを理解し、賢く使うことこそが耐性菌の予防につながります。

静菌的な抗菌剤の利用は推奨されません。

3. 作用機序による分類

　抗菌剤の病原菌への作用機序は、主に次の五つに分類されます。病原菌はこれらの機序を障害することで耐性を得るため、耐性菌を理解するうえで抗菌剤の作用機序を知ることは非常に重要となります。

（1）細胞壁の合成障害

　細胞壁は細菌や植物には見られるものの、動物の細胞には見られない、細胞の外壁を構成する成分です。そのため、細胞壁をターゲットにする抗菌剤は特異的に病原菌を殺すことができるので、比較的安全性が高いと言えます。

　ペニシリン、セファロスポリン、バンコマイシン、バシトラシンなどがこれに分類されます。

（2）細胞膜の機能を障害する

　細胞膜とは、細胞内外のバランスを保つうえで欠かせない構成成分です。動物の細胞も細菌と同様に細胞膜に覆われているため、時にこのような抗菌剤の使用が患畜に副作用を引き

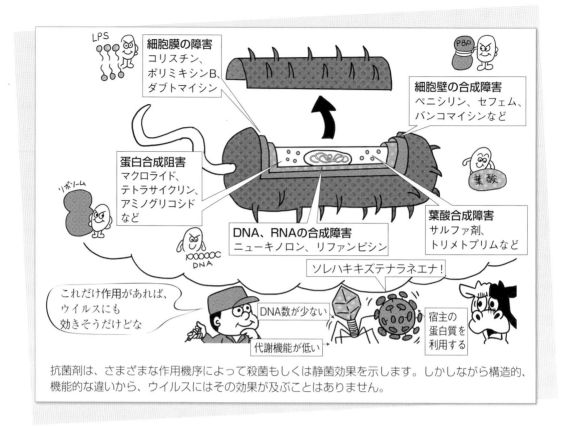

抗菌剤は、さまざまな作用機序によって殺菌もしくは静菌効果を示します。しかしながら構造的、機能的な違いから、ウイルスにはその効果が及ぶことはありません。

起こすこともあります。そのため、人医療の場合、局所塗布などに利用されることが多い抗菌剤です。

ポリミキシン B や、コリスチンなどが分類されます。

（3）蛋白合成阻害

蛋白質は細胞や酵素の構成成分であり、蛋白質の合成は細菌が生存するうえで欠かせません。いくつかの抗菌剤は蛋白質の合成阻害を引き起こし、細菌の代謝障害や増殖・発育障害を引き起こし、死滅させます。

アミノグリコシド、マクロライド、クロラムフェニコール、テトラサイクリンなどがこれにあたります。

（4）核酸合成阻害

DNA や RNA の合成は、すべての生物が増殖するうえで欠かせないプロセスです。一部の抗菌剤は、DNA や RNA の合成を障害することで、細菌の増殖を障害します。

フルオロキノロン、メトロニダゾール、リファンピシンなどがこれにあたります。

（5）その他の代謝障害

サルファ剤やトリメトプリムは DNA の合成に欠かせない成分である葉酸の産生を阻害します。サルファ剤とトリメトプリムは、それぞれ異なる葉酸合成酵素を阻害するため、ST合剤の形で両者を併用することで、より高い効果を得ることができます。このような効果を相乗効果といいます。

4. 薬物動態、薬力学による分類（PK ／ PD）

抗菌剤は、効果が血中濃度の高さに依存する「濃度依存型」と、血中濃度の持続期間に依存する「時間依存型」に分類されます。生体内における薬の血中濃度の推移は、薬物動態（Pharmacokinetic、PK）と、薬力学（Pharmacodynamic、PD）の二つによって決まります。

PK は「体が薬に何をするか？」を表し、生体内における薬剤の吸収、分布、結合、蓄積、代謝、排泄の程度を示します。これは薬剤の分子学的構造などはもちろん、生体の健康状態や投与経路などの影響を大きく受けます。評価項目には最高血中濃度である Cmax や、血中濃度曲線化面積である AUC などが含まれます。

PD は「薬が体に何をするか？」を表し、薬の生物化学的な作用や、作用機序などを評価するものです。PD の評価項目としては、最小発育阻止濃度である MIC や、抗菌剤代謝後も継続して見られる細菌増殖抑制効果を表す PAE などが含まれます。

使用する抗菌剤が濃度依存型なのか、それとも時間依存型なのか、さらに PK と PD を組み合わせて考えることが、抗菌剤の効果を最大限に引き出しつつ、副作用を最小限に抑えることにつながります。これらの概念は耐性菌の発現を防ぐうえでも非常に重要となります。また後の回で改めて解説させていただこうと思います。

5. 重要性による分類

世界保健機関（WHO）では、2005 年より人医療および獣医領域で広く利用されている抗菌剤について、人医療での重要度に応じて三段階の分類を行なっています。抗菌剤に応じてその重要性を段階分けすることで、人、獣医療両方において抗菌剤の慎重使用を推し進めることが狙いです。

その判断基準としては、その抗菌剤が人での深刻な細菌感染症に対する数少ない対処法であること、その抗菌剤が人獣共通感染症（ズーノーシス）を引き起こす病原菌や、動物から人に耐性遺伝子が移行する可能性のある病原菌に対して利用されていること、そして重篤な細菌感染症に対して広く医療機関で使用されていることなどが含まれています。

国内でも同様に、抗菌剤による耐性菌発現のリスクや消費者の懸念を受け、食品安全委員会が「食品を介して人の健康に影響を及ぼす細菌に対する抗菌性物質の重要度のランク付けについて」という資料を作成しています。これは家畜における抗菌剤の使用が、耐性菌の発

現を通じて食品安全上、どれほどの影響を及ぼすかを評価するためのものです。

　先ほど述べた WHO など、国際機関の関連情報を基に、日本で使用されている人用抗菌剤についても国内で重要度別のランク付けが行なわれました。これは代替薬の有無についても考慮し、以下の三つにランク分けしたものです。

Ⅰ．極めて高度に重要

　特定の人の疾病に対する、唯一の治療薬である抗菌性物質、または代替薬がほとんどないもの。

　15員環マクロライド、フルオロキノロン、第三世代および第四世代セファロスポリン系など。

Ⅱ．高度に重要

　これに分類される抗菌剤に対する耐性菌への有効な代替薬の数が、Ⅲにランク付けされる抗菌性物質よりも極めて少ない場合。

　ストレプトマイシン、第二世代セファロスポリン系、エリスロマイシンなど。

Ⅲ．重要

　これに分類される抗菌剤に対する耐性菌への有効な代替薬が十分にあるもの。

　カナマイシン、スルホンアミド、第一世代セファロスポリン系など。

　現在クラスⅠに分類される抗菌剤については、とくに根拠のない使用は認められておらず、第一選択薬とせずに第二選択薬として用いるなど、獣医領域においても使用上の制約が年々厳しくなっています。

＊

　これまで紹介したように、一言で抗菌剤と言っても、その特徴や作用機序などは多種多様であり、完全に理解するのは容易ではありません。しかしながら最大限に効果を引き出しつつ、耐性菌を生み出さないためには、何よりもまず抗菌剤についての見識を広める必要があります。

抗生剤の各論

　抗菌剤の乱用や誤用が耐性菌発生の原因となっていることから、世界的に抗菌剤の慎重使用が求められていることをこれまでお話ししました。ここからは、主に畜産現場で使われる抗菌剤について詳しく説明したいと思います。抗菌剤を正しく、賢く使うためにも、その作用機序や特徴について知っておきましょう。

ペニシリン系

ペニシリンは 1928 年にアレキサンダー・フレミング博士によって、*Penicillium chrysogenum* から分離された、最も歴史の長い抗生物質です。セファロスポリン系とともにβラクタム系に分類される抗菌剤で、どちらもβラクタム環という四角形の分子構造を有しており、細胞壁の合成を障害することで殺菌的な効果を示します。

ペニシリン系抗生物質は主に、そのスペクトル（抗菌剤の効果が及ぶ範囲）の広さによって分類さ

ペニシリン系

作用機序	細胞壁合成阻害：βラクタム環がペニシリン結合蛋白（PBP）に結合することで、PBP による細胞壁合成機能を障害させる。その結果、病原菌は死滅する。
成分名	ペニシリン G、アンピシリン、アモキシシリン、メチシリンなど
商品名	注射薬：アンピシリン注射薬、プロカインペニシリン、アモスタック、マイシリン（アミノグリコシドとの合剤）ほか 乳房注入剤：ジクロキサシリンジ、ほかアミノグリコシドとの合剤あり（アミノグリコシドの項参照）
スペクトル	広域：アンピシリンやアモキシシリン 狭域：ペニシリン G
病原菌への作用	殺菌的、時間依存性

れます。ペニシリンは種類によりその効果範囲が大きく異なるため、それを踏まえた選択が必要となります。例えば、ペニシリン G などは狭域スペクトルに分類され、グラム陽性菌（細胞壁の構造によりグラム染色によって紫色に染まる細菌）には感受性であるものの、グラム陰性菌（グラム染色によって紫色に染まらず赤く見える細菌）にはあまり効果を示しません。一方で、アモキシシリンやアンピシリンなどは広域スペクトルに分類されるため、グラム陰性菌に対しても効果を示すのが特徴です（P. Dhakal）。

現場でよく目の当たりにするのは、アンピシリンやアモキシシリンと同様の使い方でペニシリン G を利用するケースです。同じ感覚で使っていると、実は効果の示しにくいグラム陰性菌に対してペニシリン G を使っていたという事態を招くことがあります。

さらに、耐性菌が産生するペニシリン分解酵素であるβラクタマーゼに対する感受性も、種類によって異なります。例えば、通常のアモキシシリンであればβラクタマーゼによって分解されますが、クラブラン酸で増強したアモキシシリンや、またジクロキサシリンジなどはβラクタマーゼに対して抵抗性であることが知られています。このようなタイプのペニシリンであれば、耐性菌に対しても効果を示す可能性があります（Stein G.E., 1984）。

ペニシリンは注射により全身に広く分布することが知られています。肺、肝臓、腎臓、腸管、筋肉などに十分な濃度が広く分布するのに対して、脳や胎盤、乳腺などには移行しにくいです。健康な状態では乳汁中から検出される量は少ないものの、状況によっては 90 時間以上継続して検出されることもあるため、使用の際には注意が必要です（S. K. Bhavsar, et al）。

通常注射したペニシリンのほとんどは短期間で尿中に排泄されます。例えば、ペニシリン

G ならば 6 時間程度で投与量の 60%以上が尿中に排泄されます（FAO）。前月号でお話ししたバラの棘によって細菌感染したイギリスの警官は、繰り返し尿を濾すことで、なけなしのペニシリンを反復使用しました（J. Wood, 2010）。抗菌効果を残したままで尿中排泄されるということは、環境中の耐性菌発生のリスクが高いということにもなります。

　ペニシリンは血中の半減期が短い、つまり血中濃度の持続期間が短いですが、これは時間依存型の抗菌剤としては致命的な欠点であると言えます。例えば、通常のアモキシシリンであれば、牛における血中の半減期は 91 分程度、アンピシリンであれば 73 分程度であると言われています（Palmer, 1976）。時間依存型の抗菌剤は、その効果を最大限に引き出すためにも血中濃度を一定以上に保つ必要があるため、一定の頻度で投与する必要があります。

　ペニシリンを使用するうえで懸念されるのが、ペニシリンショックと呼ばれるアナフィラキシー反応です。通常アナフィラキシー反応というものは 2 回目以降の投与で起こるものですが、ペニシリンについては 1 回目の投与でも反応が見られたという報告もあるため注意が必要です（A. Omidi, 2009）。

　牛におけるペニシリンショックの症状としては、全身の浮腫や、発熱、蕁麻疹、呼吸困難、流涙などが報告されています。できるだけ早い段階でエピネフリンやコルチコステロイドを投与することが推奨されるため、発生が見られたらすぐに獣医師に相談しましょう。

セファロスポリン系

　セファロスポリン系抗生物質は、ペニシリン同様に β ラクタム環を有しており、β ラクタム系に分類される抗生物質です。作用機序はペニシリンと同様に細胞壁の合成阻害で、時間依存性で殺菌的に作用します。

　1945 年に、イタリア人のジュゼッピ・ブロッツが下水に住む *Caphalosporium acremonium* という真菌から分離したのが、セファロスポリン系抗生物質の原型となるセファロスポリン C です（Nakajima S, 2003）。セファロスポリン C は毒性も少なく、抗菌スペクトルが広く、さらにペニシリンを分解するペニシリナーゼによっても不活化されないという特徴を持っていました。

セファロスポリン系

作用機序	細胞壁合成阻害：β ラクタム環構造がペニシリン結合蛋白（PBP）に結合することで、PBP による細胞壁合成機能を障害させる。その結果、病原菌は死滅する。
成分名	第 1 世代：セファゾリン、セファレキシンなど 第 2 世代：セフロキシムなど 第 3 世代：セフポドキシム、セフチオフルなど 第 4 世代：セフェピム、セフピロムなど
商品名	注射薬：セファゾリン注、セファメジン注、エクセネルなど 乳房注入剤：セファゾリン、セファメジン、KP ラック、スペクトラゾールほか
スペクトル	広域：第 2、3、4 世代セファロスポリン 狭域：第 1 世代セファロスポリン
病原菌への作用	殺菌的、時間依存性

　ペニシリンが主に抗菌スペクトルによって分類されるのに対し、セファロスポリン系は世代によって分類されます。一般的に世代が上がるにつれて、グラム陽性菌に対する効果が弱

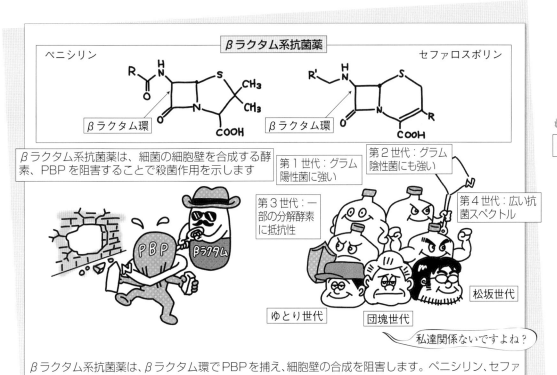

βラクタム系抗菌薬は、βラクタム環でPBPを捕え、細胞壁の合成を阻害します。ペニシリン、セファロスポリンともに種類によって抗菌スペクトルが大きく異なるため、使用の際には注意が必要です。

くなる一方で、グラム陰性菌に対する効果が強くなっていくこと、そして分解酵素であるβラクタマーゼに対する抵抗力が強くなることが特徴です。しかしながら第4世代は、グラム陽性、陰性問わず高い効果を示します。

　セファロスポリン系は注射によって速やかに全身に移行し、とくに第3世代、第4世代のものは脳や脳脊髄にまで分布するため、人では髄膜脳炎などにも利用されることがあります（Klein N.C., 1995ほか）。投与後はペニシリンと同様、主に尿とともに排泄されます。そのため腎臓に障害があったり、重度の脱水状態の個体に対しては投与濃度を減らす必要があります。

　セファロスポリンの血中濃度持続期間は世代によって異なるものの、一般的に牛の治療に使われるセファゾリンなどは血中半減期が約37分と短く、これは時間依存性の薬剤としては欠点となります（S. K. Bhavsarほか）。

　セファロスポリンは広く感染症に利用されるほか、小動物では手術時の感染予防を目的として使用されることもあります（E. Rosin, 1993）。これはペニシリンと比べてセファロスポリンのほうが組織や体液に効率的に分布するためです。セファピリンなどは乾乳期治療にも利用されています。

　副作用については一般的にペニシリンと比べて毒性が低いとされています。ごくまれに過敏症が起こることもありますが、これはペニシリンによるアレルギーと交叉して起こること

193

があるため注意が必要です（Veterinary Medicine E-book, 2016）。

　現在 WHO が出した「人医療における極めて重要な抗菌剤リスト」で、第 1 世代および第 2 世代のセファロスポリン系は「高度に重要」に、第 3 世代および第 4 世代は「極めて重要」に分類されています。また同様に、食品安全委員会による「食品を介してヒトの健康に影響を及ぼす抗菌物質の重要度のランク付け」でも第 1 世代はランクⅢ（重要）、第 2 世代はランクⅡ（高度に重要）そして第 3 および第 4 世代はランクⅠ（極めて高度に重要）に分類されており、慎重使用が求められています。

アミノグリコシド系

　1943 年に微生物学者であるセルマン博士が Streptomyces griseus からストレプトマイシンを分離しましたが、これが世界で初めてのアミノグリコシド系抗生物質でした。その後、さらに広い抗菌スペクトルを示すカナマイシン、ゲンタマイシンなどのアミノグリコシドが合成され、ヒト・獣医療両方に大きく貢献しました。ストレプトマイシンを発見したセルマン博士は 1952 年にノーベル賞を受賞しています（V. Broslawik, 2014）。

アミノグリコシド系

作用機序	蛋白合成阻害：30s リボソームサブユニットに結合し、遺伝子の読み取りを障害させる。その結果、蛋白質が合成されず、病原菌は死滅する。
成分名	ゲンタマイシン、ストレプトマイシン、カナマイシンほか
商品名	注射薬：カナマイシン注、ジヒドロストレプトマイシン注など 乳房注入剤：ペニシリンとの合剤という形で利用される。ニューサルマイ、ホーミング、タイニー PK、カナマスチンディスポ、乾乳用軟膏など
スペクトル	広域であるが、嫌気性菌には効果を示さない
病原菌への作用	殺菌的、濃度依存性

　アミノグリコシドは濃度依存型の抗菌剤であり、リボソームにおける蛋白合成を阻害します。投与濃度に応じてその効果は大きく変わりますが、比較的短期間で病原菌を殺滅することができる、強力な抗菌剤です。

　アミノグリコシドは、嫌気性菌には効果を示しにくいものの、大腸菌やクレブシエラ、緑膿菌などのグラム陰性菌に対しては高い効果を示します。とくに血中濃度が低下した後も殺菌効果を示す、抗生物質持続効果（post antibiotic effect：PAE）が強く表れるため、ヒトで 0.5 ～ 8 時間と比較的長く効果を示します（Stanford Univ.）。

　アミノグリコシドは消化管から吸収されにくく、経口投与した薬剤はほぼ吸収されずに排出されます。逆に言えば、経口投与したものはそのままの形で腸管内を通過するため、子牛の細菌性下痢などにとくに高い効果を示します。一方で抗菌活性を残したまま排泄されるため、環境中の耐性菌発生の原因となる恐れがあります（J. E. Riviere, 2016）。

　注射などで全身投与したアミノグリコシドは主に尿中に排泄されますが、ほぼ投与時のままの形態で排泄され、実際に筋肉注射したアミノグリコシドの 80 ～ 90％が尿から再度分

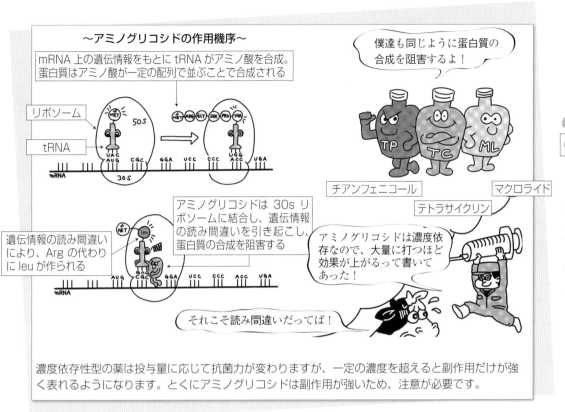

~アミノグリコシドの作用機序~

mRNA 上の遺伝情報をもとに tRNA がアミノ酸を合成。蛋白質はアミノ酸が一定の配列で並ぶことで合成される

リボソーム

tRNA

アミノグリコシドは 30s リボソームに結合し、遺伝情報の読み間違いを引き起こし、蛋白質の合成を阻害する

遺伝情報の読み間違いにより、Arg の代わりに leu が作られる

僕達も同じように蛋白質の合成を阻害するよ!

チアンフェニコール

テトラサイクリン

マクロライド

アミノグリコシドは濃度依存なので、大量に打つほど効果が上がるって書いてあった!

それこそ読み間違いだってば!

濃度依存性型の薬は投与量に応じて抗菌力が変わりますが、一定の濃度を超えると副作用だけが強く表れるようになります。とくにアミノグリコシドは副作用が強いため、注意が必要です。

離できることがわかっています（Merck）。

　一方、副作用としての腎毒性も強く、反復使用によって腎皮質で蓄積すると、細胞壊死を引き起こすことがあります（S. Peek, et al 2017）。そのため幼若動物や、腎機能が低下している個体、脱水している個体や、肥満動物に対しては投与間隔を長く設定する必要があると言われています。また非ステロイド系抗炎症剤（NSAIDs）など腎臓に負荷がかかる薬剤との併用も推奨されません（L. A. Trepanier, 2010 ほか）。その強い毒性にもかかわらず、動物種によって乳房炎、耳や眼などへの塗布や、子宮内注入などさまざまな経路で投与されます。

　βラクタムをはじめとした一部の抗菌剤との併用によって相乗効果が得られることが知られています（Clark R. B., 1990）。そのような特徴を利用し、少ない投与量で最大限の効果が得られるような使い方をする必要があります。

マクロライド系

　マクロライド系の抗生物質は、1949 年に土壌菌である *Saccaropolyspora erythraea* からエリスロマイシンが分離されたのが初めてです（R. Finch, et al, 2010）。マクロライドはとくにグラム陽性菌に高い効果を示し、さらにマイコプラズマやリケッチアにも効果を

マクロライド系

作用機序	蛋白合成阻害：マクロライドは 50S リボソームに結合し、遺伝子の読み取りを障害させる。
成分名	エリスロマイシン、タイロシン、チルミコシン、ツラスロマイシン、スピラマイシン等
商品名	注射薬：エリスロマイシン、タイラン、タイロシン、ミコチル 300、ドラキシンほか 経口：ミコラル経口液 乳房注入剤：ガーディアン L、ガーディアン CL
スペクトル	狭域
病原菌への作用	静菌的、高濃度で殺菌的効果を示す、時間依存性

示すのが特徴です。

マクロライドはその構造によっていくつかのクラスに分類され、例えば、エリスロマイシンは 14 員環に、アジスロマイシンは 15 員環に、そしてタイロシンやチルミコシンなどは 16 員環に分類されます（S. Sanli, et al, 2010）。さらに近年、長期作用型の薬として新たにツラスロマイシンが開発されました。

マクロライドは細菌の蛋白質合成を阻害することで、その作用を示しますが、同時に RNA の合成も阻害することが知られています（R. Renneberg, et al, 2017）。時間依存性の薬ですが、低濃度なら静菌的に、高濃度なら殺菌的に働きます。

一般的にグラム陰性菌には効果を示しにくいものの、例外的にチルミコシンやツラスロマイシンなどは効果範囲が広く、グラム陰性菌に対しても高い効果を示します（K. Eghianruwa, 2014）。

通常は筋肉注射によって投与しますが、チルミコシンなどは投与箇所における痛みと腫脹が大きい点からも、用法として皮下注射が指示されています。またチルミコシンは血中に移行することで強い副反応が現れることがあるため、注意が必要です（J. E. Riviere, et al, 2017）。

マクロライドは血液、組織ともに接種後速やかに広がり、とくに免疫細胞であるマクロファージ中の濃度は血中濃度の何十倍にもなります。そのため免疫反応が盛んな炎症部位に、マクロライドはスムーズに移行します（D. T. Bearden）。さらにエリスロマイシンは抗菌作用とは別に免疫調節作用を持つことが知られており、人の慢性呼吸器病（DPB）などに利用されることがあります（Keicho, N et al, 2002）。

タイロシン、エリスロマイシンなどは全身投与により乳汁中に移行し、弱酸性の乳汁中に長期的に残存するため（pH トラップ）、一部のグラム陽性菌による乳房炎に高い効果を示すことが知られています。しかしながら、乳房炎により乳汁の pH が上昇すると乳汁に移行しにくくなり、効果が低下する恐れもあるので注意が必要です（Gingerich DA, et al, 1973）。

マクロライドは呼吸器感染症、細菌性下痢、子宮炎、尿路感染症、関節炎などに広く使われますが、一方でチルミコシンやツラスロマイシンなどは呼吸器病に特化した抗菌剤であるともいえます。病態に応じた適切な使い方をする必要があります。

テトラサイクリン系

初めて発見されたテトラサイクリン系抗生物質はクロルテトラサイクリンであり、1945年に土壌菌である *Streptomyces aureofaciens* から分離されました。その後、テトラサイクリンなどが発見され、さらにドキシサイクリンやミノサイクリンなどが開発されました。

テトラサイクリンは病原菌の蛋白質合成を阻害することで作用を示

テトラサイクリン系

作用機序	蛋白合成阻害：テトラサイクリンは30Sリボソームに結合し、遺伝子の読み取りを障害させる。
成分名	クロルテトラサイクリン、オキシテトラサイクリン、ドキシサイクリン等
商品名	注射薬：テラマイシン、動物用OTC、エンゲマイシンほか 飼料添加：OTC散、CTC散ほか 乳房注入剤：オキシテトラサイクリン乳房炎用
スペクトル	広域
病原菌への作用	静菌的、時間依存性

し、時間依存性で、低濃度で静菌的、高濃度で殺菌的な作用を示します。投与後排泄されるまでの期間によって分類され、オキシテトラサイクリンやクロルテトラサイクリンは短期作用型、ドキシサイクリンなどは長期作用型に分類されます。

テトラサイクリンの特徴として、カルシウムやマグネシウム、アルミニウム、鉄などとキレート（結合）を起こすことがあります（Neuvonen PJ, 1976）。またドキシサイクリンなどは脂質への溶解性が高く、黄色ブドウ球菌などに効果を示しやすいことが知られています（Louisiana Dep, health）。

テトラサイクリンは抗菌スペクトルが非常に広く、嫌気性菌、好気性菌、グラム陽性菌、グラム陰性菌、さらにマイコプラズマやリケッチア、クラミジア、そして一部のプロトゾアにまで効果を示します。そのため、かつてはマイコプラズマの治療薬といえばテトラサイクリンでした。

経口投与で吸収されやすいのも特徴で、投与後2〜4時間程度で有効血中濃度に達します。しかしながらテトラサイクリンはミルクや代用乳の成分ともキレートし、吸収が阻害される可能性があるので注意が必要です（Neuvonen PJ, 1976）。さらにテトラサイクリンはスペクトルが広いだけに、経口投与することで腸内細菌叢が狂う可能性があります。そのため反芻動物への経口投与を問題視する声もあります（B. Wanamaker, 2014）。

テトラサイクリンは、注射後は速やかに全身に広がります。全身の臓器だけでなく、カルシウムにキレートする性質から骨や歯にも蓄積します。とくに脂溶性の高いドキシサイクリンは組織に広く浸透し、血液脳関門を通過し脳や脊髄にも分布しやすいことが知られています（M. Ebadi, 2007）。

ある調査によると、西暦350年頃の古代ヌビア人の骨にテトラサイクリンが蓄積していたとのことです。これはテトラサイクリンを産生する土壌菌が含まれていた穀物で作ったビールを飲んでいたためだといわれています（Bassett EJ, et al, 1980）。

投与したテトラサイクリンは尿中、糞便中、乳汁中にも広く排出され、乳汁中濃度は血中濃度の50〜60%となり、とくに乳房炎の乳で高濃度となります。そのため、投与後は乳汁中から長期間分離されることもあります（Merck）。

テトラサイクリンは成長促進を目的に飼料添加されることがありますが、上に述べたように腸内細菌叢のバランスの崩壊を招き、その結果、消化器運動が低下し、鼓脹症などを引き起こすことがあるため注意が必要です（R. Bill, 2016）。また臨床現場では、テトラサイクリンの急速な静脈注射により、一時的な患畜の意識喪失が見られることがあります。これはテトラサイクリンがカルシウムイオンと急激にキレートすることや、製品に含まれているプロピレングリコールによるヒスタミン遊離作用が関連していると考えられています（K. Plumlee, 2003）。

テトラサイクリンは摂取部位における腫脹や、壊死、黄色化などを起こしやすいため、静脈注射することが推奨されます。ただし静脈注射は血圧の急激な低下を招かないためにも、ゆっくりと行なう必要があります。

ほかにグルココルチコイドとの併用によって急激な体重低下を招く可能性や、一部の動物で腎毒性を示すことがあるために注意が必要です（Grant M, 2015）。テトラサイクリンは安価でかつ抗菌スペクトルが広く、非常に汎用性の高い薬なので賢く使いたいものです。

◯▪ サルファ剤、ジアミノピリミジン、ST合剤

サルファ剤は1935年、ゲルハルド・ドーマクによって染料から合成されました。サルファ剤は最も古い抗菌物質の一つであり、価格が安いにもかかわらず、比較的効果が高いために現在でも広く利用されています。ジヒドロ葉酸シンターゼに作用することで葉酸合成を阻害し、細菌の増殖を抑制します。

サルファ剤が最初に使用されたのは、ドーマクの娘に対してです。転倒してできた傷から連鎖球菌が感染し、敗血症に陥った娘に対してサル

サルファ剤、ジアミノピリミジン、ST合剤

作用機序	葉酸合成阻害：サルファ剤はジヒドロプテロイン酸の合成を、ジアミノピリミジンはジヒドロ葉酸レダクターゼと結合することで葉酸の合成を阻害し、静菌効果を示す。
成分名	サルファ剤：サルファモノメトキシン、サルファジメトキシンほか ジアミノピリミジン：トリメトプリム、オルメトプリムほか 合剤：ST合剤、SO合剤
商品名	注射薬：アプシード注、ジメトキシン注、ダイメトンB注ほか 経口薬：ダイメトン散、エクテシン液ほか
スペクトル	広域、とくにジアミノピリミジンとの併用で効果が増す。
病原菌への作用	静菌的、時間依存性

ファ剤を使用したところ、驚くべき回復を見せたとのことです。その後もサルファ剤はウィンストン・チャーチルや、当時のルーズベルト大統領の息子などの命も救い、ドーマクは1947年にノーベル賞を受賞しました（B. Dixon, 2006）。

サルファ剤は全身投与したうちの約80%が尿中に排泄されるため、尿路感染症に利用さ

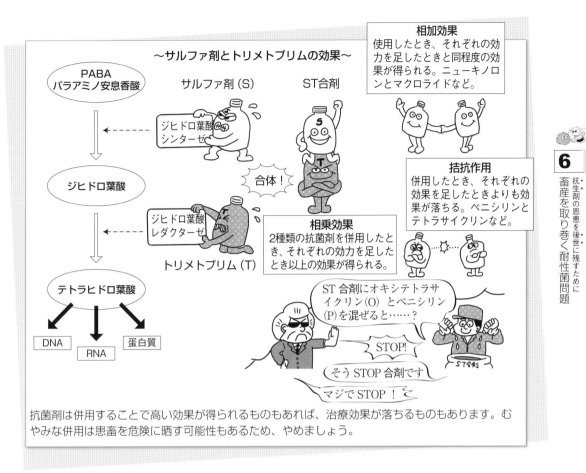

~サルファ剤とトリメトプリムの効果~

相加効果
使用したとき、それぞれの効力を足したときと同程度の効果が得られる。ニューキノロンとマクロライドなど。

拮抗作用
併用したとき、それぞれの効果を足したときよりも効果が落ちる。ペニシリンとテトラサイクリンなど。

相乗効果
2種類の抗菌剤を併用したとき、それぞれの効力を足したとき以上の効果が得られる。

ST合剤にオキシテトラサイクリン(O)とペニシリン(P)を混ぜると……?

STOP!
そうSTOP合剤です
マジでSTOP！

抗菌剤は併用することで高い効果が得られるものもあれば、治療効果が落ちるものもあります。むやみな併用は患畜を危険に晒す可能性もあるため、やめましょう。

れることが多い薬です。またサルファキノキサリンなどの例外を除き、サルファ剤は経口投与したときの吸収性が高いのも特徴です（USPC, 2007）。

　サルファ剤はトリメトプリムなど、ジアミノピリミジンとの併用によって高い効果が得られます。ジアミノピリミジンはジヒドロ葉酸レダクターゼを阻害することで細菌の増殖を抑えます。ジアミノピリミジンは単味で使ってもその効果を示しにくく、さらに耐性が生じやすいのが欠点です。しかしながらサルファ剤とは作用過程が異なるものの、葉酸合成阻害という点で一致しています。そのためST合剤として併用することで相乗効果が得られ、多くの病原体に対して殺菌的に作用するようになります（Merck）。

　サルファ剤は投与後、その効果を発揮するまでに少し時間がかかるのが特徴です。これは抗菌剤の作用により葉酸合成が障害されても、備蓄されていた葉酸を少しの間利用できるためです。備蓄分を使い尽くすと、細菌は増殖できなくなります（Alain L, 1983）。

　サルファ剤の副反応として、多くの動物で投与後に尿中での結晶化が認められます。これは患畜の脱水状況により強く影響を受けるため、腎臓への負荷を減らすためにも、とくに脱水状態にある個体に対してはサルファ剤の使用は控えるべきでしょう（USPC, 2007）。

　しかしながらST合剤についてはトリメトプリムと併用することで相乗効果が得られて

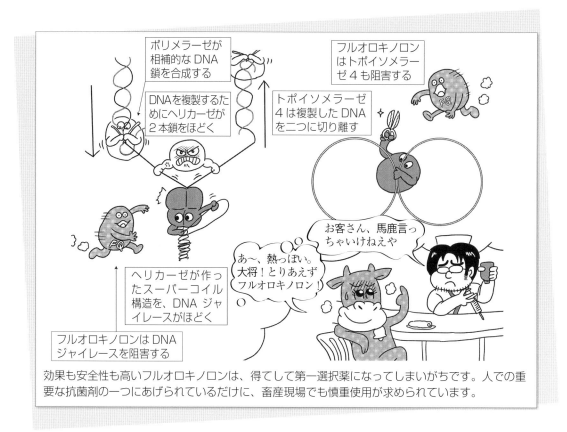

ポリメラーゼが相補的な DNA 鎖を合成する

DNA を複製するためにヘリカーゼが 2 本鎖をほどく

フルオロキノロンはトポイソメラーゼ 4 も阻害する

トポイソメラーゼ 4 は複製した DNA を二つに切り離す

ヘリカーゼが作ったスーパーコイル構造を、DNA ジャイレースがほどく

フルオロキノロンは DNA ジャイレースを阻害する

あ〜、熱っぽい。大将！とりあえずフルオロキノロン！

お客さん、馬鹿言っちゃいけねえや

効果も安全性も高いフルオロキノロンは、得てして第一選択薬になってしまいがちです。人での重要な抗菌剤の一つにあげられているだけに、畜産現場でも慎重使用が求められています。

いるため、推奨濃度の 10 倍を飲ませても副反応が確認されないことが報告されています（Merck）。

フルオロキノロン系

　フルオロキノロンは、DNA ジャイレース（トポイソメラーゼ）という酵素を阻害することにより DNA の増殖を障害し、殺菌効果を示します。哺乳類のトポイソメラーゼは微生物のそれとは構造が異なるため、キノロンによって生体が影響を受ける心配はありません（K. J. Aldred, 2014）。

フルオロキノロン系

作用機序	核酸合成阻害：フルオロキノロンは DNA ジャイレースに作用することにより、DNA の増幅を阻害する。
成分名	エンロフロキサシン、ダノフロキサシン、オルビフロキサシン、マルボフロキサシンほか
商品名	注射薬：バイトリル、アドボシン、ビクタス、マルボシルほか
スペクトル	広域
病原菌への作用	殺菌的、濃度依存性

　フルオロキノロンは濃度依存性の薬なので、血中濃度の高さによってその強さが変わります。大腸菌や緑膿菌なら 20 分程度の接触で活性を失うほど強力な薬です。さらに PAE（持続効果）によって血中濃度が低下した後も、しばらく抗菌効果を示します（Q. Ashton,

2012)。

　またフルオロキノロンは抗菌スペクトルの非常に広い薬であり、グラム陰性菌に広く効果を示すだけでなく、一部のグラム陽性菌、緑膿菌、さらに細胞内に感染するブルセラなどの菌、マイコプラズマやクラミジアなどにも効果を及ぼします。

　フルオロキノロンは投与後、全身に広く分布し、とくに排泄経路である腎臓や肝臓、胆汁などでその濃度は高くなり、胎盤組織も通過することが知られています。そのため呼吸器病、消化器病、泌尿器病、皮膚感染、関節炎、髄膜脳炎など、幅広い感染症に対して有効です。

　従来フルオロキノロンは耐性ができにくいといわれていましたが、近年牛から分離されるものも含め、キャンピロバクターなどで耐性化が進んでいるという報告もあります（Y. Tang, et al, 2017）。また人から分離されるキャンピロバクターについても、家畜でのフルオロキノロンの承認が下りた 1990 年頃から耐性菌の割合が急激に増加していることが知られています（Silbergeld EK, et al, 2008）。

　フルオロキノロンは牛における副反応の報告もほぼなく、その安全性や広いスペクトルから極めて重要な抗菌剤の一つに数えられています。あくまで第二選択薬として用いることが推奨されており、とくに慎重使用が求められる抗菌剤の一つです。

＊

　その歴史も含め、抗菌剤について詳しく知ることは、製品に対する高い関心を生み、現場での慎重使用につながります。それぞれの薬の特徴を踏まえ、もう一度、自農場での抗菌剤の使い方を見直してみてください。きっと治療効果も高まるはずです。

牛で病原性を示す細菌

　人の風邪の主たる原因がウイルスであるにもかかわらず、多くの医療機関で不必要な抗菌剤が処方されていることが近年問題になっています。牛で病原性を示す微生物にも、ウイルス、細菌、寄生虫、リケッチア、クラミジアなどさまざまなものがありますが、基本的に抗菌剤の対象となるのは細菌のみです。抗菌剤を有効に利用するためにも、その対象となる病原菌について理解を深める必要があります。

酪農で問題となる病原菌

　病原菌について知っておくべき知識として、その形態的特徴と感染部位とがあります。病原菌のなかには、その形態的特徴から抗菌剤に対して耐性を示すものがいます。これを自然耐性（intrinsic resistance）といいます。例えば、マイコプラズマが細胞壁を持たないためβラクタム系の抗菌剤に耐性を示すことや、アミノグリコシド系抗生物質が嫌気性菌に効果を示さないことなどがこれにあたります（J. E. Maddison et al, 2008）。

マイコプラズマの脅威

リポソーム

マイコプラズマは細胞壁を持たず代謝機能が弱いために、多くの抗菌剤が効きにくい

DNA

マイコプラズマは肺・中耳・関節・子宮・膣・乳房など体の広範囲に感染する

3層の細胞膜

マイコプラズマは発育がゆっくりなため、症状が出るまで時間がかかる。気がつけば広く蔓延している

マイコプラズマはさまざまな経路から感染が成立する。病畜の咳・鼻水・乳汁・便・尿だけでなく、哺乳器具や搾乳などでも

舞妓（まいこ）を診てほしいと言われて、急いで来ました

お約束ですね、先生

マイコプラズマは非常に特徴的で、さまざまな理由から農場で深刻な問題となりやすい病原菌です。できれば抗菌剤による治療に頼るのではなく予防に力を入れましょう。

抗菌剤の種類によって投与後体内のどこに分布するかが異なるため、抗菌剤を賢く使うためには、病原菌の感染部位についても知っておく必要があります。例えば、マイコプラズマは細胞内に感染するため、抗菌剤を細胞内に分布させるためにも脂溶性の高い製品の使用が推奨されます（S. Pereyre, et al, 2016）。また、ツラスロマイシンやフロルフェニコールなど

表1　各疾病における病原菌の特徴的分類

分類	グラム陽性	グラム陰性
呼吸器病	・マイコバクテリウム	・マイコプラズマ ・パスツレラ ・マンヘミア
消化器病	・クロストリジウム	・大腸菌 ・サルモネラ
乳房炎	・コリネバクテリウム ・ブドウ球菌 ・連鎖球菌 ・腸球菌	・緑膿菌 ・パスツレラ ・大腸菌 ・クレブシエラ ・プロテウス
その他	・アクチノミセス	・アクチノバチルス

はとくに肺への移行率が高いため、肺以外の臓器における感染症に対しては治療効果が得られにくい可能性があります。

このように病原菌と抗菌剤、両方について知ることで、抗菌剤をより賢く使うことができます。それがひいては治療費および治療期間の削減、抗菌剤の残留防止、そして耐性菌の発生予防につながるのです。

各疾病における病原菌の特徴的分類は**表 1** を参考にしてください。

呼吸器病

（1）マイコプラズマ・ボビス

（*Mycoplasma bovis*）

マイコプラズマはグラム陰性菌であり 125 以上の種類があるといわれていますが、とくに牛で問題となるのはマイコプラズマ・ボビスです（AHDB Dairy）。マイコプラズマは全身の臓器に広く感染し、肺炎、中耳炎、関節炎、乳房炎、妊娠末期の流産など、さまざまな病態を示します。患畜は治療後も病原菌を運ぶキャリアとなりやすく、感染牛の眼、鼻、膣、糞便、乳汁など、あらゆる部位から排出される、非常にやっかいな細菌であるといえます（H. Pfutner et al, 1996）。

さらにマイコプラズマは、抗菌剤を効きにくくさせるいくつかの特徴を持っています。例えば、上で説明したように、細胞壁を持たないためβラクタム系の抗生物質が効果を示しにくいこと、発育が遅いため代謝を抑制するタイプの抗菌剤も効きにくいこと、膿瘍を形成するため抗生物質が届きにくくなることなどです（MPI, NZ）。

マイコプラズマに対してはテトラサイクリンやマクロライドなどが主に選択されますが、近年これらに対する耐性化が問題となっています。耐性化の傾向は世界的に見られますが、フルオロキノロンなどは比較的高い感受性を維持できているようです（下條ほか）。

（2）パスツレラ・ムルトシダ

（*Pasteurella multocida*）

本菌はグラム陰性の好気性菌であり、1880 年にパスツールさんによって分離されたことから、その名前がつけられました。子牛の肺炎病変から最も頻繁に検出される細菌の一つです。パスツレラは、環境中にも健康な牛の上部気道にも存在する日和見菌であり、ウイルス感染などによる免疫機能の低下により感染域を広げ、その病態を示します（D. V. Arsdall）。

過去に行なわれた調査によると、パスツレラに対してはフルオロキノロンやセファロスポリンが高い感受性を示す一方で、テトラサイクリンやカナマイシンなどの感受性が低く耐性率も高くなっています（Maff, 2015）。

（3）マンヘミア・ヘモリティカ

（*Manheimia haemolytica*）

ドイツのウォルター・マンハイムさんが発見した菌で、マンヘミアはパスツレラと同じく常在菌ですが、ウイルス感染時やストレス下などにおいて宿主の免疫が低下したときに肺に移行し病原性を示します。

マンヘミアの特徴は複数の病原因子を保有していることであり、例えば、付着因子、莢膜多糖類、繊毛、ロイコトキシン、LPS、リポ蛋白、ノイラミニダーゼなどが牛で病原性を示します。本菌に対してはワクチンも市販されているので、積極的な使用により治療の機会を減らすことが勧められます（Rice JA et al, 2007）。

2001 ～ 2002 年における国内の調査を見ると、マンヘミアに対してはパスツレラと同様フルオロキノロンやセファロスポリンが高い感受性を示す一方、カナマイシン、テトラサイクリン、アンピシリンなどへの耐性が進んでいるようです（Esaki H. et al, 2005）。

（4）マイコバクテリウム
（*Mycobacterium bovis* および *M. avium subspecies paratuberculosis*）

マイコバクテリウムはグラム陽性の好気性菌であり、培地上で集落を形成するまで 7 日以上を要する遅発育菌です（Gaby E Pfyffer, 2012）。

マイコバクテリウム・ボビスは牛結核の原因となる菌ですが、人を含む多くの哺乳動物で病原性を示すため、人獣共通感染症として世界的に問題となっています。多くの先進国では保有畜の淘汰などによってその発生件数を減らしてきましたが、いまだに未殺菌の牛乳を飲むことや、レゼルボア（中間動物）による人への感染が一部の国で見られます。また、マイコバクテリウム・アビウム・サブスピーシーズ・パラツベルクローシスは法定伝染病であるヨーネ病の原因となります（CDC）。

人が結核にかかった場合は、複数の抗菌剤を併用して治療しますが、牛でマイコバクテリウムの感染が確認された場合は、ヨーネ病であっても結核であっても治療の対象とならず淘汰するしかありません。

 # 消化器病

（1）クロストリジウム・パーフリンゲンス
（*Clostridium perfringens*）

クロストリジウム・パーフリンゲンスは発見者にちなみ、またの名をウェルシュ菌といいます。グラム陽性の偏性嫌気性菌、つまり酸素がある環境では増殖することができない菌です。

クロストリジウムは、土壌、水、飼料、ミルク、飼育環境、子牛の腸管内などに広く存在しており、なおかつ芽胞という形態をとることで低温環境下などでも長期的に生存できます。そのため、農場によっては繰り返し発生することがあります（R. Daly, 2008）。

クロストリジウムには複数の型があり、A ～ E 型まで異なる毒素を産生し、毒素によって牛が示す臨床症状も異なります。A 型による成牛の血便のほか、C 型による壊死性腸炎、D 型によるエンテロトキセミア、ほか腹痛や鼓脹症、ときには牛が急死することもあります（S. M. McGuirk, 2011）。

本菌による病態は治療がしにくく、その理由は直接的な原因が細菌ではなく、毒素にある
ためです。毒素に対しては抗菌剤が効きません。感染後、早期であればペニシリンなどの抗
生物質を大量投与することが効果を示すともいわれています。毒素による中毒症状に対して
は、補液療法や抗炎症剤などの併用が推奨されます（SDSU, 2008）。

　発生農場では飼育環境の衛生管理はもちろん、哺乳器具の消毒をきちんと行なうことや、
代用乳を適正温度で与えること、さらに生菌剤により腸内細菌叢のバランスを整えることが
予防するうえで重要となります。抗菌剤の長期的な経口投与は腸内細菌叢のバランスを崩す
原因にもなるため、逆効果となる恐れもあります（J. Quigley, 2002）。

（2）大腸菌

（エシェリキア・コリー、*Escherichia coli*）

　大腸菌はグラム陰性の通性嫌気性菌です。エシェリヒさんが発見しました。通性嫌気性菌
とは、酸素のある環境でも、ない環境でも生存できる細菌のことです。大腸菌は複数の抗原
を有し、K88やK99など、その型に応じて種類分けされます。

　2004年に行なわれた子牛の大腸菌性下痢に対する調査では、セフチオフル、アモキシ
シリン、アンピシリン、ST合剤などが注射薬として効果が認められています。また、経口
投与薬としてはアモキシシリンが効果を示しました（Constable PD, 2004）。

　しかしながら大腸菌症は世界的に耐性化が進み、問題となっている人獣共通感染症の一つ
であるため、過去の治療歴や臨床効果などを元に抗菌剤を慎重に選択する必要があります。

（3）サルモネラ

（*Salmonella dublin* および *typhimurium*）

　サルモネラはグラム陰性の通性嫌気性菌です。獣医師であるサルモンさんが発見者です。
O抗原とH抗原の組み合わせによって数種類の血清型に分類されますが、なかでも牛で病
原性を示すものには *S.dublin* や *S.Typhimurium* などがあります。

　サルモネラは、さまざまな経路から伝播し、例えば、糞便からの経口感染、隣接する子牛
からの空気感染や、唾液や鼻汁を介した感染、乳汁からの感染のほか、げっ歯類、鳥、ハエ、
猫、犬、直検用手袋や靴などを介して感染することもあります（S. M. McGuirk, 2003）。

　サルモネラに対してはアンピシリン、セフチオフル、ST合剤、フルオロキノロンなどが
有効であるとされており、さらに経口投与薬としてホスホマイシンが効果を示すといわれて
います（松本ほか , 2000）。

　サルモネラは大腸菌同様、人獣共通感染症としてとくに耐性化が問題視されている菌の
一つです。さらに子牛の代用乳への抗生物質の添加により病態が悪化するという報告や、
親牛のサルモネラに対して抗菌剤を使うと、患畜が長期的に菌を排出するキャリアーにな
るなどの報告もあるため、抗菌剤の使用は慎重に行なう必要があります（S. M. McGuirk,
2003）。

# 乳房炎

乳房炎は分離される菌がグラム陰性か陽性かで、その治療方針が大きく異なります。一部のグラム陰性菌については、抗菌剤の投与によっても治療効果が得られないとする調査結果もあるため、抗菌剤使用前にオンファームカルチャーなどによって原因の目星をつけることが重要です。また菌が同定されたとしても、マイコプラズマ、緑膿菌、プロトテカなどによる乳房炎は治癒率が 10％未満といわれており、治療の対象にすべきか検討する必要があります（P. L. Ruegg, et al）。

感受性試験を行なわないのであれば、乳房炎軟膏の選択は基本的に取り扱い説明書に従って行なうことになります。一般的に、ブドウ球菌やコリネバクテリウムなどのグラム陽性菌を対象とした抗菌剤は数多くありますが、大腸菌やクレブシエラなどのグラム陰性菌についてはセファロスポリンやテトラサイクリンなど、適用される抗菌剤が限定されるため注意が必要です。

また、全身的な症状を示す個体については敗血症の可能性も踏まえ、抗菌剤の全身投与を行なうことが推奨されますが、例えば、ペニシリンやセファロスポリンなどは全身投与しても乳房内では治療濃度に達しにくいため、あくまで対症療法として捉える必要があります。一方で、テトラサイクリンやサルファ剤などは比較的乳房に移行しやすく、さらにマクロライドは pH トラップなどの特殊な効果により乳槽内でも高い濃度が維持されます（S. C. MacDiarmid, 2011）。

乳房炎の約 30％が、培養しても菌が検出されないといわれています（K. Merriman, et al）。抗菌剤を使う前に、もう一度その必要性について検討しましょう。乳房炎に対する抗菌剤の使用については、改めて解説させていただきます。

その他

（1）アクチノバシルス・リグニエレジー
（*Actinobacillus lignieresii*）

アクチノバシルスはグラム陰性の通性嫌気性菌であり、牛では *A.lignieresii* により牛の口腔アクチノバチルス症、いわゆる「木舌」が引き起こされます。発見者はリグニアレスさんです。

木舌とは舌に膿瘍を形成する病態であり、発症すると舌が腫脹し硬くなり、痛みを伴うようになります。その結果、患畜は涎を大量に流し、エサを食べられなくなります。本菌はもともと消化管における正常細菌叢の一つですが、とくに硬いエサなどを食べることで口腔粘膜を傷つけたりすると、そこから菌体が深く侵入して木舌に至ります。そのため硬いエサを与えている農場などで、まれに集団的発生を見ることがあります（G. W. Smith）。

アクチノバチルス症

アクチノミセス症

主にリンパ節が中心に腫れ上がり、舌が硬化する「木舌」を引き起こす

化膿性病変が骨組織にまで広がり、病変部は膿で充満する

近所のじいさんが、ここならコブを取ってもらえるって……

アクチノバチルス症もアクチノミセス症も口腔粘膜のキズから引き起こされる病気です。頻発するようなら飼養管理に問題がないか見直す必要があるかもしれません。

本菌に対してはセフチオフル、ペニシリン、アンピシリン、テトラサイクリンなどの全身投与を行なうことが推奨されます。

(2) アクチノミセス・ボビス
（*Actinomyces bovis*）

グラム陽性の通性嫌気性菌であり、アクチノバチルスと同様、牛の口腔粘膜の創傷部から感染し、放線菌症と呼ばれる下顎を中心とした化膿性病変を引き起こします。アクチノバチルスと違い、その病変は骨組織にまで広がるため早期発見が重要です。

抗菌剤としてはペニシリンやテトラサイクリンなどが推奨されますが、化膿性病変であるために抗菌剤の効果は得られにくいです。

*

「敵を知り己を知れば百戦危（あや）うからず」と言いますが、病気との戦いも同じで、敵である病原体と武器である抗菌剤について詳しく知ることこそが戦いを勝利に導いてくれます。改めて自農場における抗菌剤の使い方を見直してみてください。

耐性機序と、その獲得

　人は 1928 年のペニシリン発見以来、抗菌薬により健康維持、寿命の延長、安定した食料生産など、数えきれないほどの恩恵を受けてきました。しかしながら抗菌薬を使うなかで、その有効性とともに細菌の高い適応能力、つまり耐性についても知ることとなりました。

　病原菌はどのようにして抗菌薬への耐性を獲得し、またその抗菌作用を回避しているのでしょうか。ここでは、病原菌が耐性を獲得するまでの過程と、耐性機序について解説したいと思います。

耐性の獲得

　そもそもペニシリンをはじめストレプトマイシンやエリスロマイシンなど細菌由来の抗菌薬（抗生物質）は、「ほかの細菌の発育を阻害する目的で、自然界で微生物が産生する物質」です。抗菌薬として分離、利用される何百年も前から、多くの微生物は生存競争のなかで、それに暴露されてきました。つまり、耐性獲得は自然現象であるともいえます。実際にインカ帝国で見つかった 1000 年前のミイラの腸内細菌からも多剤耐性菌が見つかっています（New Scientist magazine, 2016）。

　薬剤耐性について語るうえで問題視されているのは、人為的な要因により獲得が助長された耐性です。このような耐性を**獲得耐性**といい、薬剤と細菌の相性から抗菌薬が効果を示しにくい**自然耐性**とは大きく異なります。

　近年、世界的に見て病原菌の耐性化のスピードが速くなっており、なおかつサルモネラや結核菌など耐性を獲得した人獣共通感染症が世界中で広がっており、大きな問題となっています（WHO, 2018）。抗菌薬の乱用・誤用がこれを助長していることは明らかであり、ペニシリンの発見者であるフレミング博士自身がノーベル賞授賞式で警鐘を鳴らしたほどです（A. Fleming, 1945）。

　細菌が耐性を獲得するまでの工程は大きく二つに分けられます。一つ目は選択圧による遺伝子の変異、二つ目は外部からの耐性遺伝子の獲得です。

（1）遺伝子の変異
　選択圧とは、環境条件や多種との競合など、自然界における生物個体の生存に関わる圧力のことです。細菌にとっては抗菌薬への暴露も選択圧の一つとなります。そのなかで細菌は、生存のための新たな形質を得るのですが、耐性の獲得もその一つです。

　抗菌薬という圧力のなかで、細菌は生存のために遺伝子の変異を起こします。遺伝子の変異によってゲノム上の塩基配列が変化しますが、その結果、合成されるアミノ酸、ひいては

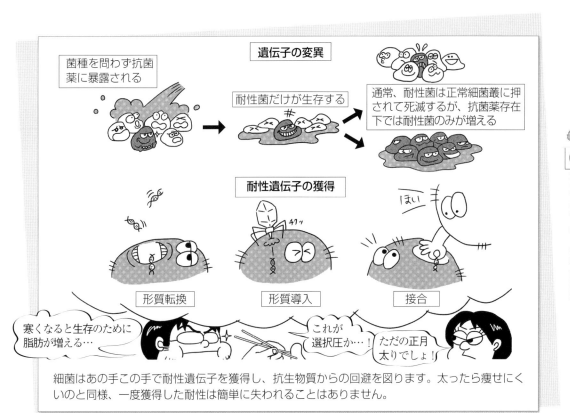

遺伝子の変異

菌種を問わず抗菌薬に暴露される

耐性菌だけが生存する

通常、耐性菌は正常細菌叢に押されて死滅するが、抗菌薬存在下では耐性菌のみが増える

耐性遺伝子の獲得

形質転換　　　形質導入　　　接合

寒くなると生存のために脂肪が増える…

これが選択圧か…！　ただの正月太りでしょ！

細菌はあの手この手で耐性遺伝子を獲得し、抗生物質からの回避を図ります。太ったら痩せにくいのと同様、一度獲得した耐性は簡単に失われることはありません。

蛋白質、酵素や細胞構造にまで変化をきたし、結果として耐性の獲得に至ります。

　選択圧による遺伝子変異の例として、ペニシリンの過剰使用によるブドウ球菌の mecA 遺伝子の変異があります。これによってペニシリンのターゲットである PBPs の構造に変化が生じ、ブドウ球菌はペニシリンへの耐性を獲得します（C. L. C. Wielders, 2002）。このような形での遺伝子変異は、大腸菌とトリメトプリム（Watson M, 2007）、また多くの細菌とフルオロキノロンとの間で起こることが確認されています（G. A. Jacoby, 2005）。

　このような遺伝子変異による耐性の獲得は、抗菌薬を適正使用した場合においても発生することがわかっています。例えば、セフチオフルを適正な用法・用量で使用した場合においても、群内でセファロスポリン耐性株が増加することが報告されています（T. Sato, 2014）。選択圧と遺伝子変異により獲得された耐性は、その子孫に引き継がれていく形となり、ひいては耐性菌が群内で増加する可能性があります。

　多くの場合、このように新たな形質を導入した細菌は通常の細菌と比べても増殖能力が弱く、ほかの細菌叢に押されて死滅していきます。しかしながら慢性的に抗菌薬による選択圧を受けると、耐性菌以外の菌が死滅するために耐性菌のみが環境中に生存し、結果として耐性菌の増殖を許してしまいます。

　また、耐性菌をターゲットとして新たな抗菌薬を連続的に使用することは、さらに選択圧

を増すこととなり、多剤耐性菌の発生を招きます。このような理由から、抗菌薬の乱用、および長期的な使用は世界的に強く問題視されているのです。

（2）外部からの耐性遺伝子の獲得

　細菌は外部から耐性遺伝子を取り込むことでも耐性を獲得することができますが、これを**遺伝子の転移**と言い、それには複数の手段があります。遺伝子を運ぶ役割を担う転移因子としてはプラスミド、トランスポゾン、インテグロンなどがあり（J. R. Huddleston, 2014）、また転移の手段として**形質転換**、**形質導入**、そして**接合**があります（K. Todar）。

　形質転換とは、ほかの細胞由来の DNA を直接取り込むことで新たな形質が得られる現象です。肺炎球菌は、このような形でペニシリンに対する耐性を獲得することが知られています（L. O. Butler et al, 1970）。**形質導入**は、殻内に耐性遺伝子 DNA を取り込んだファージが、別の菌に耐性遺伝子 DNA を送り込むものです。新たな細菌の染色体に DNA が組み込まれることで耐性が発現します。MRSA は形質導入により耐性遺伝子が感受性菌に取り込まれた結果、生じたものだといわれています（J. Uchiyama et al, 2014）。接合は、細胞間の直接接触や、性線毛によって耐性遺伝子が伝達するものです。

　このように細菌は、外部から遺伝子を取り込むことによって耐性を獲得するため、問題となる病原菌でなくとも耐性遺伝子を獲得した細菌が環境中に増えることは、遺伝子の転移による病原菌の耐性獲得につながってしまいます。例えば、継続的な抗菌薬の経口投与などは、腸内細菌叢を構成する多くの菌が耐性遺伝子を獲得するリスクが高く、そのため畜産分野における抗菌薬の使用方法のなかでも、とくに問題視されているのです。

耐性の機序

　では実際に、耐性を獲得した細菌はどのようにして抗菌薬の効果を回避しているのでしょうか。主な耐性の仕組みとして以下の四つがあげられます。これらの耐性機序は必ずしも一つだけに限っておらず、複数のものを同時に細菌が獲得することもあります。

　（1）抗菌薬の細菌体内への侵入防止
　（2）ポンプ機能による細菌体内からの抗菌薬の排除
　（3）抗菌薬の変性や分解
　（4）抗菌薬の作用点（ターゲット）の変化

（1）抗菌薬の細菌体内への侵入防止

　抗菌薬がその作用を示すためには、細菌体内における作用点といわれる部位に到達する必要があります。例えば、アミノグリコシドならリボソームが、β ラクタムなら PBPs がこれにあたります。

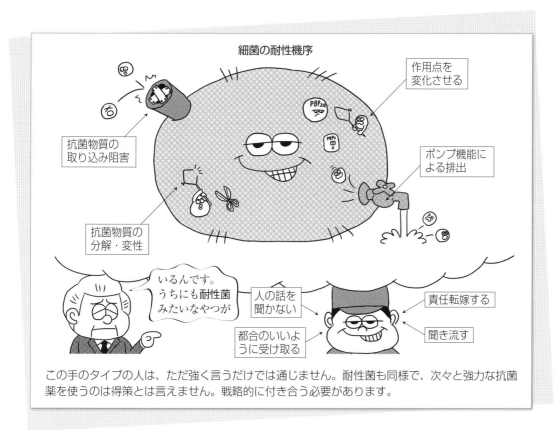

細菌の耐性機序

作用点を変化させる

抗菌物質の取り込み阻害

ポンプ機能による排出

抗菌物質の分解・変性

いるんです。うちにも耐性菌みたいなやつが

人の話を聞かない

責任転嫁する

都合のいいように受け取る

聞き流す

この手のタイプの人は、ただ強く言うだけでは通じません。耐性菌も同様で、次々と強力な抗菌薬を使うのは得策とは言えません。戦略的に付き合う必要があります。

　抗菌薬はポーリンチャネルと呼ばれる通過孔を通って細菌体内に入りますが、一部の細菌は、この通過孔を封鎖、もしくは変性させることで抗菌薬が細菌体内に入ることを防ぎます。例えば、緑膿菌やクレブシエラはカルバペネムに対して（El. Amin. N, 2005）、また国内で広く院内感染を起こして問題となったアシネトバクターなどがイミペネムに対してこのような形で耐性を示します（M. C. Ferreira, 2011）。

（2）ポンプ機能による細菌体内からの抗菌薬の排出

　抗菌薬がその効果を示すためには、抗菌物質が十分に細菌体内に存在する必要があります。一部の耐性菌は抗菌薬を排出するためのポンプを持っており、体内から抗菌薬を排出することで細菌体内濃度を低下させ、抗菌効果を減弱させます。

　ポンプ機能自体はどの細菌も持っていますが、通常はイオンなどを排出するためのものであり、抗菌物質を排出することはできません。一部の細菌は複数種類の抗菌物質を排出することができるポンプを持ち、このような細菌は複数の抗菌薬に耐性を示す多剤耐性菌となります（J. Sun, et al,2014）。ポンプ機能による耐性は、大腸菌とテトラサイクリン（T. A. Stavropoulos, 2000）、リステリアとフルオロキノロン（Godreuil. S, 2003）、肺炎レンサ球菌とマクロライドとの間などで見られます（KD Ambrose, 2005）。

（3）抗菌薬の変性や分解

　酵素により抗菌薬の有効成分を分解、もしくは変性させることによる耐性機序です。最も知られたものとして、βラクタマーゼによるβラクタム環の分解があげられます。ペニシリンやセファロスポリンなどはβラクタム環によってターゲットであるPBPsを捕えるため、βラクタマーゼ存在下ではその活性を示さなくなります。1942年に初めて発見された耐性菌であるペニシリン耐性ブドウ球菌も、これにあたります（Mayers D. L, 2017）。

　ほかに黄色ブドウ球菌によるクロラムフェニコールのアセチル化や（W. V. Shaw, 1969）、緑膿菌によるアミノグリコシドのリン酸化などがこれにあたります（K. Poole, 2005）。

（4）抗菌薬の作用点の変化

　上で述べたように、抗菌薬にはターゲットとなる部位、いわゆる作用点があり、一部の細菌はその構造を変化させることで耐性を獲得します。上にあげたペニシリン耐性菌への対抗策としてメシチリンが合成されましたが、MRSA（メシチリン耐性ブドウ球菌）に至っては、さらにPBPsをPBP2aという新たな形に変化させることでメシチリンへの耐性も獲得しました（P. D. Stapleton, et al,2002）。同様に、腸球菌のバンコマイシン耐性や（J. M. Munita, 2016）、マイコバクテリウムのストレプトマイシン耐性などが、これにあたります（B. Springer, et al,2001）。

＊

　人が健康かつ健全な生活を営むために抗菌薬を使うのと同様に、細菌もまたさまざまな手段で耐性を獲得し、生存を図ってきました。本来新たな形質を導入した生物は、生存に適した環境でなければ自然界で淘汰されるはずなのに、抗菌薬の乱用がその存続を許してしまっているというのは皮肉な話です。

抗生剤を賢く使おう

　これまで抗菌剤と耐性菌との関わりについて解説してきましたが、実際には畜産における抗菌剤の使用を完全になくすことはできません。家畜が細菌感染症に罹患しているにもかかわらず抗菌剤を使わずにいることは、公衆衛生上、そして動物福祉上も大きな問題となります。そこで近年、「抗菌剤の慎重使用」が強く求められるようになりました。

■ 抗菌剤の慎重使用とは？

　抗菌剤の慎重使用とは、つまり「抗菌剤を使用すべきかどうかを十分に検討したうえで、抗菌剤の適正使用により最大限の効果を上げ、薬剤耐性菌のリスクを最小限に抑えるように

使用すること」を指します（MAFF）。

　抗菌剤の慎重使用については、耐性菌の発生を予防するための戦略の一つとして WHO も掲げています。具体的な内容として、抗菌剤は必要な分だけを処方すること、農場内での治療履歴についてしっかりと記録すること、抗菌剤を使用する前に原因菌の分離培養や感受性試験などを行なうこと、抗菌剤についての正しい知識を得ること、また抗菌剤を誤用・乱用することのリスクを理解すること、適切な飼養管理やワクチネーションなどにより感染を予防すること、などをあげています（WHO）。

　人と違い、畜産分野においては時に健康畜に対しても抗菌剤を使用することがあります。例えば、成長促進因子としての抗菌剤の添加や、感染予防を目的とした集団的な抗菌剤の飼料添加、輸送前後や乾乳牛、ストレス環境下にある家畜に対する抗菌剤の使用などがあげられます。しかしながら、このような利用の仕方もまた慎重使用に反するものであり、耐性菌を生み出す原因となります。

　抗菌剤を使用するうえで、何よりもまず適格な診断を行なう必要があります。抗菌剤の選択以前に誤った診断をしていたら何にもなりません。正確な診断を下したうえで考慮すべきこととしては、まず薬がその疾病に対して承認を受けているか、抗菌剤のスペクトルと対象となる病原菌が適合しているか、回復が期待できるか、そして抗菌剤の PK ／ PD などがあげられます。これらを考慮したうえで、実際の投与量や投与期間などについて決定します。

PK ／ PD 理論

　なかでも PK ／ PD 理論については、抗菌剤を正しく使ううえで、また耐性菌の発生を最大限抑えるうえで重要視されています。前号でも少し触れましたが、PK ／ PD 理論とはいわば抗菌剤と宿主と微生物との関係を表したもので、体が薬に何をするかを示す **PK（薬物動態）** と、薬が体に何をするかを示す **PD（薬力学）** を軸に、抗菌剤の正しい使い方を考えるというものです。

　PK ／ PD 理論について語るうえでまず知る必要があるのは、抗菌剤の **MIC（最小発育阻止濃度）** と **MPC（変異阻止濃度）**、そしてその間にある **MSW（耐性変異株選択濃度域）** です。MIC とは、対象となる細菌の発育を阻止できる抗菌剤の最小濃度を指します。一般的に抗菌剤の投与濃度の指標として広く使われるのが MIC です。MPC とは、耐性菌を含めた細菌を殺菌するのに十分な抗菌剤の濃度です。そして MSW とは、MIC と MPC の間の、耐性菌が生じやすい抗菌剤の濃度を指します。

　前項で解説したように、抗菌剤はその作用機序に応じて二つに分けられます。一つは細菌への接触濃度に応じて抗菌作用が強くなる、**濃度依存型抗菌剤** です。そしてもう一つは MIC 以上の濃度での細菌への接触時間が長いほど抗菌作用が強くなる、**時間依存型抗菌剤** です。濃度依存型抗菌剤としてはアミノグリコシドやフルオロキノロンが、時間依存型抗菌剤としてはβラクタムやテトラサイクリンなどがあげられます。

213

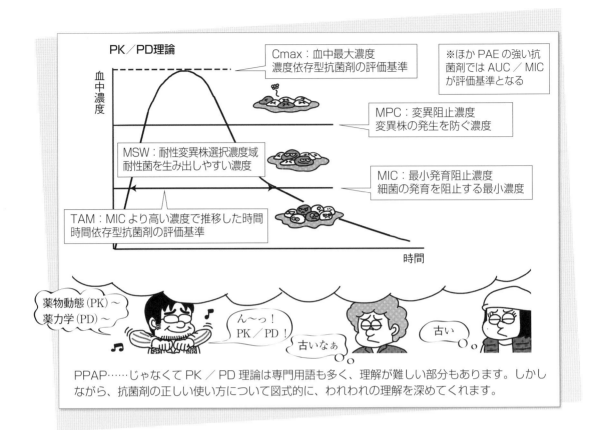

PPAP……じゃなくて PK／PD 理論は専門用語も多く、理解が難しい部分もあります。しかしながら、抗菌剤の正しい使い方について図式的に、われわれの理解を深めてくれます。

　一般的に濃度依存型抗菌剤は、投与後の**最大濃度（Cmax）**が効果の指標となります。そのため何度かに分けて投与するよりは、高濃度で 1 回投与するほうが高い効果が得られます。一方で時間依存型抗菌剤については、**抗菌剤持続効果（PAE）**などを考慮する必要があるものの、その多くは抗菌剤濃度が MIC 以上を維持している時間、つまり time above MIC（TAM）が効果の指標となります。これを満たすためには、高い血中濃度を維持できるよう薬を複数回に分けて投与することが推奨されます。しかしながら、これはあくまで製品の添付文書に記載されている範囲で収める必要があり、過度な濃度での投与は強い副作用や、残留期間が長期化するなどのリスクがあります。実際、PK／PD に基づいた使い方をすることで、アミノグリコシドなどで高い効果を得つつ、聴力障害などの副作用を抑えられることがわかっています（J. Turnidge, 2003）。

　MPC を超える濃度を投与すると耐性菌も含め、ほとんどの菌が死滅しますが、感染部位における抗菌剤の濃度が MSW の範囲内にあると耐性菌が生じやすくなります。これは人においては処方された抗菌剤をきちんと飲まなかったり、途中でやめる行為にあたります。また畜産分野では成長促進を目的とした低濃度の抗菌剤の、継続的な使用などが該当します。耐性菌予防のためにも、今後 MIC と MPC との間隔が狭い抗菌剤の開発が求められます（P. A. zur Wiesch, et al, 2007）。

　耐性菌を生み出さないためには対象範囲の狭い狭域スペクトルの抗菌剤を使用することが

推奨されますが、現場では広域の薬に頼ってしまいがちです。PK ／ PD 理論に基づいて抗菌剤を選択・使用することは、スペクトルの狭い薬の効果を最大限に引き出し、有効利用することにもつながります。

　実際に MIC の 8 ～ 10 倍の濃度で抗菌剤を使用することで、耐性菌の発生は大きく減ることがわかっています。例えば、人の呼吸器感染症に対して抗菌剤を低濃度で用いると、4 日間のうちに約 40％の患者で抗菌剤への感受性低下が確認され、さらに 20 日後には 80％の患者で抗菌剤への感受性の低下が確認されました。しかしながら高濃度投与群では、治療開始 20 日後において約 8％の患者でしか抗菌剤への感受性の低下が確認されなかったとのことです（L. E. T. Stearne, et al, 2007）。

　このような考えに基づいた抗菌剤の使用計画は人医療では積極的に行なわれているものの、獣医療、とくに畜産においては、まだデータや科学的な根拠が不十分です。例えば、人においては免疫力の状態に応じて求められる投与濃度などが設定されていますが、家畜ではそのようなことはありません。しかしながら、このような形で論理的に抗菌剤と耐性発現の関係を理解することは抗菌剤の慎重使用に大きくつながります。

抗菌剤の使用量を減らすために

　耐性菌の発生を抑えるためには抗菌剤を正しく使うことはもちろん、それ以上に抗菌剤の使用を減らす努力をする必要があります。現場では過度な抗菌剤の使用を避けるためにできることが数多くあります。

①予防策を講ずる

　飼養管理、衛生管理、定期的な健康検査、ワクチネーションによる免疫賦活などにより感染症を予防することは、抗菌剤の使用を減らすうえで非常に重要です。上述したように、畜産分野において日常的に行なわれている予防を目的とした群規模での抗菌剤の使用は本来、邪道であるとも言えます。抗菌剤が農場における疾病予防の手段になってしまってはいけません。感染症を治療するのではなく予防することは、動物福祉上も農場経営上も望ましいことです。

②正確な診断を行なう

　抗菌剤は細菌感染症にしか効果を及ぼしません。抗菌剤を正しく使うためには、まず細菌感染の有無について正しく診断する必要があります。オンファームカルチャー、診断キット、ときには外部機関への検査依頼や事故発生時の剖検などによって農場で発生する疾病を分析し、正しく抗菌剤を使いましょう。

③抗菌剤使用の必要性について改めて考えてみる

耐性菌の発生を防ぐための、VCPRの確立

獣医師

疾病発生、抗菌剤の使用状況の報告など

抗菌剤の処方、情報の提供など

畜産農家

適切な獣医療の提供

臨床症状、治療効果

家畜

臨床症状、治療効果

病気の早期発見、予防措置

VCPRを通して良好な関係を築きたいですね

難しそうだな……

牛から見た獣医師

農場の多頭化・大規模化が進むなかで、VCPRの構築なくしては正しく薬を使うことは困難になると思われます。良好な関係を築き、積極的な情報交換を行なうようにしましょう。

　現場では必要のない病態に対して抗菌剤が使用されていることがままあります。例えば、乳房炎、子牛の下痢、跛行など、細菌感染を伴わないものや、抗炎症剤だけで回復に向かうにもかかわらず抗菌剤が使用されているケースは数多くあります。各病態における抗菌剤使用の整合性については、後の項で詳しくお話ししたいと思います。

④ VCPRを構築する

　VCPRとはVeterinarian-Client-Patient Relationshipの略で、「獣医師―飼育者―患畜間の関係」を表す言葉です。近年、耐性菌予防の観点からも非常に重要視されています。獣医師には適格な診断を下し、正しい抗菌剤の使い方を現場に指示する義務があります。一方で、飼育者には日常的に家畜を観察し、早期に異常に気づく責務があります。獣医師と飼育者の間に良好な関係を築き、密に連絡を取り合うことが抗菌剤の慎重使用につながります。

⑤治療は必要な期間に限定して行なう

　抗菌剤を使うべき期間は、患畜の体力が回復し、自己修復が行なえるようになるまでに限定することが理想です。実際に現場でそれを評価することはもちろん容易ではありませんが、使用期間を減らすことは耐性菌発生予防にもつながります。一方で、使用期間を短縮しすぎて病気の再発を招くことは、動物福祉上も、耐性菌予防の点でも問題となるので注意が必要

です。

⑥記録をとる

　自農場の疾病の発生状況や、抗菌剤の使用歴、患畜の経過などをしっかりと記録することは、抗菌剤の使用削減につながります。農場によって定着している病原菌の種類には隔たりがあるため、過去のデータは農場の傾向をつかむうえで非常に参考になります。また、過去の抗菌剤の使用歴などから、使用量の削減に向けた今後の数値目標も立てることができます。

⑦治る見込みのない患畜への抗菌剤の使用は控える

　何とか治してやりたい、その気持ちもわかりますが、治る見込みのない患畜への抗菌剤の使用も淘汰までの期間を延ばし、畜産物の薬剤残留のリスクを高めるなど、結果として動物福祉上、そして農場経営上の問題となります。

　もはや畜産と抗菌剤は切っても切り離せない関係です。しかしながら、諸外国では官民一体となった対策により、その使用量を低減できている現実があります。なにより牛を健康に保ち、抗菌剤の使用量を抑えることは牛にとっても、飼養者にとっても喜ばしいことです。

抗生剤と子牛の病気

　離乳前の子牛は離乳後と比べて明らかに脆弱であり、数カ月の限定された期間にもかかわらず、離乳前の事故率は離乳後の約4倍にもなります（NHAMS）。農場において子牛の下痢や肺炎は日常的に見られ、治療手段として抗菌剤が広く利用されています。しかしながら抗菌剤も賢く使わなければ効果的に子牛を治療することができず、また耐性菌発生の大きな原因となってしまいます。

　ここでは子牛の病気に焦点を当て、賢い抗菌剤の使い方について解説したいと思います。

腸　炎

　子牛の下痢は複合要因によって起こりますが、一般的に哺乳子牛で下痢を引き起こす病原体としてはクリプトスポリジウム、コクシジウム、ロタウイルス、コロナウイルス、大腸菌、サルモネラなどがあげられます。そしてこのうち抗菌剤が効果を示すのは基本的に細菌である大腸菌とサルモネラのみです。

　腸炎の主な原因は農場によって異なり、ある調査ではクリプトスポリジウムとロタウイルスが大半を占めており、大腸菌による下痢は全体の1～2％程度であったとのことです（A. Luginbuhl et al, 2005）。そのため子牛の下痢症に対して安易に抗菌剤を使うことを疑問

視する声も多くあります。実際に腸炎に対する抗菌剤の有効性についてもさまざまな報告があげられています。

　例えば、下痢症に対して抗菌剤を使用することで事故率が低下し、治療期間が短縮したという報告もある一方（M. Apley, 2015）、抗菌剤で積極的な下痢の治療をされた子牛は抗菌剤を使わなかった子牛と比べて増体の低下、食下量の低下、そして治療期間の延長が認められたという報告もあります（Berge AC, et al, 2009）。またコロナウイルスなどは抗菌剤による治療を受けた腸管内でとくに増殖しやすいと考えられています（K. S. Denholm, 2012）。

　耐性菌の点で言うと、サルファ剤やCTCを代用乳に添加している農場では、牛の下痢便から検出される大腸菌の耐性率が高くなることがわかっています（Pereira et al, 2011）。また2009年の調査によると、代用乳にOTCとネオマイシンを常時添加している農場で添加を取りやめたところ、分離される耐性菌の割合が大きく減ったことが報告されています（Kaneene et al, 2009）。病原菌の耐性化が進んだ農場であっても、抗菌剤の使用中止により耐性菌の割合を減らせる可能性が大いにあります。

　下痢症の子牛に対して抗菌剤を使うべきか否か──その判断基準の一つとして、全身症状が見られるかどうかがあります。つまり発熱、沈鬱、食欲不振などを呈している子牛や、血液や粘膜などを混じた重度の下痢を呈する個体に対しては抗菌剤を使うことが推奨されます。またこのような個体については原因菌が腸管から血液に移行した「菌血症」に陥っている可能性が高いため、抗菌剤を腸管だけでなく全身に行き渡らせる必要があります。

　注射という形で投与すれば抗菌剤は全身に広がりますが、経口的に投与した場合はすべての抗菌剤が全身に広がるわけではありません。例えば、アモキシシリン、フルオロキノロン、ドキシサイクリンなどは経口的に全身に移行するため、このような病態に向いているかもしれませんが、そもそも子牛の下痢には適用外です（P. D. Constable, 2014）。一般的に子牛の下痢に利用されるストレプトマイシンやゲンタマイシンなどは、ほぼ腸管から吸収されないタイプの抗菌剤です。そのため全身症状を示した個体に対しては、このような抗菌剤の経口投与だけでは不十分となります（O. M. Radostits, et al, 2006）。

　抗菌剤を注射するうえでも、無差別に広域スペクトルの製品を利用することは避けたいものです。腸炎の原因菌検索は容易ではありませんが、冒頭で述べたとおり子牛で下痢を引き起こす細菌は主に大腸菌とサルモネラであり、これらは両方ともグラム陰性菌です。そのため、耐性菌予防のためにも使用する抗菌剤は主にグラム陰性菌をターゲットとしたものにすることが推奨されます。

　また腸炎を起こした子牛は脱水に陥りやすいので、そのような個体に対して腎毒性の強いアミノグリコシドなどを安易に注射することはお勧めできません。経口補液を行なったりNSAIDsなど抗炎症剤を併用することで脱水や全身症状の緩和を同時に図る必要があります。

　もちろん原因菌を特定してから抗菌剤を選択することが理想ですが、実際に糞便などから

体水分喪失率（％）

0%　2　4　6　8　10　12　14　16%

経口補液、経口抗菌剤などで対処可　点滴、抗菌剤などの全身投与が必要

・軽度脱水
・哺乳欲、活力もあり外見的に把握しづらい

・眼球陥没、口の中や鼻の乾燥など、脱水の症状が表れる
・まだ起立できる

・重度脱水
・眼球陥没などがさらに強く表れる
・四肢や口の中が冷たくなる
・起立不能

・ショック症状が表れ、死に至ることもある

子牛を見まわりするときは、下痢をしていないか、お尻をチェックするようにしましょう

ヘイ！Siri（尻）！下痢してないかい？

蹴られたいんですか？

脱水も軽度なら経口補液で対応できますが、進行した場合には点滴で対処する必要があります。早期に異常に気づけば、それだけ回復も早まります。

原因菌を特定することは困難です。下痢を呈する個体の45％で小腸上部と下部で異なる大腸菌が存在していたとの報告もあり、必ずしも糞便検査の結果が下痢の原因を反映しているわけではなさそうです（Smith HW, 1962）。そのため現場では、実際の治療効果によって抗菌剤の評価判定を行なうことになります。つまり農場での腸炎による子牛の事故率、日増体重、そして治療期間などから抗菌剤の有効性について評価していきます。

　ほかに下痢の原因診断の目安の一つとして、好発日齢の違いがあります。コロナウイルス、ロタウイルス、クリプトスポリジウムが生後7〜21日前後に起こりやすいのに対し、大腸菌症などは生後7日以内に起こりやすいという特徴があります（J. Maas, 2001）。そのため日齢の進んだ子牛の下痢に対して抗菌剤を使っても効果が得られにくいかもしれません。

　時折、治療時に抗菌剤を水に溶かして飲ませるべきか、もしくは代用乳に混ぜて飲ませるべきか聞かれることがあります。両者の大きな違いは、代用乳に混ぜて飲ませた場合、食道孔反射によって直接抗菌剤が第四胃に入る点があります。この場合、第一胃の細菌叢は抗菌剤による影響を受けにくくなります。このほうが、抗菌剤の影響を受けた小腸の細菌叢が再び第一胃の細菌叢によって再構成されやすいとも言われています（Mylrea PJ, 1968）。腸内細菌叢は健全な消化機能を維持するうえで欠かせません。

　しかしながら代用乳に混ぜる抗菌剤は慎重に選択する必要があります。例えば、アモキ

シシリンは経口補液や代用乳に混ぜて飲ませても腸管から吸収されますが（Palmer GH, 1983）、テトラサイクリンなどは代用乳と混ぜるとカルシウムと結合して吸収が阻害されます。OTC なら 46%まで、CTC なら 24%まで吸収率が低下すると言われています（P. D. Constable, et al, 2016）。また、敗血症に陥った個体では腸管からの吸収率が低下するため、その点でも菌血症の個体には抗菌剤の全身投与が求められます（P. D. Constable, 2004）。

　子牛の腸炎を予防する方法として、母牛に対する下痢予防ワクチンの投与、高品質の初乳を十分量子牛に与えること、そして衛生管理によって子牛が接触する細菌数を減らすことなどがあります。実際に 1962 年の調査によると、初乳を摂取しなかった個体では有意に敗血症が起こりやすいことが明らかになっています（Smith HW, 1962）。また 20 日齢未満の子牛 169 頭を対象に行なった調査によると、重度の下痢と沈鬱を呈した子牛の 76%が FPT（初乳の摂取不足）、その 28%が菌血症に陥っていたとのことです。そしてその主たる原因が大腸菌であったとのことです（Fecteau G, et al, 1997）。母牛に大腸菌ワクチンを打っても、十分に初乳を摂取できなければ効果を得られません。

　腸炎の治療に用いる抗菌剤は、患畜の病態、スペクトル、体内動態などを加味して選択する必要があります。しかしながら、もちろん予防することこそが最良の選択肢です。予防に力を入れて抗菌剤の使用頻度を減らしましょう。

 肺　炎

　牛の呼吸器感染症は多くがウイルス感染に始まります。まずウイルスによって損傷した肺組織に他の病原菌が感染し、重篤化することで肺炎に至ります。関与する病原体としては、ウイルスとして RSV、PI3、IBR、BVD が、細菌としてマンヘミア、パスツレラ、フィストフィルス、マイコプラズマなどがあげられます。このように牛の呼吸器病は複数の病原体が関わることから、牛呼吸器複合病（BRDC）と呼ばれます。

　BRDC に対する抗菌剤の使い方として、主に次の三つがあげられます。

> ① 発症牛に対する個体治療
> ② 群単位の治療
> ③ 広い発生が疑われる際の予防的投薬

　①発症牛に対する個体治療は、農場で一般的に行なわれている注射による全身投与です。BRDC を治療するうえで重要なことは、できるだけ早く異常に気づき治療を開始することです。治療の遅れは治療日数の延長と再発率の増加を招き、再発のたびに肺のダメージは蓄積していきます。また十分な投薬期間を設け、呼吸器道内の病原菌を殺滅することも重要です。呼吸器病発症後の肺の状態を超音波で観察した調査によると、肺の炎症が改善するまで

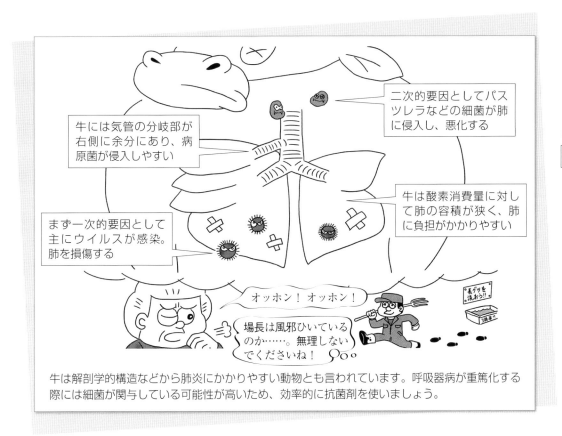

二次的要因としてパスツレラなどの細菌が肺に侵入し、悪化する

牛には気管の分岐部が右側に余分にあり、病原菌が侵入しやすい

牛は酸素消費量に対して肺の容積が狭く、肺に負担がかかりやすい

まず一次的要因として主にウイルスが感染。肺を損傷する

オッホン！オッホン！

場長は風邪ひいているのか……。無理しないでくださいね！

牛は解剖学的構造などから肺炎にかかりやすい動物とも言われています。呼吸器病が重篤化する際には細菌が関与している可能性が高いため、効率的に抗菌剤を使いましょう。

少なくとも3日間の投薬期間を必要としたとのことです（M. hanson, 2018）。またマイコプラズマなどはとくに再発しやすいため、抗菌剤の投与を10～14日間継続するべきとの意見もあります（M. Arnold, 2017）。

　②**群単位での治療**は、主に抗菌剤の飼料添加によって行なわれます。牛が呼吸器症状を呈する頃には既に群内で病気が広がっていると考えられ、1頭の牛が発症する頃には少なくとも4～5頭に既に感染が成立しているとも言われます（Teagasc）。目安として、群内で毎日10％ずつ患畜が増えている場合や、全体の25％で発生が認められた場合などに行なうと良いという意見もあります（J. F. Currin, 2009）。上手く行なえば個体治療と比べて安価に、かつ省力的に治療ができます。しかしながらこの方法の欠点は、発症した個体は食欲が低下するため、思うように抗菌剤を摂取してくれないことです。食欲の落ち込んだ個体に対しては、個別に治療することを勧めます。

　最後が③**予防的投薬**ですが、これは主に BRDC 発症のリスクの高い群、つまり導入直後、離乳直後、寒冷時、密飼いしている牛群などを対象に行なわれます。手段として導入前後にミコチル、ドラキシン、アモスタック、エクシードなどの長期作用型の抗菌剤を投与する方法や、導入時から抗菌剤を飼料添加する方法などがあります。実際に導入時におけるチルミコシンの注射、いわゆるウエルカムショットや CTC の飼料添加により呼吸器病の発生率が低下することが報告されています（G. C. Duff et al, 2000）。また、このような形での

221

CTCの添加によっても糞便内の大腸菌の耐性率に変化は認められなかったという報告がありますが（G. E. Agga et al, 2016）、予防的な抗菌剤の使用は世界的に批判を浴びているのも事実です。できるだけ離乳時体重を上げたり、密飼いを避けることでストレスを緩和することが重要です。

　農場で同一の抗菌剤を使い続けていると、病原菌が耐性を獲得してしまうことがあります。しかしながら一定期間その抗菌剤の使用を取りやめることで、再度、抗菌剤への感受性が高まることが過去の調査でわかっています。例えば、パスツレラ菌がアンピシリンへの耐性を獲得した農場で、3年間ペニシリン系抗菌薬の使用を取りやめたことで、再度、アンピシリンの感受性が高まったという報告があります。また同様にエンロフロキサシンについても使用中止による感受性の回復が報告されています（動物用抗菌会報, 2009）。

　このように抗菌剤の高い効果を維持するためにも、農場における呼吸器病の第一・第二選択薬のマニュアル化や、抗菌剤の感受性や使用歴のモニタリング、そして治療効果の低下が認められた抗菌剤については3～5年の使用禁止期間を設けることが推奨されます。

*

　子牛の病気によって農場が受ける損失は死亡事故だけに限らず、子牛の増体低下、治療費の増加、労働力の増加、そして場合によっては患畜のその後の泌乳成績や繁殖成績にまで影響を及ぼします。子牛は農場の将来を支える貴重な財産です。賢く抗菌剤を使い、元気に子牛を離乳させてあげましょう。

抗生剤と乳房炎

　酪農を営むうえで、乳房炎は被害額の最も大きい疾病であり、とくに泌乳量の低下による損失は大きく、その量は初産牛で90kg、経産牛で180kgにものぼるといわれています（Eberhardt, et al, 1979）。乳房炎による損失額のうち治療費もかなりの割合を占めており（E. Rolin, et al, 2015）、乳房炎治療を目的とした抗菌剤の使用を減らすことは、耐性菌予防だけでなく酪農経営上も非常に重要な課題です。

◯🔖 乳房炎の治療

　乳房炎はその原因によって伝染性と環境性に分かれますが、そのなかでも外見的に症状の見られる臨床型乳房炎は全体のわずか30％であり（Varshney and Naresh, 2004）、多くは症状の見られない潜在性乳房炎であるといわれています。乳房炎の原因菌、もしくは症状の度合いによっては抗菌剤による治療が必ずしも必要でない可能性があります。

　例えば、全身症状を示さない大腸菌性乳房炎は自然に治癒することが多く、実際に抗菌

抗菌剤による乳房への移行率の違い

乳房への移行	抗菌成分	成分のpH	脂質溶解性
移行しにくい	ストレプトマイシン	アルカリ性	低い
	ネオマイシン	アルカリ性	低い
中程度	テトラサイクリン	両性	中程度
	ペニシリン	酸性	高い
移行しやすい	エリスロマイシン	アルカリ性	高い
	タイロシン	アルカリ性	高い

ほか血漿蛋白質との結合率やPkaなども移行率に影響

アルカリ性でも脂質に溶けない薬は移行しにくい

同じ系統の薬でも移行率に差があるので注意！

アルカリ性、脂質溶解性の薬が最も移行しやすい

考えて薬を使わないと。患部に届かなければ何にもならないんですよ

漏れてる、全部漏れてる

血液から乳房までは生体膜を隔てているので、全身投与する薬のすべてが乳房に移行するわけではありません。抗菌スペクトルはもちろん、投与経路や移行率も含めて薬を選択する必要があります。

剤使用の有無にかかわらず治癒率に差はないという調査結果が出ています（Morin, et al, 1998）。また臨床型乳房炎の1／4以上では菌が分離されず（Oliveira, et al, 2013）、仮に分離できても酵母菌、緑膿菌、マイコプラズマ、プロトテカなどであれば抗菌剤の効果は実質ゼロに近いともいわれています（Pamela, et al, 2015）。このような背景を踏まえると、乳房炎牛の約半数は治療手段として抗菌剤を使うべきではないのかもしれません。

　乳房炎に対する抗菌剤の使い方には、乳房内注入と全身投与があります。乳房内注入の利点は、全身投与と比べて生体膜透過による抗菌成分のロスが少ないことです。一方で、泌乳量の多い個体や乳汁中の炎症産物が多い場合には、乳房内で薬剤が広がりにくかったり、注入時に雑菌が乳房内に入るリスクもあります。

　乳房炎軟膏の効果を最大限に引き出すためには、注入する際の手技についても注意する必要があります。例えば、軟膏の容器の先端部に触れないこと、乳頭の清拭は奥の乳房から、注入は手前から順番に行なうこと、そして軟膏注入後の乳房のマッサージなどを行なうことで新たな乳房炎を招くことなく、薬剤の効果を引き出すことができます。

　乳房炎軟膏を使用した場合、基本的に抗菌物質は乳槽内に留まりますが、乳房炎菌によっては乳槽よりもさらに深くまで感染が拡大するため、乳房内注入だけでは治療が不十分となることがあります。例えば、コアグラーゼ陰性ブドウ球菌（CNS）なら乳槽内に留まりますが、黄色ブドウ球菌なら乳腺組織内に、さらにアルカノバクテリウムや大腸菌群なら全身

に移行することもあります（Erskine, et al, 2003）。原因菌が牛体内に広く感染する場合には、全身的な抗菌剤の投与が求められます。

　注射による抗菌剤の全身投与が効果を示すかどうかは、その抗菌剤の乳腺組織への移行率によって決まると言っても過言ではありません。乳腺細胞と血流の間は生体膜を隔てており、投与する薬剤の特徴によって乳腺への移行率が大きく変わります。例えば生体膜の構造上、抗菌剤が乳腺に移行するかどうかは抗菌剤の脂質溶解性の影響を大きく受けます。pHが酸性の薬は生体膜を通過しにくく、一方アルカリ性の薬はイオントラッピングという現象により乳房内に長期間高濃度で維持されます。血漿蛋白質と結合した薬は生体膜を透過することができませんので、血漿蛋白質に結合しにくい薬のほうが乳腺に移行しやすくなります（Mestorino, et al.）。例えば、フルオロキノロンやマクロライドなどは乳腺に移行しやすく、一方でペニシリンやセファロスポリンなどは比較的乳腺に移行しにくいといわれています（Ziv G, 1980）。

　感受性試験などによって効果の期待できる抗菌剤を選択することはもちろん重要ですが、必ずしも検査結果と治療効果が一致するとはかぎりません。その最たるものが黄色ブドウ球菌であり、本菌による乳房炎は初期であれば治癒率が70%程度ですが、慢性化すると35%以下まで低下するともいわれています（Owen, et al, 1997）。その理由として、本菌が乳腺細胞内にまで侵入すること、バイオフィルムやエンテロトキシンなどにより宿主の免疫を回避することがあげられます。このような細菌に対しては検査結果と治療効果が一致しにくくなります。

　患畜が回復の見込みがあるかどうかを見極めることも重要です。例えば、個体単位なら高齢牛、泌乳量の多い個体、罹患乳房数が多い個体、乳房単位なら前の乳房よりも後ろの乳房のほうが治癒率が低いといわれています（Mestorino, et al.）。このようなことを踏まえて治療期間などを設定し、状況によっては罹患乳房の早期乾乳や、淘汰について検討する必要があります。

　治療を行なう前に、**本当に抗菌剤を使う必要があるのか？** そして**治療対象とすべきかどうか？** を検討する必要があります。抗菌剤を使うにしても、**乳房注入だけでよいのか？** それとも**全身投与が必要か？** を判断し、もし全身投与するなら血液から乳腺に移行しやすいものを選択しなければ高い効果は望めません。

◯◧ 乳房炎菌の耐性化問題

　乳房炎菌の耐性化については、菌種による差が大きく、なかでもブドウ球菌や連鎖球菌などで比較的耐性化が進んでいるとの報告もあります（L. Ivars）。とくに昔から多くの国で乳房炎に対する第一選択薬として利用されてきたペニシリンへの耐性が、黄色ブドウ球菌などで広く見られるようです。しかしながら検出された黄色ブドウ球菌の34%がプロカインペニシリンに耐性を持った状態であっても、クラブラン酸アモキシシリンに対する感受性は

100%であったとの報告からも、同じペニシリン系だからといって必ずしも効果が期待できないわけではなさそうです（Lucas, 2009）。

消化器病や呼吸器病と違い、乳房炎菌については抗菌剤の使用歴と耐性菌の広がりが必ずしも一致しないことが多く、世界的に見て乳房炎菌の耐性化が明らかな治療の妨げとなっているとは言えなさそうです。なかには黄色ブドウ球菌の耐性化と、抗菌剤の使用との関連について否定的な研究者もいます（Erskine）。興味深い調査結果として、抗菌剤を一切使わないオーガニック酪農と、一般的な酪農との間で耐性菌の発生率を比較しても、両者間で差はなかったというものもあります（L. Ivars）。

しかしながら、乳房炎の治療に対しても抗菌剤の慎重使用が求められていることに変わりはありません。近年、コーネル大学で行なわれた調査によると、グラム陽性菌によって起こった乳房炎に対して1日だけ第一世代セファロスポリン（セファピリン）の注入を行なった場合と、5日間第三世代セファロスポリン（セフチオフル）の注入を行なった場合では、両者間で治癒率に差はなかったとのことです（Dairy Herd Management, 2013）。つまり賢く抗菌剤を使うことで、耐性菌発生や長い出荷停止のリスクを避けつつ、高機能の抗菌剤を切り札として残すことができるのかもしれません。

また前号でお話しした子牛の腸炎や肺炎と同様、乳房炎菌についても一時的に抗菌剤の使用を控えることで耐性が弱まることが示唆されています（Park, et al, 2011）。定期的に感受性試験を行ない、耐性化が疑われる抗菌剤については使用を控える必要があるかもしれません。

農場で乳房炎をコントロールするうえで、抗菌剤の使用はあくまで部分的なものであることを頭に入れておく必要があります。実際に海外の多くの農場では黄色ブドウ球菌や *S. agalactiae* の撲滅に成功していますが、成功のカギは単純なマネージメントプログラムだともいわれています。例として、搾乳技術の改善による乳頭の損傷防止や、牛同士での乳房炎の伝播予防、搾乳後のディッピング、感染牛の隔離や搾乳器具の共有を避ける、急性乳房炎牛に対する早期の治療、そして慢性感染牛の淘汰などがあげられます（Michigan st, Univ. 2011）。

近年、乳房炎予防ワクチンが国内でも販売開始され、さらに世界的にナノテクノロジーや、バクテリオファージを使った治療が研究されています（Sankar P, 2016）。今後は抗菌剤だけに頼るのではなく、このような新たな技術にも目を向ける必要があります。

■ 乾乳期治療

乾乳期治療は長期作用型かつ広域スペクトルの抗菌剤を乳房内注入することで、泌乳期間中の乳房炎を治療するだけでなく、乾乳期間における新たな感染も予防することができるため、酪農家にとって非常に有益な技術です。国内のほぼすべての農場が、全頭を対象として乾乳期治療を行なっていると思います。

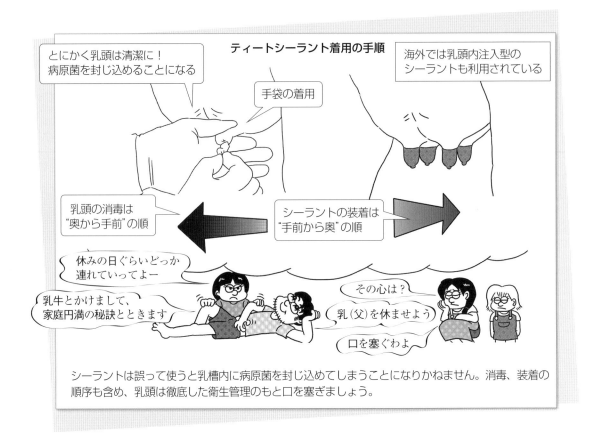

ティートシーラント着用の手順

とにかく乳頭は清潔に！
病原菌を封じ込めることになる

手袋の着用

海外では乳頭内注入型の
シーラントも利用されている

乳頭の消毒は
"奥から手前"の順

シーラントの装着は
"手前から奥"の順

休みの日ぐらいどっか
連れていってよー

乳牛とかけまして、
家庭円満の秘訣とときます

その心は？

乳（父）を休ませよう

口を塞ぐわよ

シーラントは誤って使うと乳槽内に病原菌を封じ込めてしまうことになりかねません。消毒、装着の順序も含め、乳頭は徹底した衛生管理のもと口を塞ぎましょう。

　実際には学術機関や製薬会社が行なった調査でも乾乳期治療と耐性菌との関連性は証明されていませんが、近年全頭を対象とした乾乳期治療は耐性菌発生の観点から世界的に問題視されています。そこで今注目を浴びているのが、特定の個体にのみ乾乳期治療を施す、**選択的乾乳処置**です。

　実は海外では、早いところで20年以上前から全頭処置が禁止されています。例えば、デンマークはヨーロッパのなかでも積極的に抗菌剤の使用制限に努めている国ですが、本国では1994年より全頭処置を禁止しています。その結果、ほぼ撲滅されていたはずの無乳性レンサ球菌（SAG）による乳房炎の発生が増加し、逆に治療目的の抗菌剤の使用が増え、全頭処置禁止前より一時的に抗菌剤の消費量が増えました（J. Dickrell, 2018）。

　一方でオランダでは、2012年から全頭処置を禁止した結果、乾乳期治療の実施頭数は禁止前の半分程度まで減少しています。さらに授乳期における乳房炎の治療頭数や、体細胞数（SCC）の平均値も低下しており、選択的処置の成功例であるといえます（J. Dickrell, 2018）。こうした結果が得られたのは、全頭処置の中止と併せて移行期の管理や、栄養管理、衛生管理の改善に力を入れたからだといわれています。このような飼養管理の徹底により、乾乳期だけでなく泌乳期における牛の健康状態も改善したというわけです。

　かつて選択的処置は乳房炎の罹患率が高まるという理由で敬遠されてきましたが、その原因として当時は乳房炎の診断技術が乏しく、SCCやCMTテストだけでは選択的処置対象

牛の選抜が曖昧であったからだともいわれています。これら試験の信頼性は70％程度ともいわれていますが、現在では診断技術の進歩により9割近い信頼性の診断が現場で実施できるようになり、乾乳期治療の必要性のない個体を、より正確にピックアップできるようになりました（S. Godden, et al, 2016）。

選択的処置は、牛ごとに行なう方法と、乳房ごとに行なう方法があります。例えば、泌乳期を通じてSCCが低く維持できている個体や、乳房炎の罹患歴のない個体などは乾乳期治療の必要性がないかもしれません。もちろん個体ごとの実施よりは、乳房ごとの実施のほうが抗菌剤の消費量を減らすことができます。

選択的乾乳期治療を成功させるために重要なのは、対象牛の選択とティートシーラント（乳頭被覆材）の装着だといわれています。乳頭は乾乳してから6週間程度は完全に閉鎖しないこと、また乾乳する牛の8～12％で乾乳期間に新たに乳房炎菌に感染することがわかっています（J. Dickrell, 2018）。乾乳期における新たな感染を予防するうえでもティートシーラントを装着することが推奨されます。

実際に乳房炎罹患牛に対して乾乳用軟膏とシーラントを、健康牛に対してはシーラントのみを装着して選択的乾乳処置をしたところ、両者間でその後の乳房炎の罹患率に差がなかったにもかかわらず、抗菌剤の消費量が21％削減できたとのことです（Cameron, et al, 2014）。ミネソタ大学で乳房ごとに同様の手技で行なった調査でも、抗菌剤の消費量が48％削減できました（R. Wonfor, 2016）。

選択的処置を行なううえで必要になる、乾乳2日前における乳房炎の検査費用と、得られる抗菌剤の使用量の低減効果を比較すると、選択的処置の実施により1頭当たり0.82ドルの利益が出るという調査結果が出ています（S. Godden, 2016）。しかしながら調査ごとにその結果は大きく異なり、SCCが高い農場で選択的処置を実施すると、乳房炎の発生頭数が増加することも多くの調査で示されています（P. Edmondson, 2017）。労力なども加味すると選択的処置を実施することは、まだまだ簡単ではないようです。

＊

乳房炎は治療費や出荷停止に関わるものだけでなく、隔離にかかる労力、泌乳量の低下、患畜の淘汰など多大なコストがかかります。また乳房炎の多くが潜在性のものであり、コストの計算が難しいものの、潜在性乳房炎は臨床型と比較して約40倍の損失を農場に与えているという報告もあります（P. Sankar, 2016）。乳房炎における抗菌剤の使用低減は、耐性菌問題はもちろん経営の改善にも大きくつながるので、予防に尽力していただきたいと思います。

抗生剤とそのほか乳牛の病気

子牛の感染症や乳房炎と比較すると、その頻度は少ないものの、酪農で抗菌剤使用の対象

となる病気には子宮内膜炎や関節炎も含まれます。子宮や関節は、乳房や肺とはまた違った形で閉鎖された空間なので、使用する抗菌剤によっては十分な効果を得ることができません。十分な治療効果を得るためにも、抗菌剤は慎重に選択する必要があります。

◯■ 子宮内膜炎

子宮内膜炎は通常、分娩 21 日目以降において子宮内膜の炎症と、子宮内に膿を含んだ分泌物の貯留が認められる状態を指します（R. A. Mohammad, 2017）。病態が進行すると、ときに組織の癒着を招き、さらに子宮内膜からの分泌物によって卵管や卵巣にまで感染が波及し、予後不良となることもあります（F. P. Simon, 2018）。

そもそも牛の子宮内には分娩直後から細菌が存在しており、例えば、連鎖球菌、ブドウ球菌、クロストリジウム、そしてグラム陰性嫌気性菌など、さまざまな菌が分離されます（S. Deori, 2015）。しかしながらこれらの細菌は通常、分娩後、時間の経過とともに急激に減少し、分娩後 2 カ月以内には多くが無菌状態となります（I. M. Sheldon, 2002）。

しかしながら難産や胎盤停滞を経過した牛や、高泌乳牛、分娩後低エネルギー状態にある個体では、子宮内で腸球菌やクロストリジウムなどが急激に増加し、さらにアクチノミセスやフソバクテリウム、バクテロイデスなどの菌が増殖して子宮内膜炎に至ります。これらの細菌によって膿や毒素が産生されると、病態が進行して子宮蓄膿症や中毒性子宮内膜炎となります（Haemer P. et al, 2017）。

子宮内膜炎に罹患した場合、外陰部で赤茶色〜白色の悪露が見られることもありますが、実は子宮内膜炎の多くは明らかな悪露が見られにくい潜在性のものです。そのような場合、直腸検査や超音波診断、もしくはメトリチェックやサイトブラシなどの器具を使って診断を行なう必要があります。

子宮内膜炎の治療には主に三つの方法があります、それは①抗菌剤治療、②消毒薬による治療、そして③ホルモン療法です。

子宮内膜炎も軽度であれば、子宮内に直接抗菌剤を注入することなく、全身的な投与によって回復に至ります。ペニシリン、セファロスポリン、テトラサイクリンなどは全身投与による臨床効果が認められており（R. Bage, 2017 ほか）、なかでもセフチオフル（エクセネル）は北米で唯一全身投与による子宮内膜炎治療の承認を受けた抗菌剤です（K. N. Garvao, 2011）。

実際に子宮内膜炎に罹患した牛 1632 頭を対象に調査したところ、対照群と比べてセフチオフル投与群で状態の改善が確認できたとのことです（Heimerl P, 2017）。また子宮内膜炎の個体に対するセフチオフルの投与は、消毒薬の子宮内注入と比べても後の受胎成績が良かったとの報告もあります（Merck）。

子宮内膜炎の場合、患部である子宮内膜に抗菌物質を十分量移行させることが重要です。子宮内は閉鎖された空間であるため、乳房炎と同様、患部に直接抗菌剤を注入することで高

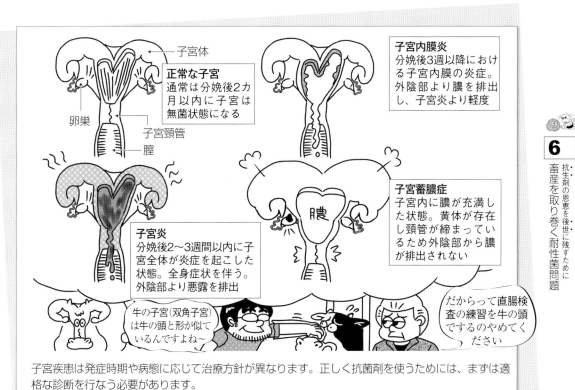

正常な子宮
通常は分娩後2カ月以内に子宮は無菌状態になる

子宮内膜炎
分娩後3週以降における子宮内膜の炎症。外陰部より膿を排出し、子宮炎より軽度

子宮炎
分娩後2～3週間以内に子宮全体が炎症を起こした状態。全身症状を伴う。外陰部より悪露を排出

子宮蓄膿症
子宮内に膿が充満した状態。黄体が存在し頸管が締まっているため外陰部から膿が排出されない

子宮体
卵巣
子宮頸管
膣

牛の子宮（双角子宮）は牛の頭と形が似ているんですよね～

だからって直腸検査の練習を牛の頭でするのやめてください

子宮疾患は発症時期や病態に応じて治療方針が異なります。正しく抗菌剤を使うためには、まずは適格な診断を行なう必要があります。

い効果が得られそうです。しかしながら子宮内膜は非常にデリケートなので、注入する抗菌剤は慎重に選択する必要があります。

例えば、子宮内膜への刺激が強いサルファ剤やテトラサイクリンは注入には向かないといえます。またサルファ剤は子宮内の壊死組織によって産生される葉酸が抗菌作用に拮抗するために、とくに効果を示しにくいといわれます。アミノグリコシドについては嫌気的環境では効果を及ぼしにくいという点で、子宮内では十分な効果を及ぼしにくい可能性があります（K. W. Pulfer, 1991）。ペニシリンは刺激性が少ないため、国内でもペニシリンとアミノグリコシドの合剤が子宮内膜炎の注入薬として承認を受けています。しかしながら時折ペニシリンの注入により強いアレルギー反応を示す個体がいるため、注意が必要です。

実は、子宮、卵巣、卵管などの生殖器には抗菌剤の全身投与により比較的高濃度の抗菌物質が移行することが知られています（Drillich M, et al, 2001）。そのため全身症状が見られるときなどにはとくに、全身的な抗菌剤の投与に併せて、抗炎症剤、大量補液、そして次に解説する消毒薬やホルモン剤を併用して治療することが勧められます。

子宮内膜炎の治療として消毒薬の子宮内注入が行なわれることがありますが、現場で頻繁に使われているのはヨード系消毒薬ではないかと思います。しかしながらヨード系消毒薬は子宮粘膜には刺激性が強いことが、ときに問題となります。刺激を減らすためには適正濃度で用いること、そして暖めてから注入することが勧められます。子宮粘膜の刺激によって発

情が誘起されることもありますが、これも子宮粘膜刺激による黄体退行に伴うものです（K. W. Pulfer, 1991）。

　子宮内膜炎に対するホルモン療法として利用できるものはプロスタグランジンやエストロジェンです。プロスタグランジンは子宮の収縮効果は比較的低いものの、強い黄体退行効果を示すため、黄体期に投与することで発情を誘起し、子宮内膜炎を回復に導きます（J. Jeremejeva, 2015）。一方、エストロジェンは卵巣があらゆる状態であっても子宮の収縮を引き起こすため、子宮頸管が閉鎖した状態で投与すると膿や悪露が卵管や卵巣に運ばれてしまい、子宮内膜炎が悪化する恐れがあります（B. I. Smith, 2009）。また、オキシトシンは分娩直後に投与することで胎盤の脱落を促し、胎盤停滞に伴う子宮内膜炎を予防する効果があります（Miller BJ, 1984）。

　ホルモン剤により子宮内の異物を排出すると、一時的に症状が回復したように見えますが、実際には子宮内膜炎の原因菌は残存しています。そのため卵巣が再度黄体期に至ると、プロジェステロンの作用によって免疫能力が低下し、再発に至ることが知られています（Partners in Reproduction, MSD）。ホルモン剤だけで治療するのではなく、治療の際には抗菌剤を併用する必要があります。

　このように複数の治療法を併用することは、治癒率の向上、抗菌剤の使用量低減、そして耐性菌発生予防につながります。抗菌剤だけに頼らない治療を行なうよう、普段から心がけておきましょう。

◯■ 跛行

　跛行は牛にとって最も痛みの大きい病態ともいわれます（H. A. Bustamante, 2015）。跛行を呈した牛は慢性炎症により著しく体重が低下し、食欲低下に伴い泌乳量が低減し、マウンティングなどの発情行動も示しにくくなり、空胎日数が 14 ～ 20 日間延長するといわれています（MAFRI）。

　跛行の原因はさまざまであり、診断の際にはあらゆる可能性を考える必要があります。痛みが脚からなのか、それとも蹄か、もしかしたら肩や股関節からかもしれません。また原因が外傷なのか、捻挫か骨折か、それとも感染なのかで抗菌剤の有効性が大きく変わります。抗菌剤が効果を示す感染性の運動器病としては趾間腐爛、趾皮膚炎（DD）、感染性関節炎などがあげられます。

　趾間腐爛は異物によって趾間が損傷し、外傷部からバクテロイデスやフソバクテリウムなどの菌が感染した状態です。さらにポルフィロモナスやペプトストレプトコッカスなどの二次感染によって症状が重篤化します（S. V. Amstel et al, 2006）。

　水や糞尿により蹄が軟らかくなると、小石、ワラ、牧草、木片、コンクリート片など些細なもので趾間が損傷するようになります。飼槽や水飲み場、待機場などにおける排水状況を改善し、蹄の湿潤を避けることが重要です。

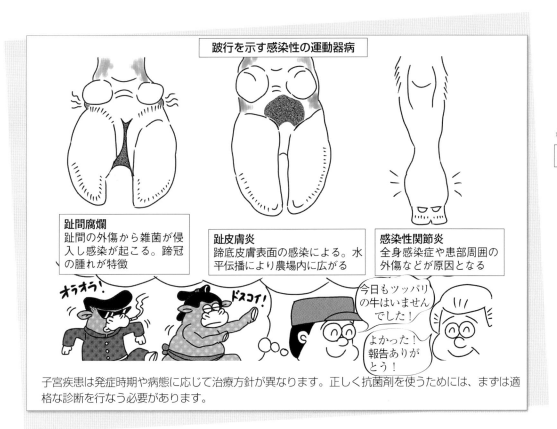

跛行を示す感染性の運動器病

趾間腐爛
趾間の外傷から雑菌が侵入し感染が起こる。蹄冠の腫れが特徴

趾皮膚炎
蹄底皮膚表面の感染による。水平伝播により農場内に広がる

感染性関節炎
全身感染症や患部周囲の外傷などが原因となる

オラオラ！
ドスコイ！
今日もツッパリの牛はいませんでした！
よかった！報告ありがとう！

子宮疾患は発症時期や病態に応じて治療方針が異なります。正しく抗菌剤を使うためには、まずは適格な診断を行なう必要があります。

初期であればペニシリンやテトラサイクリンなどの全身投与を3日程度継続することで改善しますが、長期作用型オキシテトラサイクリンなどであれば投与回数を減らすことも可能です（J. F. Currin. et al, 2009）。重篤化した場合、趾間の外傷部への処置および、セファロスポリン、マクロライド、サルファ剤などの使用も検討する必要があります（A. V. Amstel, 2006）。

趾皮膚炎は蹄底皮膚表面の感染によって起こりますが、原因菌ははっきりしておらず、スピロヘータなどの関与が疑われています（J. R. Zuba, 2012）。病態に応じて軽度～重度の跛行を示します。外部からの牛の導入や汚染されたフットバス、削蹄器具などによって牛群内で伝播し、世界的に発生報告が急増しています（S. Kranenburg）。

病変は局所的であるため、治療には患部の洗浄、そしてテトラサイクリンなどの抗菌剤のスプレーが一般的に行なわれます。比較的抗菌剤に対する反応は良く、多くの場合スプレー実施後2～3日後には歩様が改善します。蹄浴は予防効果が高いものの治療効果に乏しいともいわれており、むしろ定期的な除糞など足元の衛生管理と、湿潤状態の改善のほうが効果的であるとの意見もあります（S. Mason, 2008）。

これら跛行を予防するためには、蹄葉炎予防も視野に入れた栄養改善、亜鉛、セレン、ビオチンなどの微量元素の供給、カウコンフォートを追求した飼養管理、少なくとも年1回の削蹄、フットバスの利用などが推奨されます。

231

近年北米で行なわれた蹄病に対するフットバスと、抗菌剤による治療の結果との比較試験によると、硫酸銅やホルマリンのフットバスの利用と、2日間の抗菌剤の投与との間では治療日数にあまり差が見られなかったとのことです（MAFRI）。病態に応じて抗菌剤の全身投与、抗菌剤スプレーによる局所治療、そしてフットバスを併用することが勧められます。また跛行は強い痛みを伴うため、積極的な鎮痛消炎剤の利用が勧められます。

　感染性関節炎は、子牛では臍帯炎やマイコプラズマ肺炎に継発して、成牛では外傷や蹄底潰瘍、趾間腐乱などに継発して起こることがあります（R. Dary, 2014）。抗菌剤を選択する際には原因菌に対して有効なスペクトルであることはもちろん、全身投与により関節腔や滑膜に十分量移行するものを選択する必要があります。プロカインペニシリン、アンピシリン、第三世代セファロスポリン、テトラサイクリン、トリメトプリムなどがこれに該当します。また、抗菌剤の投与は長期的に行なう必要があります（P. D. Constable, 2011）。

　抗菌剤の全身投与によっても高い効果が得られない場合には、関節に直接抗菌剤を入れる、もしくは関節内をフラッシング（洗浄）するという方法もあります（J. Fuller, 2017）。しかしながらこのような積極的な治療行為によっても治癒せず、跛行が長期化することも珍しくありません。

　そもそも関節腔は細菌の増殖に適した環境であり、関節腔における炎症産物は軟骨を破壊し、さらに感染が進行すると病変は骨にまで至ります。重篤化した患部は動くたびに多大な痛みを生じ、複数の関節が侵されると患畜はもはや起き上がることすら困難になってしまいます。とくに膿が蓄積すると圧迫による強い痛みを生じ、また抗菌剤が届きにくくなるため、ますます治療が困難となります（H. S. Thomas, 2016）。そのため関節炎は早期に治療を開始すること、また予後不良となりやすいので、場合によっては治療期間を限定する必要もあります。

＊

　子宮内膜炎や跛行などは潜在性のものも多く、診断に至る頃には病態が進行していることも少なくありません。今回は、抗菌剤に加え、それぞれの病態に対する異なる治療法についても提案させていただきました。抗菌剤による治療に固執してはいけません。耐性菌予防のためにも、常に異なる治療法も選択肢に入れておきましょう。

抗生剤だけに頼らない畜産経営

　これまで、畜産分野における抗菌剤の使用とそれに関わる耐性菌問題について解説してきましたが、抗菌剤の慎重使用と併せて広く関心が持たれているのが、抗菌剤の代わりとなる代替物質です。家畜は常に細菌感染の危険に晒されており、畜産を営むうえで何らかの抗菌性物質を利用することは避けられません。では、どのようなものが抗菌剤の代替物質として期待されているのでしょうか。

通常、抗菌剤とは細菌感染の治療を目的として利用されるものですが、畜産分野においてはその限りではありません。例えば、群単位での感染症の拡大が予想される状況での予防目的での投薬や、成長促進を目的とした低濃度長期投与などの形でも抗菌剤は利用されています。

畜産分野で使用される代替物質には、①治療、②予防、③成長促進、の三つの効果が期待されます。さらに動物に毒性を示さないこと、動物体内で残留しにくいこと、耐性を生み出さないこと、飼料の嗜好性に影響を及ぼさないこと、環境に影響を及ぼさないこと、腸管内の正常細菌叢を崩壊させないこと、安価であること、なども条件として求められます。

代替物質は、その目的や作用機序、推奨される使用のタイミングなどが大きく異なっており、それぞれについて深く理解する必要があります。現在酪農分野でその効果が期待されている代替物質について、いくつか解説したいと思います。

■ ワクチン

18世紀末にジェンナーが初めてその理論を発見して以来、ワクチンは長きにわたり疾病予防を目的として人獣ともに利用されてきました。細菌、ウイルス両方に対する予防効果を持ち、疾病予防による成長促進や生産性の向上などが期待できます。

ワクチンは主に子牛の腸炎や呼吸器病などの予防を目的に使用され、病原体そのものを弱らせた生ワクチンや、病原体の一部などを抗原とする不活化ワクチンなどが利用されています。近年は、乳房炎に対するワクチンや経鼻ワクチンなど、その対象疾病や投与経路もさまざまになっています。

しかしながら、ワクチンは基本的に注射により個体ごとに投与するため、抗菌剤の飼料添加などと比べると労力を必要とすること、ターゲットとなる病原体にしか効果を示さないこと、疾病拡大時などの緊急対応には利用できないことなどの欠点があります。

■ 免疫調節物質

ワクチンが抗原抗体反応によって感染症を予防するのに対し、免疫調節物質は免疫機能そのものを刺激する効果を持ち、そのため、より広い範囲の病原体に対して予防効果を示します。免疫調節物質は病気の予防だけでなく、治療にも使える可能性がある点もワクチンと異なります。

これまで開発されてきた免疫調節物質としては、例えば、免疫細胞が分泌するサイトカインやインターフェロン、細菌の細胞壁に含まれるリポポリサッカライド、鶏卵由来抗体、そして細菌DNAの断片であるCPGなどがあります（D. G. C. Rees et al, 2005）。実際にこれらの一部はすでに北米で承認を受けており、乳房炎予防や、呼吸器病予防に利用されています（D. McClary, 2018）。

これらの製品を利用するうえで注意したいのが、免疫調節物質は対象畜の免疫状態が健常であることを前提とした製品であるという点です。例えば、免疫機能の未熟な若齢動物や、既に病気によって免疫機能が低下している個体に対しては、このような免疫調節物質の効果は期待できないどころか悪影響となる可能性もあります（Bricknell et al, 2005）。

◖◼ バクテリオファージ

バクテリオファージ（BF）はウイルスであり、特定の細菌に感染して内部から崩壊させます。その歴史は比較的古く、今から100年近く前である1921年には既にブドウ球菌によるヒトの吹出物に対し、BFが治療目的で利用されています（Dublanchet A, 2008）。

BFは感染症の予防にも、治療にも用いることができると考えられています。例えば、牛や豚、鶏などで大腸菌性下痢の治療に高い効果をあげており、エンロフロキサシンの投与以上に高い治療効果を示したという報告もあります（W. E. Huff, et al, 2004）。ほかにもサルモネラやキャンピロバクター、リステリアなどの食中毒菌に対して効果を示すため、枝肉の汚染防止などの効果も期待されています（Arthur TM, et al, 2017）。

一方でBFは効果を示す病原菌が限定されているため、的確な診断が必須であるということ、BFは宿主の免疫細胞により失活する可能性があること、BFそのものが耐性遺伝子を拡散させる可能性があること、そして細菌が変異によりBFに対する耐性を獲得する可能性があることなど、さまざまな問題点も抱えています（G. Cheng, et al, 2014）。現場で広く利用されるためには、これらの問題点を解決する必要があります。

◖◼ 生菌製剤（プロバイオティクス）

生菌製剤はWHOによって、「十分な量を与えたとき、その宿主に健康利益を与える生きた細菌」と定義されています。生菌製剤に利用されている菌株としてバシルス、ラクトバシルス、ラクトコッカス、ストレプトコッカス、ビフィドバクテリウム、シュードモナス、イースト菌、アスペルギルスなどがあり、なかには複数の菌が一つの製品に入っているものもあります（Caldenty. J, et al, 1992）。

生菌製剤は継続的な使用により宿主の腸内細菌叢を安定させることができます。そのほかにも病原菌の腸管への接着を阻止したり、バクテリオシンや有機酸などの抗菌性物質の産生、もしくは宿主の免疫機能を改善させることで疾病予防、そして増体促進効果を示します（Y. Uyeno, et al, 2015）。例えば、子牛のミルクに添加することで、下痢の発生率低下（J. Jtkauskas, 2010）や、増体が促進される（A. Strzetlelski et al, 1998）などの効果が報告されています。

生菌製剤を利用するうえで注意すべき点は、購入後は冷暗所で保存するということです。

代替物質はさまざまな機序により宿主の健康状態を改善します。しかしながら特徴を理解し、正しく使わないと、その効果を引き出すことはできません。

生菌製剤は生きた菌であるため、直射日光や高温環境下で失活し、多くの場合ペレット化などの高温加工にも耐えられません。また腸管内で増減するため、適正な投薬濃度などが設定しにくいことも欠点にあげられます。

プレバイオティクス

　プレバイオティクスとは、宿主は消化吸収できないものの、腸管内で分解されることで一部の細菌に利用される成分です。フラクトオリゴ糖やマルトオリゴ糖、ポリサッカライド、植物由来成分、加水分解蛋白質などが含まれます。

　プレバイオティクスは腸管内で善玉菌によって利用されるため、生菌製剤と併用すると高い効果が期待できます。このようにプロバイオティクス（生菌製剤）とプレバイオティクスを併用したものをシンバイオティクスといいます。

　プレバイオティクスは成牛ではルーメン内で完全に分解されてしまうため、その効果が子牛に限定されています（T. R. Callaway, et al. 2011）。例えば、プレバイオティクスを代用乳に添加したことで、腸内細菌叢が安定し、増体促進および疾病予防効果が得られたとの報告がありますが、その評価は曖昧です（G. Cheng et al, 2014）。むしろ子牛が消化できないものを摂取することが下痢の原因になるという意見もあるので、使用の際には注意

が必要です。

◯ 抗菌ペプチド

　抗菌ペプチドは一部の細菌に対して毒性を示す短分子であり、グラミシジン、プリミキシン、バシトラシンなどが知られています。抗菌剤の代替物質のなかでは比較的高い増体効果や疾病予防効果を示し、さらに治療目的での利用も期待されています。実際に一部の国では、既に飼料添加物として承認を受けており、乳房炎などに対する治療効果が認められています（Pieterse R, et al, 2010）。

　抗菌ペプチドは高い殺菌効果を示し、さらに残留性も低く、エサの嗜好性にも影響を及ぼさず、環境に対する負荷も少ないなど多くの利点があります。しかしながら一方で、作るのにコストがかかる、抗菌スペクトラムが狭い、細菌が抗菌ペプチドに対する抵抗性を獲得する可能性があるなどの問題も抱えています（G. Cheng et al, 2014）。

　抗菌ペプチドは、種類によって殺菌効果を示す細菌が異なるのが特徴であり、抗菌剤のようにさまざまな菌に広く効果を示すわけではありません（Lee H, et al, 2011）。そのためその効果を引き出すためには、高い診断技術により、農場における疾病の発生状況を把握する必要があります。

◯ 有機酸

　リンゴ酸、フマル酸、アスパラギン酸、プロピオン酸、乳酸などの有機酸もまた、今後の利用が期待されている代替物質の一つです。有機酸は飼料や飲水に添加することで腸管内の病原菌の細胞壁を崩壊させるとともに、乳酸菌など善玉菌の増殖を促すことが知られています（P. Theobald）。腸内細菌叢の改善は子牛の飼料効率や免疫機能を改善させ、増体促進にもつながります。

　有機酸はミルクに添加することで雑菌の増殖を防ぎ、細菌による蛋白質の崩壊など、栄養成分の低下を防ぐ効果があります。また、第四胃の酸性化とカード（乳汁の凝固物）の形成を促し、消化率を高めます。実際に有機酸を添加したミルクを子牛に与えることで、抗菌剤を添加した場合と同等の増体促進効果が得られたとのことです（Penn State Univ.）。

◯ 重金属

　亜鉛や銅などの重金属は、かねてより高濃度飼料添加することで牛を含めた多くの家畜で増体促進効果が得られることが知られてきました。一部の家畜では腸管感染症の治療にも用いられています。

　しかしながら、重金属の飼料添加は家畜に中毒症状を引き起こしたり、生産物への残留な

代替物質の適用範囲

	治療効果	予防効果	増体促進効果
生菌製剤		○	○
プレバイオティクス	効果乏しい		
有機酸		△	△
抗菌ペプチド	△	△	△
植物由来成分			△
重金属類		△	△
免疫調節物質		○	
ワクチン		○	
バクテリオファージ	△	△	

○＝高い効果を示すデータがあり、すでに現場で使用されている
△＝高い効果を期待できるデータがある

The Pew Charitable Trusts, 2017 より抜粋

代替物質は抗菌剤の役割の一部しか担うことができず、その効力や価格の安定性などからも抗菌剤に完全に置き換わることはできません。改めて抗菌剤の重要性を認識する必要があります。

どの危険性があります。さらに、重金属の飼料添加により細菌の耐性化が促されることもわかっていますが、これは抗菌剤への耐性遺伝子がプラスミドなどを通じて細菌に移行しやすくなるためだと考えられています（C. Seiler, et al, 2012）。

　ヨーロッパや北米でも重金属の家畜への使用と土壌汚染との関わりが問題視されており、今後の抗菌剤の代替物質としての利用は難しいと思われます。

ゼオライト

　ゼオライト（クリノプチロライト、沸石）は主にカビ毒やその他有害物質の吸着を目的として牛のエサに添加されてきました。またゼオライトは重炭酸塩と同様ルーメン内の緩衝効果を示し、アシドーシスを改善させることもわかっています（C. M. Dschaak, et al, 2010）。

　子牛においてもゼオライトの飼料添加は大腸菌性下痢症の予防効果を示し、さらに初乳と併用することで免疫グロブリンの吸収が促されることもわかっています（S. Zarcula, et al, 2010）。大腸菌症やアシドーシスに対する予防効果は、ひいては代替物質としてイオノフォア系抗菌剤などの使用低減につながります。

⌕ 植物由来成分

植物由来成分にはハーブ、スパイス、エッセンシャルオイルなどが含まれ、その成分はテルペノイド、タンニン、グリコシド、アルカロイドなどさまざまです。植物由来成分は古くからその抗菌作用、抗炎症作用、抗酸化作用、抗寄生虫作用などが知られてきました。

牛において注目されている植物由来成分の一つがタンニンであり、これは蛋白質の利用効率を高め、窒素排泄量の低減、鼓脹症の抑制などの作用のほかに、抗菌作用や駆虫作用なども示すことが知られています（Papatsiros VG, et al, 2012）。

離乳前の子牛を大腸菌 K99 に感染させ、さらに抗菌剤の代わりに植物由来成分を与えた実験では、抗菌剤なしでも治療日数が短縮し、さらに健全な腸内細菌叢も保つことができたとのことです（Yanliang Bi, et al, 2017）。

しかしながら、植物由来成分は適正な使用濃度がはっきりせず、なかには高濃度での投与が求められるものもあります。植物由来成分の高濃度添加はエサの嗜好性を下げたり、飼料の栄養的価値を下げる可能性もあります。

ほかにも飼料添加型の酵素やバイオフィルム抑制剤など、抗菌剤の代替物質の候補としてあげられているものは数多くあります。しかしながら、これらはあくまで疾病予防や治療、もしくは増体促進効果において抗菌剤に近い効果が期待できるだけであり、決して抗菌剤と置き換えられるものではありません。

また、これら代替物質の費用対効果などについては、まだまだ調査不足であると言えます。さらに、子牛には効果が期待できてもルーメンの発達した成牛では効果が得られないものも数多くあります。

*

抗菌剤は決して安価ではなく、もちろん残留の危険性があります。誰しも本当は抗菌剤を使いたくないはずです。抗菌剤の消費量を減らすためにも、バイオセキュリティの強化や、飼養管理改善による病気の予防を心がけるようにしましょう。「治療が予防に勝ることはない」ということを常に頭に入れておく必要があります。

ヨーロッパなど、産業動物への抗菌剤の使用がとくに厳しく制限されている国では、既に多くの代替物質の利用が始まっています。しかしながら、その効果および汎用性が抗菌剤に勝ることはありません。われわれは畜産業を営むうえで、これまで長きにわたり抗菌剤の恩恵に預かってきました。今後は耐性菌を生み出さないように、また消費者の理解を得られるように、より一層抗菌剤を慎重に使っていかなくてはなりません。頑張りましょう！ 抗生剤（抗菌剤）の恩恵を後世まで残すために……。

※本稿は Dairy Japan 2017 年 11 月号〜 2018 年 10 月号の連載「畜産を取り巻く耐性菌問題〜抗生剤の恩恵を後世に残すために〜」を加筆・改稿したものです。

第 7 章

酪農経営にハリを！

マンガでわかる獣医鍼灸

① 私が働いている都城は方言が強い。例えば「灰」のことを「へ」と言う

② いやぁ、お灸をするといっぱい「へ」が出ますね！

③ え？ あ……はい　　そうなんですか？

④ 彼女の引き笑いの本当の理由はわからない。しかしただ一つ言えることは……

私はお灸をするたびに放屁する変な人だと思われたということだ

酪農経営にハリを！
マンガでわかる獣医鍼灸
第一回：鍼灸の歴史

早くも大人気！

第一回なのに!?

まいったなぁ、お灸をしようと思ったもののやり方がわかんないぞ

お困りのようだね！

ビブデバビデブー！僕は妖精のモーリン！

いったい何がわからないんだい？

ジャーン

そもそも背中で枯れ草を燃やすとか、意味がわかんない

ウワァー！全否定だ！

枯れ草って言うな！

鍼灸治療とは気の流れである「経絡」上にある「経穴」（ツボ）を刺激する治療法だ

鍼や灸による「経穴」への刺激で気の流れが正され、健康状態が改善するんだよ

木 火 土 金 水

ふーん…気ねぇ…

なんでドン引きしてるの!?

わかった！もっと詳しく教えてあげるから！

古代中国に飛ぶよ！ヤブレカブレブー！

やぶれかぶれ!?

ボワワーン

神農
紀元前2800年頃?

三皇のうちの一人
中国の医神、医学の
神などと呼ばれる。
その姿は牛頭人身

ほら、あの人が
神農だよ

ぐったり
してるよ!?

う〜ん　う〜ん

神農は身をもって食料が
安全かどうか判別し、
1日に70種もの毒に
あたったんだ。
そして薬を365種に分けた

さらに
薬の安全性に応じて
上薬、中薬、下薬に
分けた

今でも東京や大阪で祀られ
医療関係者などに
信仰されているんだよ

上
中
下

ヘェー

その後も神農氏は約530年続き、
三皇の一人として活躍し……

そして三皇の一人である
黄帝にその座を
奪われた

神農様一っ!

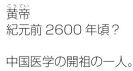

黄帝
紀元前2600年頃?

中国医学の開祖の一人。
中国で何千年もの間、
基本医学書とされた
黄帝内経の著者

黄帝は黄帝内経、
素問と霊枢の
著者として有名だ

台形というより
長方形だよな……?

素問

霊枢

黄帝内経は質問形式で書かれていて
現存するものは5〜8世紀に書かれ
ている。「素問」は基礎医学を、
「霊枢」は臨床医学をまとめ
上げたものなんだ

鍼、灸、按摩などについても記載
されていて、まさに中国伝統医学
の根幹となる本なんだね

241

でも、そもそも三皇って本当にいたの？ 角とか生えているし……

〜三皇〜

神農　黄帝　伏羲

まぁ伝説時代とも言われているしね

あと一人の伏羲はどんな人なの？

伏羲は下半身が蛇だったともいわれているよ

やっぱり人間じゃなーい！

〜経絡治療の始まり〜

経絡治療について最も古い記録は、紀元前2世紀頃に馬王堆漢墓から出土した医学書だ

馬王堆帛書「導引図」

按摩、薬浴、燻蒸消毒お灸、宗教的儀式など広くカバーしていたんだね

ミイラも出土した。

鍼で最も古いものは紀元前2世紀の墓から出土した金の鍼と銀の鍼だよ

きんのはり？ 金ってあんまり硬い素材じゃないよね？

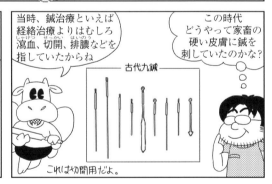

当時、鍼治療といえば経絡治療よりはむしろ瀉血、切開、排膿などを指していたからね

古代九鍼

これは切開用だよ。

この時代どうやって家畜の硬い皮膚に鍼を刺していたのかな？

よし！ あの人達に聞いてみよう！

あ！ ちょっと待って‼

動物に経絡治療だって！ おかしなこと言うなぁ！

あんなこと言ってる

この当時、人は神聖なもの、家畜はただの「もの」だと認識されていたから

242

〜宋代：鍼灸銅人形〜

宋代（960〜1279）は医学全般の内容の充実が図られた時期だと言える

ちょっ！ 誰!?怖いんだけど!?

ギャァァァ

驚いたかい？これは王惟一が作らせた銅人形だよ

そんな穴だらけの人形、何に使うの？

王 惟一（1022〜1063）

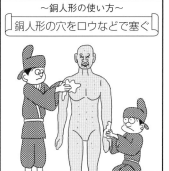

〜銅人形の使い方〜

銅人形の穴をロウなどで塞ぐ

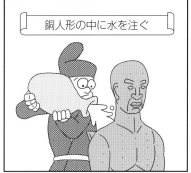

銅人形の中に水を注ぐ

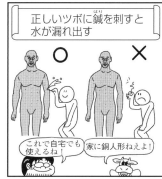

正しいツボに鍼を刺すと水が漏れ出す

○　×

これで自宅でも使えるね！

家に銅人形ねえよ！

達人ともなると布を被せた状態でツボに鍼を刺したそうだよ

オー‼ オオーッ‼

へぇー、すごい待てよ……？

プスッ

オー‼ オオーッ‼

何考えてるか知らんけど絶対にやめろよ

〜日本への伝来〜

7世紀初頭に遣隋使が隋の煬帝に国書を送った。日本への鍼灸の伝来は、この頃だとも言われているよ

日本人が煬帝に何の用だい？

勉強する気、うせるなぁ……

お金のかからない鍼灸はその後民間に広まり、身近な技術になった

「奥の細道」でも足のツボ「三里」へのお灸が紹介されているね

古池や〜

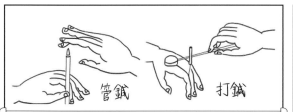

時代とともに日本国内でも独自の技法が広がっていった。
管の中で筋肉を張らせることで細い鍼を刺す管鍼。
器具を使って鍼をツボに差し入れる打鍼などである。

一方、中国では17世紀頃より鍼灸が衰退し始める。
「根拠に乏しい民間療法」との認識が広がったためだ。

1822年、清王朝は宮廷医院内における鍼灸科の廃止を宣言した。
1914年、袁世凱は中医学の廃止を主張し、1929年に批准された

ふーん…気ねぇ…

まったく！頭の固い人だな！

えっ？

袁世凱（1859～1916）

その後数年間、中国国内では中医学の教育が禁止されたんだ

ハハハ！当時の中国人は短絡的だなぁ！

ところが日本国内でも太平洋戦争後、民主化政策に併せて鍼灸を禁止しようとした

石川日出鶴丸（1878～1947）

厚生省や米軍に学術講演を行なって理解を得たんだよ

ところが帝都大教授である石川日出鶴丸を中心として行なわれた鍼灸存続運動により、厚生省も按摩、鍼灸の存続を認めた

～欧米への広がり～

20世紀に入ると毛沢東は国力強化を目的として再度中医学を見直すことにした。
そのために国内外に残る文献や技術者をかき集めたんだ

毛沢東（1893～1976）

ズコーッ

その一方で毛沢東は自分が東洋医学による治療を受けることは拒んでいたらしいよ

1972年のニクソン大統領の訪中を皮切りに、鍼灸は欧米に拡大する。同行したジャーナリストのジェームス・レストンに対し、鍼麻酔のもとで盲腸手術が行なわれたと報じられたためだ
（実際には鍼による疼痛管理が行なわれたようだけど）

日本では 1947 年から按摩・鍼・灸師は国家資格となっている

ちょっとあんた！ちゃんと資格持っているんでしょうね？

牛相手は無資格でいいの！

1989 年にはジュネーブの WHO 本部にて、鍼用語の国際的表記法などが制定された

百会に……

どっちも一緒だから早くしてくんないかな……

GV-20 に……

WHO は多くの消化器系、呼吸器系、循環器系、運動器系、神経系疾患を鍼灸治療の適応疾患として認めている

相手が爆発するツボなんてないのかな？

あっても何に使うの？

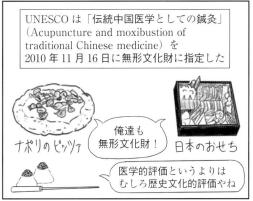

UNESCO は「伝統中国医学としての鍼灸」（Acupuncture and moxibustion of traditional Chinese medicine）を 2010 年 11 月 16 日に無形文化財に指定した

ナポリのピッツァ

日本のおせち

俺達も無形文化財！

医学的評価というよりはむしろ歴史文化的評価やね

このように鍼灸は長い歴史のなかで培われてきた技術で……

正式に世界的に議論され評価を受けている……

学問と経験に基づいた治療法なんだよ。わかってもらえたかな？

うんなんだか鍼灸が少し理解できた気がするよ！

ボン!!

じゃあ、またね！バイバーイ！

じゃあ、僕も教わった知識でお灸を……

まったくできない……

次回は獣医鍼灸について解説するよ！

歴史しか教わっていない…

245

酪農経営にハリを！マンガでわかる獣医鍼灸

第二回：獣医鍼灸の歴史

おや、島本先生がお灸をしてるぞ！見てみよう

獣医鍼灸は4000年の歴史を持つ技法なのです

4000年!?

獣医鍼灸はWHOでも認められているのですよ

認められてないよ！

本当にこれで牛が元気になるんですか？

大丈夫です！何しろ5000年の歴史ですよ！

1000年増えたーっ！

もう見てられん！ヤブレカブレブー！

わっ！消えた！お灸スゴイ！

あいた〜、何すんの！せっかく中国6000年の歴史を披露しようと……

いちいち増やすな！間違った情報を流すんじゃない！

ドシン!!

それはそうと、ここはどこだい？

1万500年前のトルコだよ。今回は牛の家畜化から見ていこう……ん？

あ〜いたた

獣医鍼灸の始まり

牛の原種はオーロックスで、世界で広く家畜化されたと考えられている。体高は 180 ㎝と大きく、さらに角の長さは 80 ㎝もあった

もっと角の短い牛はいなかったの？

あと 5000 年ほど待たないと！

古代エジプトでは古くは紀元前 5 世紀から牛が飼育されていた記録があるよ。食肉用以外にも搾乳用や儀式用の牛がいたようだ

雌牛の姿で描かれるハトホルは愛と美と豊穣と幸運の女神なんだよ

ふーん、美ね……

しかし、歴史上鍼灸が使われたのは牛ではなく馬だった。馬は紀元前 2000 年頃から輸送や移動の際に車を引くのに広く利用された

馬の身体も当時は胴長短足だったらしいよ

馬の身体「も」って、どういう意味よ！

とくに戦争において騎馬隊が活躍するようになり、馬の家畜としての価値は高まった。この頃、中国では馬の専門医が誕生している

牛だって負けるな！突撃ーっ！

無茶言うな！

― そんなある日、事件が起こった ―

あるところに足を痛がり、跛行を呈する馬がいた。

ヒヒヒーン

戦の最中、飛んできた矢がその馬に刺さってしまった！

ブスッ

すると、跛行が治った！獣医鍼灸誕生の瞬間である！

ええーーー!!

ちょっと待って！
ありえないでしょ!?

矢刺さってる！

さすがにコレは
作り話だと思う
けどね

伯楽（紀元前 680 〜 600 年頃）

ワァー、高名な伯楽先生だ
サインくれないかな？

一説には獣医鍼灸を始めたのは
伯楽だとも言われているよ。けど……

6世紀の総合的農書である
「斉民要術」には、獣医学の
ことは触れられていても、
獣医鍼灸についての記載はない

1608 年の元亨療馬集など、
後の世代に書かれた書物にも鍼灸治療に
ついての記載はされていないし

それに当時「伯楽」を名乗る者が
多数いたから、いったい誰が、
いつ頃から鍼灸治療を始めたか、
はっきりはわからないんだ

僕も明日から伯楽を
名乗ってみようかな……

伯楽を名乗ろうなんて恥ずかしいこと
思ってるんだったら、
やめたほうがいいよ

心読むなよ

獣医鍼灸のルーツとは？

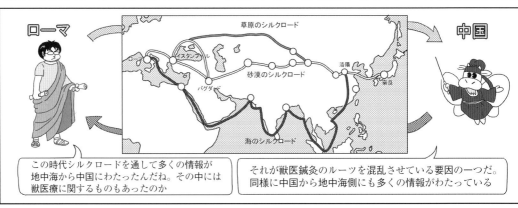

ローマ

中国

草原のシルクロード

砂漠のシルクロード

海のシルクロード

この時代シルクロードを通して多くの情報が
地中海から中国にわたったんだね。その中には
獣医療に関するものもあったのか

それが獣医鍼灸のルーツを混乱させている要因の一つだ。
同様に中国から地中海側にも多くの情報がわたっている

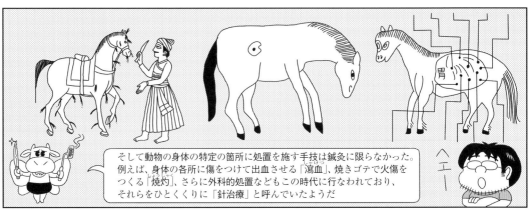

胃

ヘエー

そして動物の身体の特定の箇所に処置を施す手技は鍼灸に限らなかった。
例えば、身体の各所に傷をつけて出血させる「瀉血」、焼きゴテで火傷を
つくる「焼灼」、さらに外科的処置などもこの時代に行なわれており、
それらをひとくくりに「針治療」と呼んでいたようだ

248

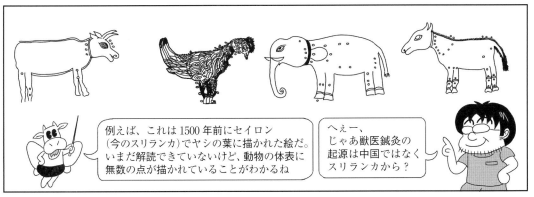

例えば、これは1500年前にセイロン（今のスリランカ）でヤシの葉に描かれた絵だ。いまだ解読できていないけど、動物の体表に無数の点が描かれていることがわかるね

へぇー、じゃあ獣医鍼灸の起源は中国ではなくスリランカから？

あまい！

体表に点が描いてあればツボか？この顔のホクロはツボですか!?

やめろ、急にリアルな話をするな

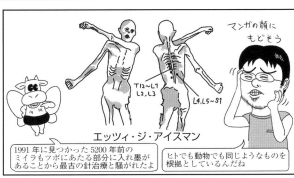

マンガの顔にもどそう

T12〜L1
L2、L3
L4,L5〜S1

エッツィ・ジ・アイスマン

1991年に見つかった5200年前のミイラもツボにあたる部分に入れ墨があることから最古の針治療と騒がれたよ

ヒトでも動物でも同じようなものを根拠としているんだね

Veterinary Acupuncture the Fact より

じゃあ、これをどう思う？これは馬のツボの図かな？

これはさすがにツボでしょ？

Veterinary Acupuncture the Fact より

実はさっきの図の一世紀前には、ローマでこのような馬の瀉血部位を解説する絵が描かれている

肺寒吐沫之圖

動物への中医学的思想の適用は、1608年の元亨療馬集などで見ることができる。肺に寒邪が入り泡を吐いている馬の絵だよ

動物に経絡治療だって？おかしなことを言うなぁ！

あんなこと言ってる

そういえば前回、昔の人にヒトと動物は異なるって言われたなぁ

誰ですか、この人は？確かに言われてたね

249

同じく元亨療馬集に、こう書かれている

馬とヒトで処置の仕方が異なるのはなぜか。それは人は数あるもののなかで神聖な存在であるが、動物は異なるからである。動物はただの「モノ」である。

失礼しちゃうなモゥ！

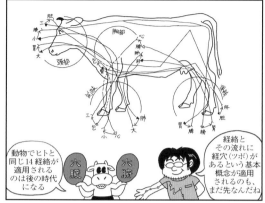

動物でヒトと同じ14経絡が適用されるのは後の時代になる

大腸　小腸

経絡とその流れに経穴（ツボ）があるという基本概念が適用されるのも、まだ先なんだね

西洋への広がり

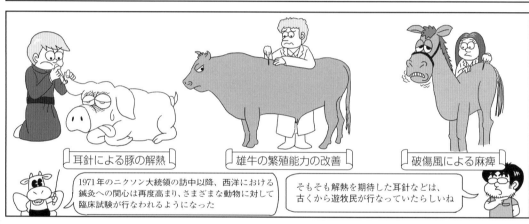

耳針による豚の解熱

雄牛の繁殖能力の改善

破傷風による麻痺

1971年のニクソン大統領の訪中以降、西洋における鍼灸への関心は再度高まり、さまざまな動物に対して臨床試験が行なわれるようになった

そもそも解熱を期待した耳針などは、古くから遊牧民が行なっていたらしいね

大きな発見の一つが、ツボとそれ以外の部位における電気抵抗の違いである。ツボはより抵抗値が低いとされた

POCKER KEN

オスワルド・コスバウアー

1950年代にはオーストリアのコスバウアー博士やドイツのウェスターメヤー博士などにより、牛の鍼灸治療は大きく発展した

その理論を利用して開発されたのがツボ探知機である。これにより鍼灸を行なう際に選択されるツボの位置が、かなり限定された

しかしながら、いまいち結果が安定しないということで、ツボ探知機に対して懐疑的な意見も多いんだ

皮膚の厚さや乾燥状態、環境中の温湿度や電極の当て方などによって、反応が変わってしまうわけだね

獣医鍼灸のいま

先生は耐性菌が社会的に問題になってるって知ってる？

えっ？ そうなの？ 知らなかったあ

白々しいにも程があるよ…。とにかく抗菌剤の使用低減が求められているなか、獣医鍼灸もいま注目を集めているんだ

※耐性菌問題に関心のある人は前の章を読もうね！

でも鍼灸は細菌感染には効かないよね？

そう、だから免疫力増強や疾病の発生予防を目的として行なったり、ほかの治療と併用されることが多いんだ

免疫力↗
発病率↘

ACVA

CHI INSTITUTE
TRADITIONAL CHINESE VETERINARY MEDICINE 中獣医

IVAS

スイスではオーガニック農場などを対象に、積極的に鍼灸を実施している。ちゃんと専門の獣医師が後人の育成も含めて行なっているんだよ

海外では東洋獣医学の専門学校や獣医鍼灸師の認証制度などもあって、鍼灸の評価も高いようだね

まとめ
・獣医鍼灸の起源については諸説ある
・気が流れる経絡や経穴（ツボ）などの概念は後の時代になってから作られた

残念だけど4000年の歴史とは言い難いね

人の鍼灸治療と同じに考えていたよ

ボン!!

ちゃんと正しい歴史を伝えてね！ バイバーイ！

よーし！ 習ったことを活かして頑張るぞ！

跛行がなかなか治らないんです。良い手段はありますかね？

良い方法がありますよ！

うわぁぁぁぁぁ！
やめろぉぉぉぉ！

酪農経営にハリを！
マンガでわかる獣医鍼灸
第三回：中医学の理論

陰陽五行説

先生は自然界が陰と陽の二つで構成されているのは知ってるよね？

突然何を言い出すの？本当にやぶれかぶれになってない？

人もまた自然と同じであり、それゆえに陰陽で構成される。これを「整体観」という

いたたたた！自然破壊反対！

陽は草

眠は太陽・月

胃は雨

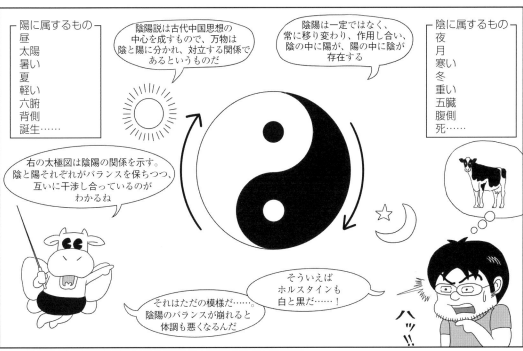

┌陽に属するもの┐
昼
太陽
暑い
夏
軽い
六腑
背側
誕生……

陰陽説は古代中国思想の中心を成すもので、万物は陰と陽に分かれ、対立する関係であるというものだ

陰陽は一定ではなく、常に移り変わり、作用し合い、陰の中に陽が、陽の中に陰が存在する

┌陰に属するもの┐
夜
月
寒い
冬
重い
五臓
腹側
死……

右の太極図は陰陽の関係を示す。陰と陽それぞれがバランスを保ちつつ、互いに干渉し合っているのがわかるね

そういえばホルスタインも白と黒だ……！

それはただの模様だ……。陰陽のバランスが崩れると体調も悪くなるんだ

ハッ!!

陽実陰虚　　陰実陽虚

つまり陽が強いときもあれば、陰が強いときもあるんだよ

うーん、ちょっとイメージしにくい

夜寝ない君の娘が「陽実」朝の君達夫婦が「陰実」

な、なるほどぉ〜実にわかりやすい！

それにしても陰陽の二つだけですべてが説明できるなんて無茶だと思わない？

え？　まぁね？

だよねー？　そこで考えられたのが

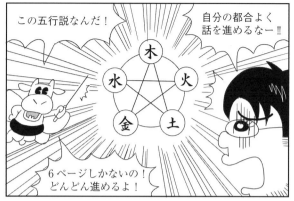

この五行説なんだ！

自分の都合よく話を進めるなー‼

6ページしかないの！どんどん進めるよ！

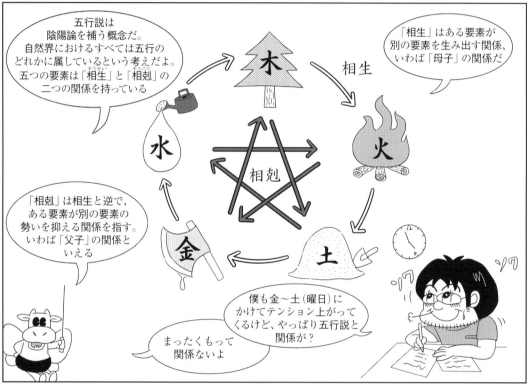

五行説は陰陽論を補う概念だ。自然界におけるすべては五行のどれかに属しているという考えだよ。五つの要素は「相生」と「相剋」の二つの関係を持っている

相生

「相生」はある要素が別の要素を生み出す関係、いわば「母子」の関係だ

相剋

「相剋」は相生と逆で、ある要素が別の要素の勢いを抑える関係を指す。いわば「父子」の関係といえる

僕も金〜土（曜日）にかけてテンション上がってくるけど、やっぱり五行説と関係が？

まったくもって関係ないよ

ゴゴゴゴ

しかし「気」に「五行」か……、いよいよ漫画らしくなってきたな！わくわくすっぞ！

そういう漫画じゃないだろ……混乱するのもわかるけど、もっと簡単に考えなよ

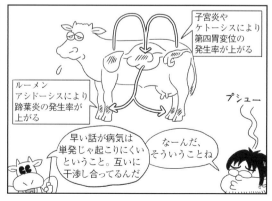

子宮炎やケトーシスにより第四胃変位の発生率が上がる

ルーメンアシドーシスにより蹄葉炎の発生率が上がる

早い話が病気は単発じゃ起こりにくいということ。互いに干渉し合ってるんだ

なーんだ、そういうことね

プシュー

254

気と経絡

さて、生き物の体内には
気・血・水（きけつすい）
が流れているわけだが

わけだが、
じゃないよ！
衝撃の新事実だよ！
血しか知らないよ？

気

血　水

「血」も君の知っている
「血」とちょっと違うよ

マジで!?

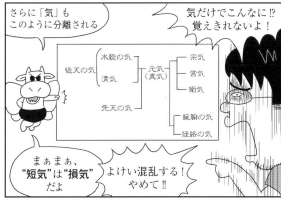

さらに「気」も
このように分離される

気だけでこんなに!?
覚えきれないよ！

後天の気 ─ 水穀の気
清気 ─ 元気（真気） ─ 宗気／営気／衛気
先天の気
臓腑の気
経絡の気

まぁまぁ、
"短気"は"損気"
だよ

よけい混乱する！
やめて!!

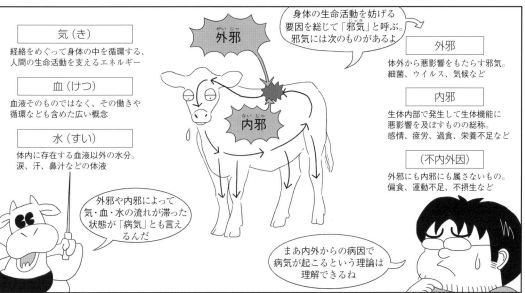

気（き）
経絡をめぐって身体の中を循環する、
人間の生命活動を支えるエネルギー

血（けつ）
血液そのものではなく、その働きや
循環なども含めた広い概念

水（すい）
体内に存在する血液以外の水分。
涙、汗、鼻汁などの体液

外邪

内邪

身体の生命活動を妨げる
要因を総じて「邪気」と呼ぶ。
邪気には次のものがあるよ

外邪
体外から悪影響をもたらす邪気。
細菌、ウイルス、気候など

内邪
生体内部で発生して生体機能に
悪影響を及ぼすものの総称。
感情、疲労、過食、栄養不足など

（不内外因）
外邪にも内邪にも属さないもの。
偏食、運動不足、不摂生など

外邪や内邪によって
気・血・水の流れが滞った
状態が「病気」とも言え
るんだ

まあ内外からの病因で
病気が起こるという理論は
理解できるね

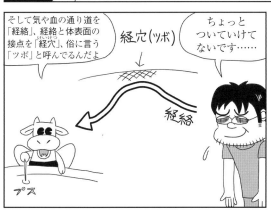

そして気や血の通り道を
「経絡」、経絡と体表面の
接点を「経穴」、俗に言う
「ツボ」と呼んでるんだよ

経穴（ツボ）

経絡

ちょっと
ついていけて
ないです……

プス

もうしょうがないなぁ、
の○太くんは

誰がの○太くんだ
誰が

ゴシゴシ

パンツから出すな

255

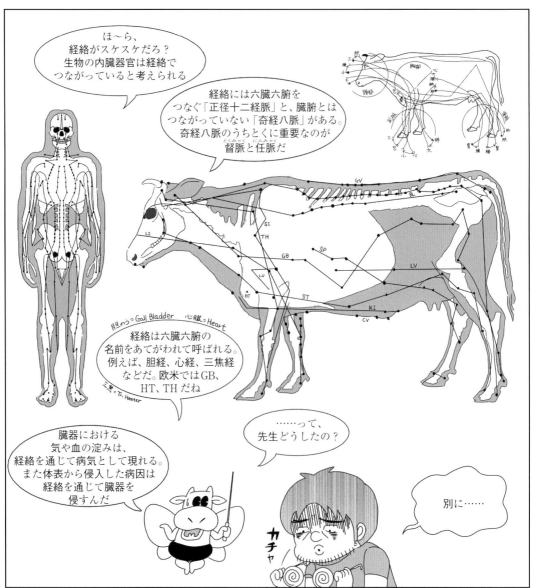

このように中医学には独自の
理論があるから、勉強しないとね

・陰陽説
・五行説
・気・血・水
・外邪、内邪、不内外因
・経絡・経穴……など

よーし！死ぬ気で
勉強してみるか！

それから私は寝る間も、直検する間も
惜しんで勉強した……
そして1週間後

どりゃあああぁ

うおぉおぉ

おや、先生ずいぶん
頑張って勉強したみたいだね

はっはっは、昨日も
5時間しか寝てない
からね

けっこう
寝てるな……
でも言いにくいんだけど

今回話した内容は知らなくても
鍼灸はできるんだよね

いや、確かに知らなくても
鍼灸はできるけどさ、
経絡治療をより深く理解するには
中医学の概念を知らなきゃ
いけないし

それに特定の病気に対して
毎回決まった経穴を選択するのは
レシピ本鍼灸（cook book acupuncture）
と批判する声もあるし

何より次回解説する中医学に
基づいた診断方法を勉強するうえで
必須の知識だから、先生の努力は
無駄じゃないんだよ？

だから次回も頑張ろうね？

257

フフフ…その程度か？
五行戦士タケルよ!?

!!

五行を
思い出せ…そうだ！
金は木を支配する！

くらえーっ！金の力！
100万えーん!!

!!

ウワァー！目がくらむ！

どう？ 僕の描いた
「陰陽五行戦士タケル」は？

先生が何も理解してない
ことはよくわかったよ

酪農経営にハリを！
マンガでわかる獣医鍼灸

第四回：中医学的診断法

それじゃあ今回は中医学に
基づいた診断方法について
話をするよ

ポイ

ぐしゃ
ぐしゃ

うわああ

タケルーッ!!

中医学では陰陽や五行に
沿って「証」を立てるんだ

証？

のばし
のばし

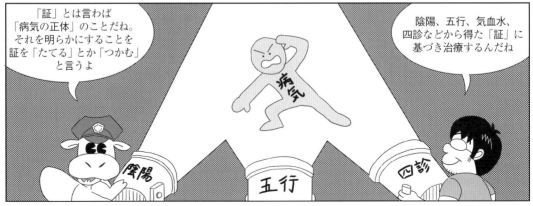

「証」とは言わば
「病気の正体」のことだね。
それを明らかにすることを
証を「たてる」とか「つかむ」
と言うよ

陰陽、五行、気血水、
四診などから得た「証」に
基づき治療するんだね

陰陽

五行

四診

陰陽・五行に基づく診断

陰と陽の関係は相撲に例えることができる。
自然界では常に両者が競り合っているのだ

どちらを応援
しようかな？

どちらが勝っても
困るんだよ。
バランスが大事

体内における陰陽のパターン

陽を抑える
GV14やLI4
などの経穴を
刺激

陽が強い

陽が弱い

陽を強くする
GV4や百会
などを刺激

陰を抑える
GV4やGV3
などの経穴を
刺激

陰が強い

陰が弱い

陰を強くする
KI3やSP6
などを刺激

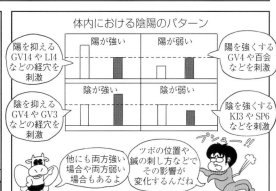

他にも両方強い
場合や両方弱い
場合もあるよ

ツボの位置や
鍼の刺し方などで
その影響が
変化するんだね

プシュー‼

若い個体で多い　　成熟した個体で多い

陽が強い

・急性経過をたどる
・興奮状態
・高熱、高血圧

陰の不足

・慢性経過をたどる
・元気がない
・体温が低い
・涼しい場所を好む

陰が強い

・急性経過をたどる
・痛みを伴う
・腫脹、浮腫、下痢

陽の不足

・四肢が冷たい
・浮腫、軟便、不受胎
・後足がきかない

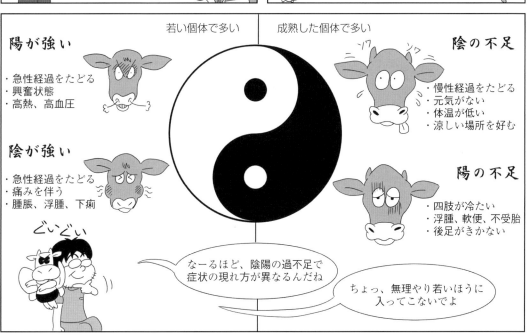

ぐいぐい

なーるほど、陰陽の過不足で
症状の現れ方が異なるんだね

ちょっ、無理やり若いほうに
入ってこないでよ

さらに気・血・水の状態も評価するんだ

気　気虚、気滞、気逆→BL14、BL18、CV17…

血　血虚、瘀血、出血→BL17、LV3、SP10…

水　水不足、湿、水滞→BL23、KI10、GV14…

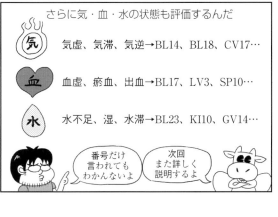

番号だけ
言われても
わかんないよ

次回
また詳しく
説明するよ

五行にはそれぞれ該当する臓器があり、五行の状態から体のどの臓器の調子が悪いかがわかるんだ

木
肝臓
胆嚢

水
腎臓
膀胱

火
心臓
小腸

金
肺臓
大腸

土
脾臓
胃

タケルも大腸を
金属に変えて
戦うんだよ

気持ちわる！

五行色体表

	五臓	五腑	五官	五主	五液	五華	五季	五悪	五労
木	肝	胆	目	筋	涙	爪	春	風	行
火	心	小腸	舌	脈	汗	面	夏	熱	視
土	脾	胃	唇	肉	涎	唇四白	長夏	湿	坐
金	肺	大腸	鼻	皮	涕	毛	秋	寒	臥
水	腎	膀胱	耳	骨	睡	髪	冬	燥	立

・五臓：五行と対応する臓器
・五腑：五行と対応する腑
・五官：五臓の病気が現れる部位
・五主：五臓がつかさどる器官
・五液：五臓の変調に伴い変化が現れる分泌液
・五華：五臓の変化が現れる部位
・五季：病気が悪化しやすい季節
・五悪：病気を起こしやすい気候
・五労：五臓を病みやすくする動作
ほか五色、五志、五動、五臭、五味、五声など

この五行色体表に従って診断するよ。例えば皮膚に異常が出ている人は、肺や大腸の問題が疑われる

同様に生活のうえで注意すべき点もわかるんだね。肺が悪ければ秋口の寒風に気をつけろ、とか

相生、相剋などの関係も考慮しつつ、経穴（ツボ）を選択するんだよ

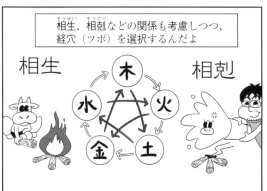

相生　相剋

木　火　土　金　水

四診

望　聞　問　切

さらに中医学では望診、切診、聞診、問診の「四診」によって、証をつかむよ

四 診

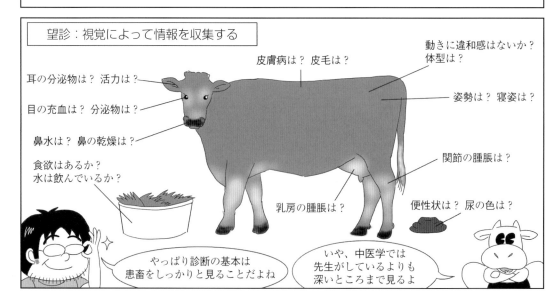

望診：視覚によって情報を収集する

皮膚病は？ 皮毛は？

動きに違和感はないか？ 体型は？

耳の分泌物は？ 活力は？

目の充血は？ 分泌物は？

鼻水は？ 鼻の乾燥は？

食欲はあるか？ 水は飲んでいるか？

姿勢は？ 寝姿は？

関節の腫脹は？

乳房の腫脹は？

便性状は？ 尿の色は？

やっぱり診断の基本は患畜をしっかりと見ることだよね

いや、中医学では先生がしているよりも深いところまで見るよ

視診においてはさらに神（精神状態）を外見から評価し、患畜の重篤度や予後を推測するよ

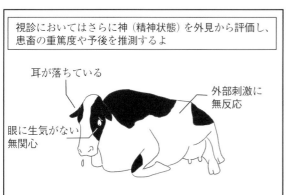

耳が落ちている

外部刺激に無反応

眼に生気がない無関心

中医学に特有の「舌診」については、馬や小動物では実施されているけど牛では難しそうだね

舌を見るのって牛にとっても人にとっても結構大変なんだよね

切診：身体に触れることで情報を得る

痛点診断：内臓の不調に応じて体の特定の部位に痛みを生じる

脈診：脈の速さや強さから体の状態を診る

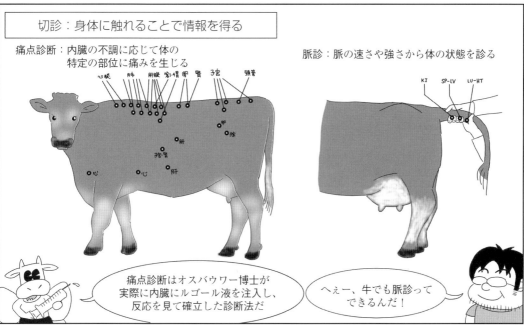

痛点診断はオスバウワー博士が実際に内臓にルゴール液を注入し、反応を見て確立した診断法だ

へぇー、牛でも脈診ってできるんだ！

よっしゃ、さっそく僕もやってみよう

どうぞどうぞ、やってみなさい

指先に全神経を集中！くらえー！中医学的診断奥義！脈！診！

うるっさいな！

まったくわからん……

人間でも脈診をマスターするのに10年以上かかるんだよ？

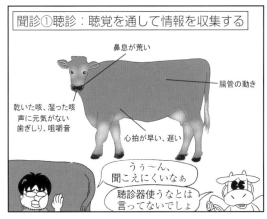

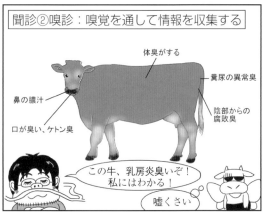

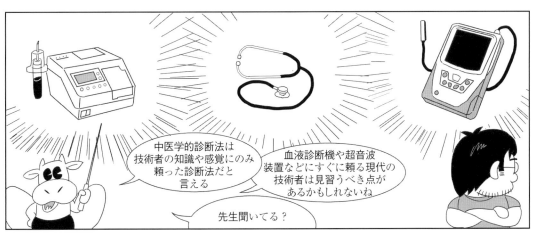

中医学的診断法は
技術者の知識や感覚にのみ
頼った診断法だと
言える

血液診断機や超音波
装置などにすぐに頼る現代の
技術者は見習うべき点が
あるかもしれないね

先生聞いてる？

今回のまとめ

・中医学では患畜の「証」をつかみ、それに沿った治療を行なう。

・陰陽、五行、気血水、四診などに基づき証をつかむ。

・病気に応じた取穴（経穴の選択）ではなく、中医学的診断に応じた
　取穴も可能である。

・何よりも正確な診断を下すことが重要。
　そのために西洋、東洋どちらの技術も併用すること。

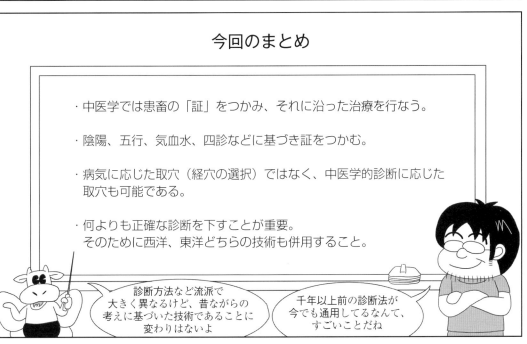

診断方法など流派で
大きく異なるけど、昔ながらの
考えに基づいた技術であることに
変わりはないよ

千年以上前の診断法が
今でも通用してるなんて、
すごいことだね

フフフ……その程度か？
五行戦士タケルよ

ゴブゴブ……！！

水　木　火
金　土

五行を思い出せ……
そうだ！ わかったぞ！

眼が充血していますね〜、しかも怒りっぽい。
完全に「木」が強く表れてますね。肝臓や胆嚢も心配なので、
飲み過ぎないようにして酸味のあるものを食べて
くださいね〜

ハーイ

理解は深まった
みたいだけど、
何の漫画なのコレ？

酪農経営にハリを！マンガでわかる獣医鍼灸

第五回：実践！ 牛の鍼灸

おや？ 島本先生が牛を診ているぞ。ちゃんとやってるかな？

この症状ならツボはココと……

そうそう……ん？

あとココとココと……

ふーん

あとココも……

えーい！ココもだ！

あ、ココも！

この際この辺も……

ココも捨てがたい

フゥー！準備OK！

こんなに燃やす必要があるんですか!?

こんもり

じゃあさっそく火を……

ヤブレカブレブー！

ちょっと先生！何言ってんですか！やぶれかぶれ!?

パツ

何の音!?

アチチ！突然何すんの!?

何すんのじゃない！適当にツボを取るな！

だって君がツボを教えてくれないから……

パツ

今から詳しく教えてやるから！そもそも何の病気だったの？

乳房炎ですが、何か？

何か？ じゃねえよ！感染症には効かないんだよ！

抗菌剤使えー！！

牛の経穴一覧

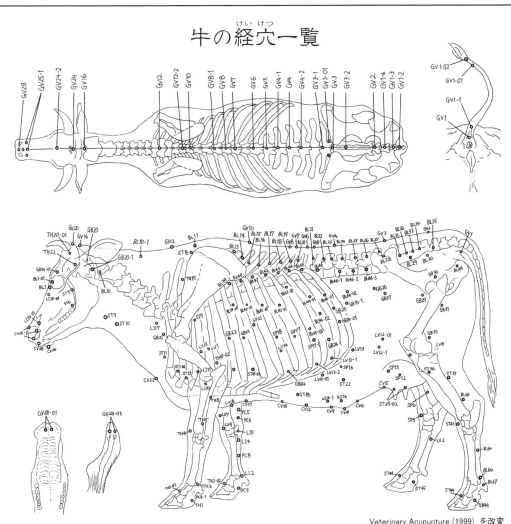

Veterinary Acupunture (1999) を改変

経穴の名称は以下のとおり

正経十二経脈

1. LV （肝臓、肝経）
2. HT （心臓、心経）
3. PC （心包、心包経）
4. SP （脾臓、脾経）
5. LU （肺、肺経）
6. KI （腎臓、腎経）
7. GB （胆嚢、胆経）
8. SI （小腸、小腸経）
9. TH （三焦、三焦経）
10. ST （胃、胃経）
11. LI （大腸、大腸経）
12. BL （膀胱、膀胱経）

奇経八脈

・GV （督脈）
・CV （任脈）

番号の後にさらに「1」や「01」などの数字がふられているものを「奇穴」や「新穴」と呼ぶよ。これは長年の臨床経験や研究のなかで新たに加わった経穴だ

経絡上にあるものは「−1、−2……」と数字を加え、経絡外にあるものは「−01、−02……」と数字を加えるよ

こんなにあるの!? よ、よーし、頑張って覚えるぞー！

牛では主に利用する経穴は督脈（GV）と膀胱経（BL）だから、全部覚える必要はないよ

265

取穴（ツボの決め方）の方法はいくつかある。例えば、次の三つだ

症状に応じて決まった経穴を選択する（レシピ本鍼灸）

触れると牛が痛がる部分を経穴として選択する（阿是穴）

陰陽や五行に従い経穴を選択する（中医学的診断）

また一定の症状に対して単独で使われる経穴もあるよ

人中（GV26）
心拍を亢進させる。
新生子牛の蘇生に

順気（GV28-01）
腸管の蠕動運動を促進。
鼓張症や食欲不振に

交巣（GV1）
卵巣や子宮に作用する。
繁殖障害、リピートブリーダーに

鍼の挿入手技

挿入部位を爪で圧迫する

鍼の先端を指で誘導する

挿入部位を指で押し広げる

挿入部位を指でつまむ

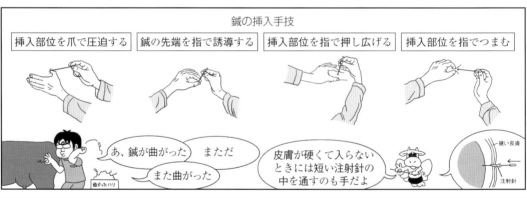

あ、鍼が曲がった　まただ　また曲がった

曲がったハリ

皮膚が硬くて入らないときには短い注射針の中を通すのも手だよ

硬い皮膚　注射針

針の直径とその用途

ゲージ	mm	適用
40	0.15	手足の鍼治療
38	0.16	乳幼児への鍼灸
34	0.22	猫、小型犬
32	0.25	一般的な小動物
30	0.30	馬、牛、ラマ、豚
28	0.35	大動物、象など

畜種に応じて鍼の直径を調整する必要がある。牛に推奨されるのは30～28ゲージ、直径0.3～0.35mmの鍼である

鍼の角度や深さを調整する過程で「響き」を感じることがある。これを「得気」というよ

オォーッ！ズシンときた！これが得気か!?

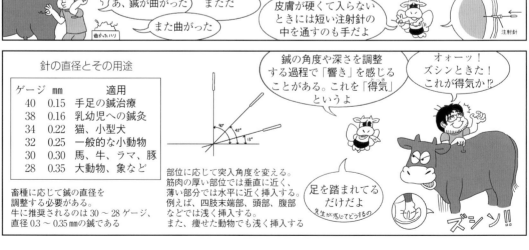

90°　45°　18°

部位に応じて突入角度を変える。筋肉の厚い部位では垂直に近く、薄い部分では水平に近く挿入する。例えば、四肢末端部、頭部、腹部などでは浅く挿入する。また、痩せた動物でも浅く挿入する

足を踏まれてるだけだよ
先生が感じてどうするの

ズシン!!

やっぱり僕はお灸の
ほうがやりやすいな

鍼は落とすと
大変だし

お？ 先生、その
モグサは自作だね？

気づいた？ 実はこれ保坂虎重
先生の本を参考にして作ったんだ。
作り方教えてほしい？

え？ 別にいいよ。
その本読むから

いいの！ 教えてあげるの！

1. 採取
春〜梅雨終わりにかけてのヨモギの葉を採取する。
茎は使わないから必要ないよ

ヨモギはお灸だけでなく、
薬効も高く、さらに止血、
アロマ、入浴剤などにも使える、
身近で便利な薬草だよ！

3. 揉みつぶす
モグサはヨモギの葉の裏側についている白い絨毛だ。
両手で擦り合わせると手の中にモグサが残るよ

2. 乾燥
車の後部座席に新聞紙を敷いて広げれば、夏場なら
数日で乾くよ。しっかりと乾燥させること

良い子のみんなは人の
迷惑にならないように
モグサを作ろうね

それ返してよ

4. 保存
できたモグサは袋で小分けして容器に入れておけば、
何年でももつよ。お勧めは乾燥材の入ったノリの容器だよ

お灸をはじめとする温熱療法には以下のものがあるよ

直接灸： 直接皮膚にお灸を置く。
火傷跡が残る
間接灸： お灸と皮膚の間に味噌や
生姜などを挟む。跡が残りにくい

灸頭鍼：
皮膚に鍼を刺し、柄の部分に
モグサをつけて点火する。
鍼刺激と輻射熱のダブル効果

棒灸：
棒状のお灸に火をつけて皮膚に
近づけたり離したりする。
施術痕の心配がない

手ぬぐい灸療法：
アルコールに浸した手ぬぐいを
背中に敷いて着火する。
広く経穴をカバーできる

次は電気鍼について解説するよ

行け！鉄人！

ガォー！！

若い人が理解できないギャグは無視して、進めるよ

（＋）（−）

カチカチ

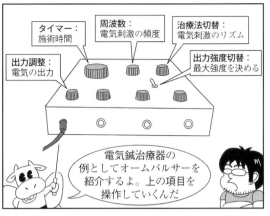

タイマー：施術時間

周波数：電気刺激の頻度

治療法切替：電気刺激のリズム

出力調整：電気の出力

出力強度切替：最大強度を決める

電気鍼治療器の例としてオームパルサーを紹介するよ。上の項目を操作していくんだ

電気鍼治療の魅力はなんといっても刺激の仕方を自由に変えられる点にある。通常指で定期的に行なわなくてはならない鍼刺激を機械が代わりにやってくれるんだ

鍼と電極をつなげてプラスからマイナスに向けて電気を流すんだけど、気の流れ（経絡）や患部の位置、患畜の状態などを考慮して組み合わせを決める必要がある

施術時間は 10 ～ 30 分。弱い出力から始めて、徐々に電圧を高めていくよ。患畜が刺激に馴れてしまわないように調整する必要がある

ビックン

ビックン

ほかの鍼治療として、ホルモン剤などをツボに注射する「薬鍼療法（Pharmacopuncture）」や、刺激物や麻酔薬を同様にツボに注入する「水鍼療法（Aquapuncture）」などがある

また、レーザーや赤外線により経穴を刺激する方法もある。ただ皮膚の厚い家畜では鍼のほうが効果が高いとも言われるね

268

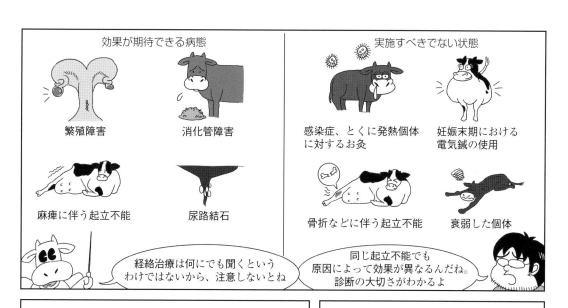

効果が期待できる病態

繁殖障害

消化管障害

麻痺に伴う起立不能

尿路結石

経絡治療は何にでも聞くという
わけではないから、注意しないとね

実施すべきでない状態

感染症、とくに発熱個体
に対するお灸

妊娠末期における
電気鍼の使用

骨折などに伴う起立不能

衰弱した個体

同じ起立不能でも
原因によって効果が異なるんだね。
診断の大切さがわかるよ

今回のまとめ

・牛で利用される経穴は主に督脈と膀胱経。
・取穴にはいくつかの方法がある。
・牛の大きさに合った鍼を使い、適切な場所に、
　適切な深さで刺し入れる必要がある。
　・モグサは案外簡単に作れる。
　・経絡治療が適した病態か確認する。

しっかりと理解したうえで
経絡治療を行なおうね

僕もツボの取り方が
よくわかったよ！

後日…

おや？ 島本先生が
ツボを取ってるみたいだ。
しっかりやってるかな？

ここは
こうだから……

わかったぞ！
ツボが！

いやぁ～、あれから笑いのツボを取るのにも
自信が出てね、筆が進む進む！

駄目だ……
完全に外している……

ラーメン
いっちょう!!

あいよ!!

おまちっ!!

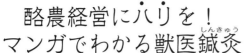

酪農経営にハリを！マンガでわかる獣医鍼灸（しんきゅう）

第六回：鍼灸って本当に効くの？

おや？先生が後輩に経絡治療についてレクチャーしてるぞ？

……というわけで、すべては陰陽と五行で構成されてるわけ

まじっすか!?

まじっすよ。さらに生体には気・血・水が流

まじっすか!?

ちゃんと聞いてあげて！

まじっすよ。鍼や灸でその流れを正すわけ

でも……それって科学的に証明されてるんですか？

え？

大体気って身体のどこを流れてんすか？

経絡？それって見えないんでしょ？

背中で火炊いて病気が治るとか

信じてるんすか？まじっすか？

うるさーい！もう知らん！お前なんかブー！

ヨダレカブレブー！

ダッ

逃げたー!?

よだれかぶれ!?

モーリーン！気が存在する科学的証拠を示して！

ちょっ！燻さないでよ！そんなものないよ！

パタパタ

そんな殺生な!?

気の証明はできなくても、経絡治療の作用機序については多くの根拠が示されてるんだよ

本当？よっしゃ〜これで生意気な後輩にお灸を据えてやれるぞ！

そんなことにお灸を使うな！いやな先輩だな！

鍼灸のメカニズム

神経体液因子説

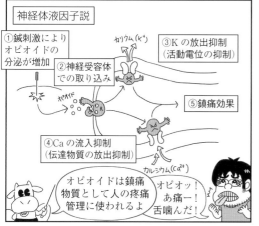

①鍼刺激によりオピオイドの分泌が増加

②神経受容体での取り込み

③Kの放出抑制（活動電位の抑制）

④Caの流入抑制（伝達物質の放出抑制）

⑤鎮痛効果

カリウム(K⁺)
オピオイド
カルシウム(Ca²⁺)

オピオイドは鎮痛物質として人の疼痛管理に使われるよ

オピオッ！あ痛ー！舌噛んだ！

刺激の仕方によりオピオイドの分泌様式も変化するよ

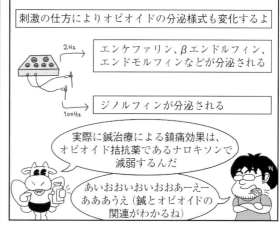

2Hz → エンケファリン、βエンドルフィン、エンドモルフィンなどが分泌される

100Hz → ジノルフィンが分泌される

実際に鍼治療による鎮痛効果は、オピオイド拮抗薬であるナロキソンで減弱するんだ

あいおおいおいおおあーえーああああうえ（鍼とオピオイドの関連がわかるね）

ゲートコントロール説

W. Noordenbos らの調査研究がきっかけとなり広まった説。

脊髄には触覚や圧を伝える太い神経と、痛みを伝える細い神経とがあり、太い神経が刺激されると、脊髄における細い神経の刺激が伝わりにくくなる。

それはあたかも触覚や圧迫により、脊髄において痛みを伝える神経に対する関門（ゲート）が閉まるようである。

W. Noordenbos
(1910〜1992)

注射するときに皮膚をつねると針を刺すときに痛みを感じにくいのは、ゲートコントロールによるものだとか

ゲートコントロールの仕組

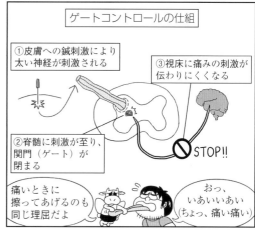

①皮膚への鍼刺激により太い神経が刺激される

②脊髄に刺激が至り、関門（ゲート）が閉まる

③視床に痛みの刺激が伝わりにくくなる

STOP!!

痛いときに擦ってあげるのも同じ理屈だよ

おっ、いあいいあい（ちょっ、痛い痛い）

トリガーポイントと経穴（ツボ）

肩こりがある人で、腕の特定の部位が痛くなったりするよ

中医学でいう阿是穴に近いね

トリガーポイントとは、筋肉の結節部分において過敏化した侵害受容器のことだ。
トリガーポイントは患部とは離れたところにあり、圧迫などによって痛みを感じる部分だよ。長期的な運動や、デスクワークによって体の各部分にできると言われている。

筋・筋膜性疼痛症候群の患者におけるトリガーポイントの位置は、経穴の位置ととても似通っている（左、中央）。
繊維筋痛症におけるテンダーポイントも同様である（右）

TP1 TP2 TP3 TP4　TP2 TP3 TP4 TP5

トリガーポイント　経穴

トリガーポイントができる部位と、経穴とは70％以上が一致していると言われているよ

科学の進歩によって昔からの知識が裏づけられたんだね

ヒトでの臨床試験

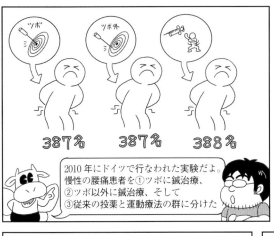

2010年にドイツで行なわれた実験だよ。
慢性の腰痛患者を①ツボに鍼治療、
②ツボ以外に鍼治療、そして
③従来の投薬と運動療法の群に分けた

387% 387% 388%

47.6%　27.4%

するとツボを刺激した
群は、投薬群より症状が改善
した割合が高かった

やっぱり鍼灸は効果が
あるんだね！

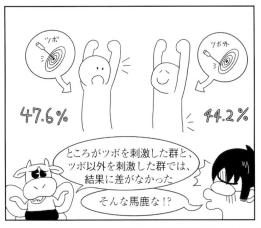

47.6%　44.2%

ところがツボを刺激した群と、
ツボ以外を刺激した群では、
結果に差がなかった

そんな馬鹿な!?

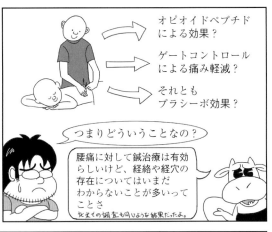

オピオイドペプチド
による効果？

ゲートコントロール
による痛み軽減？

それとも
プラシーボ効果？

つまりどういうことなの？

腰痛に対して鍼治療は有効
らしいけど、経絡や経穴の
存在についてはいまだ
わからないことが多いって
ことさ

欧米での調査も同じような結果だったよ。

耳ツボなどは全身に広く
影響を及ぼすとも言われており、
その利用が拡大している

moxafrica

―戦場鍼（battlefield acupuncture）―
資材が制限される戦場において、
鍼治療によって負傷兵の疼痛軽減を
図るもの

―精神疾患に対する鍼治療の適用―
近年の調査で、鍼治療はうつ病や
PTSDなどの精神疾患に効果を示す
ことがわかってきている

―モグサフリカプロジェクト―
医薬品が不足しているアフリカなどの発
展途上国においては、お灸（モグサ）によ
り免疫力向上や、健康維持を図っている

近年経絡治療はさまざまな
臨床応用ができることが明らかになり、
世界的に注目を集めているよ

戦場や発展途上国では常に
物資が確保できるわけじゃないからね、
確かに経絡治療は重宝するかも

獣医鍼灸の信憑性は？

実は動物における経絡は、長年の歴史で完成されたヒトのものと大きく異なるんだ

え？どういうこと？

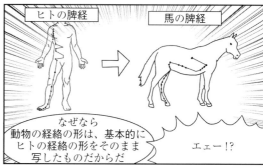

ヒトの脾経

馬の脾経

なぜなら動物の経絡の形は、基本的にヒトの経絡の形をそのまま写したものだからだ

エェー！？

馬の胆経

牛の百会

ヒトの百会

あ、ホントだ

そのため胆嚢がない馬でも胆経があるけど、それに疑問を唱える人もいる

もちろんまったく同じというわけじゃない。例えば、百会の位置なんかは全然違うし……

末端部分におけるツボなんかは、解剖学的違いから位置も数も大きく異なるよ

獣医鍼灸の信憑性については、2006年に獣医鍼灸に関わる世界中の文献を再評価し、まとめた調査がある。

その調査では獣医鍼灸に関わる調査研究は、条件の設定などが甘いものが多いと結論づけている

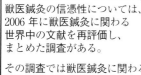

結局のところ、獣医鍼灸を肯定することも否定することもできないという曖昧な結論に至っているね

眼精疲労のツボ

疲労回復のツボ

ぐいぐい

それでも調査の結果、一定の信頼性と効果が認められた病気がいくつかあるんだよ。例えば、ルーメンアシドーシス、子牛の下痢、繁殖障害などだ

ぐいぐい

ああ良かった。今さら効果がないなんて言われたらどうしようかと思った

牛における臨床実験

報告があげられている鍼灸の臨床実験をいくつか紹介するよ

第四胃変位

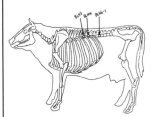

BL43、44、46-1に対して、5Hz、10Vで20分間の電気鍼を連続3日、もしくは同経穴に対して3日間施灸をしたところ、第四胃変位12例のうち10例が回復した

"Electroacupuncture and Moxibustion for Correction of Abomasal Displacement in Dairy Cattle"
K. Jang, et al. J. Vet. Sci, (2003)

潜在性乳房炎および繁殖障害

潜在性乳房炎の牛36頭と、繁殖障害の牛46頭に対し、低出力レーザー鍼治療(LLLA)を実施したところ、潜在性乳房炎牛において80.6%の個体で体細胞数の低下を、繁殖障害の牛においては80.4%の個体で、施術後1カ月以内の発情を認めた

"Effect of Low Level Laser Acupuncture on Subclinical Mastitis and Reproductive Disorders in Dairy Cattle"Y. Oda, et al. 1994

分娩後の子宮回復

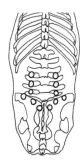

分娩後3～5週の間に子宮修復の遅延が疑われた乳牛48頭を、施灸、PGF2α、アンピシリン投与の3群に分けて反応を比較した。子宮の収縮度合いや、後の繁殖成績について、施灸群はアンピシリン投与群より良い成績を収め、PGF2α投与群とほぼ同等の成績であった

"Therapeutic Effects of Moxibustion on Delayed Uterine Involution in Postpartum Dairy Cows" K. Korematsu, et al. 1992

繁殖障害

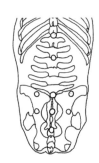

人工授精後7～10日目の黄体開花期に天平、腎門、百会、尾帰、開風、気門、尾根の九つのツボに対し、3日間連続でお灸をする。結果、不受胎牛22頭中13頭が妊娠に至る

「お灸で乳牛の受胎率を上げる」三山紗衣子, Dairy Japan. 2017.11

医食同源

日頃からバランスのとれた美味しい食事をとることで病気を予防しよう。牛は毎日同じものを食べるのだから、バランスのとれた飼料は欠かせない

未病

病気になってからではなく、病気になる前の予防が大事。代謝プロファイルテストなどで健康管理を

経絡治療の良い点は、畜主が健康管理の目的で自主的に行なえることだ。また、医食同源や未病などの概念はヒトも牛も通じるところがあるよね

まさに鍼灸で酪農経営にハリを!ってことだね!上手いこと言えた～

別に上手くないからね。いい顔するのやめて

※本稿は Dairy Japan 2018 年 12 月号～ 2019 年 5 月号の連載「酪農経営にハリを！ マンガでわかる獣医鍼灸」を加筆・改稿したものです。　　《おわり》

第 **8** 章

マンガでわかる
初乳管理

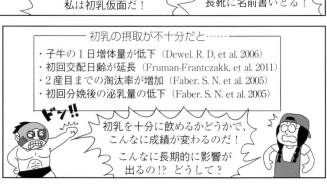

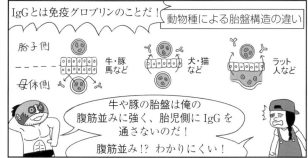

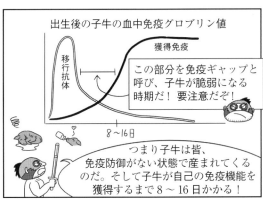

出生後の子牛の血中免疫グロブリン値

獲得免疫

移行抗体

この部分を免疫ギャップと呼び、子牛が脆弱になる時期だ！ 要注意だぞ！

8〜16日

つまり子牛は皆、免疫防御がない状態で産まれてくるのだ。そして子牛が自己の免疫機能を獲得するまで8〜16日かかる！

そして十分に初乳を飲めなかった状態をFPT（受動免疫不全）と呼ぶ！ もはやこの状態は改善し難い！

起立、哺乳するのに時間を要する

ほかの牛より感染症にかかりやすい

エネルギー不足で環境ストレスに弱い

母乳は出続けるんですから、初乳にこだわらずに飲ませればいいじゃないですか……

愚か者！ 初乳と常乳は成分が全然違うんだぞ！

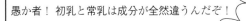

	DM （%）	脂肪 （%）	蛋白質 （%）	抗体 （%）	ビタミンA （μg/dL）	ラクトフェリン （g/L）	成長ホルモン （μg/dL）	IGF-1 （μg/dL）
初乳	24.5	6.4	13.3	6.0	295	1.84	1.5	310
常乳	12.2	3.9	3.2	0.09	34	検出不可	検出不可	検出不可

初乳にはIgGのほか多くの成分が含まれている。成長ホルモン、ビタミン、IgA……、いや、待て！ どうしたんですか？

バッ

Ig、エェェェェェ（A）！ さらにIg、エェェェェム（M）！ も多く含まれているのだ！

いいかげんにしないとセクハラで訴えますよ！

— リラキシン —

豚で初乳中のリラキシンの摂取が後の繁殖能力に影響を及ぼすことが示唆されている。牛でも同様の効果を示す可能性がある（M. V. Ambargh. Cornell Univ.）

— IGF-1 —

腸管の発達や全身の機能的発育を促し、子牛が環境に適応しやすくする（Penchev. G. 2008）

— オリゴサッカライド —

子牛のエネルギー源になるだけでなく、病原菌の増殖を抑制し、さらに免疫機能を高める（A. Fischer. Msc. Alberta Univ.）

このように、IgG以外の成分も子牛の健康に与える影響が非常に大きいのだ！

子牛にとっての初乳の存在って本当に大きいんですね！

それじゃあ、初乳を飲ませるうえで重要な4つの「Q」について教えてやろう

4つの「Q」ですか？

Quality　Quantity　Quickly　Quietly

高品質の初乳には何が多く入っていると思う？
そおれ！ヒントだ！

ジィー!! ジィー!!

IgGって言いたいんでしょ!?
わかってますよ！うっとおしい！

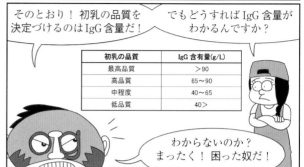

そのとおり！初乳の品質を
決定づけるのはIgG含量だ！

でもどうすればIgG含量が
わかるんですか？

初乳の品質	IgG 含有量(g/L)
最高品質	＞90
高品質	65〜90
中程度	40〜65
低品質	40＞

わからないのか？
まったく！困った奴だ！

屈折式糖度計〜（裏声）

なぜ裏声!?　誰の手なの!?

初乳を
数滴垂らして……

見ろ！
すごいだろ！

一人用なんだ
から見えません
よ……早く貸して
ください

なるほど、Brix値から初乳中の
IgG濃度が推測できるんですね？

理想は22%
以上だ!!

そうだ、子牛の血清からIgGの
吸収度合いも測定できるぞ！

ほかにも初乳の品質を上げる方法として
次のようなものがある！

| ワクチン | ビタミン・ミネラル |

多産

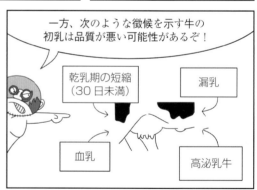

一方、次のような徴候を示す牛の
初乳は品質が悪い可能性があるぞ！

乾乳期の短縮
（30日未満）

漏乳

血乳

高泌乳牛

あとは初乳の汚染も品質低下の原因となる！
哺乳器具はしっかりと洗え！うぉぉぉぉ！

ゴシゴシ ゴシ ゴシ

傷がつくから！
やめてください！

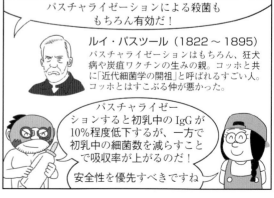

パスチャライゼーションによる殺菌も
もちろん有効だ！

ルイ・パスツール（1822〜1895）
パスチャライゼーションはもちろん、狂犬
病や炭疽ワクチンの生みの親。コッホと共
に「近代細菌学の開祖」と呼ばれるすごい人。
コッホとはすこぶる仲が悪かった。

パスチャライゼー
ションすると初乳中のIgGが
10%程度低下するが、一方で
初乳中の細菌数を減らすこと
で吸収率が上がるのだ！

安全性を優先すべきですね

Quantity（量）

ここで問題だ。
子牛に飲ませるべき初乳の量は
どれぐらいだと思う？

う〜ん、一番じゃ
ないですか？

なんですか
その格好

① 体重の 10%

② 子牛が飲むだけ

③ 2 リットル

ブーッ！ 答えはどれでもない！
初乳の品質によって与える
べき量は変わるのだ！

何それ！ ずるい！

3 時間以内に
100g の IgG を
摂取！ 12時間
以内にさらに
100g を摂取が
目標！

とは言えど、現場では IgG の濃度は
わからないことがほとんどだ！
だから体重の 10%程度が目安と
いうことになる

しかし、品質によっては
それでも不十分となる
可能性もある！

じゃあ時間をかけて、
多く飲ませればいいん
じゃないんですか？

やれやれ、さては君
「ピノサイトーシス」を
知らないな？

むかつく

Quickly（早く）

それでは私のプロレス技の一つ、
「アイジー・シュリンク」で
ピノサイトーシスの様子を
見に行こう！

アイジー・シュリンク！ プロレス技！？

出生後約24時間は初乳中の IgG は
ピノサイトーシス（飲作用）によって
小腸から血中に移行する

第四胃

IgG

初乳

ところがそれ以降は小腸の上皮細胞は
閉鎖し、IgG は吸収されなくなる！

さ、わかったら
帰るぞ！

えぇー！？
もう終わり？

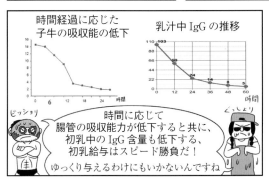

時間経過に応じた
子牛の吸収能の低下

乳汁中 IgG の推移

時間に応じて
腸管の吸収能力が低下すると共に、
初乳中の IgG 含量も低下する、
初乳給与はスピード勝負だ！

ゆっくり与えるわけにもいかないんですね

実際に初乳の給与が遅れると、これほどの影響が出るぞ！

生後初乳を摂取するまでの時間	事故率(%)
2〜6	5
7〜12	8
13〜24	11
25〜48	20

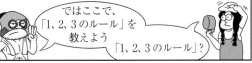

ではここで、
「1、2、3 のルール」を
教えよう

「1、2、3 のルール」？

いーち!! ①回目に搾乳した初乳を与えること

1回目

にー!! 子牛が生まれて②時間以内に与えること

2時間

なんかコマが狭くないですか?

さーん゛。③リットルを目標に与えること

3ℓ

ちょっと!狭いんだけど!

ダーーッ!!

ズコーッ!!

それがやりたかっただけ〜!?無駄にスペース使うな!

子牛の飲みが悪いときにはストマックチューブを使うのも手だ

強制的に飲ませてもIgGは吸収されるんですか?

大丈夫だ!強制投与でも問題ないというデータが出ている!

項目	ニップル	チューブ
初乳を飲みきるのにかかった時間(分)	17.6	5.2
最大血中抗体価(mg/ml)	24.2	24.7
IgGの吸収効率(%)	52.7	53.2
血中グルコース量(mg/dLx600min)	42857	50016
血中インスリン量(mg/dLx600min)	1945	2700

(A. Fischer, Msc. Alberta Univ.)

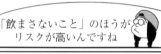

「飲まさないこと」のほうがリスクが高いんですね

とにかく2時間以内にできるだけ飲むこと!これを頭に入れておけ!

飲み放題コースみたいですね

Quietly（静かに）

「静かに」とはストレスを与えないという意味だ。ストレスによってIgGの吸収能力が低下するからだ

シーッ

例えばどんなストレスですか?

例えば、難産を経過した子牛は初乳の吸収能力が著しく低下する

寒冷ストレスもそうだ。FPTの発生増加につながる

初産時は難産のリスクが高く、さらに初乳の品質が悪い。そのため子牛は産まれながらに数々のリスクを背負う

産道が狭い

分娩時間が長い

初乳のIgG濃度が低い

泌乳量が少ない

ストレスは母牛であっても、子牛であっても初乳摂取の妨げになるんですね

もちろん給与量を増やすことである程度は吸収能力の低下を補うことはできる。しかしやはり予防に勝るものはないだろう

体温センサー型分娩監視システム

子牛の保温管理

初乳の保存方法

しまった！ もうこんな時間!?
搾った初乳そのままにしてた！

STOP!!

おっと！ 搾って30分でも室温に
置いた初乳は、子牛に飲ませるなよ！

搾った初乳はすぐに使わないなら
冷蔵保存すること。冷蔵後24時間は
使用できる

ギッシリ

冷蔵庫
プロテインでいっぱいなんですが！

冷凍なら1年間はもつぞ！

冷凍庫にまで
プロテインが！ 持って帰れ！

あれ？ 初乳って
こんな平べったく
して冷凍されてる
んですね？

そうだ！ それぞ
必殺！「ジップロック
で薄〜く保存」だ！

そのままじゃ
ないですか……
必「殺」って言いました？

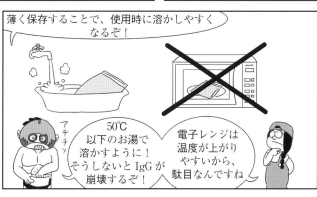

薄く保存することで、使用時に溶かしやすく
なるぞ！

アチチッ

50℃
以下のお湯で
溶かすように！
そうしないと IgG が
崩壊するぞ！

電子レンジは
温度が上がり
やすいから、
駄目なんですね

しかし、本当に初乳って奥が深いん
ですね。しかも子牛が元気に育つ
ためにすごく大切だということが
わかりました

よく理解してくれた！
よし！ 遅くまで頑張ったから
メシを奢ってやろう！

本当ですか!? やったー！

私、初乳仮面と行くコースと、相川くんと
行くコースがあるが、どちらがいい？

キュッ

相川先輩で
お願いします！

10分後……

やあお待たせ！
それじゃあ4Qを満たした
レストランに連れてってあげよう！

4Q を満たした!? なんかすごそう！

ここの食堂が Quality（美味い）、Quantity（量）、
Quickly（早い）、Quietly（静か）をすべて
満たしているんだ。さぁ食べなさい

静かなのには理由が
ありそうですけど
ね……

パク

パク

おわり

283

著者プロフィール ─────────────

　島本正平。1981年生まれ。愛知県に生を受け、何の因果か10歳より父親の転勤によりアメリカに生活の基盤を移す。幼い頃より漫画家になりたかったのだが、あまり絵が上手くないという致命的な理由により断念。帰国後、宮崎大学獣医学科に入学、2006年卒業後NOSAI都城に入組、産業動物獣医師となる。

　あるとき、広報誌に寄稿した文章が開業獣医師の山本浩通先生の目にとまり、デーリィ・ジャパン社に紹介していただく。また、同時期に上司の紹介により『月刊養豚界』にて連載を開始。

　その後、『月刊 デーリィ・ジャパン』にて「まだマニュアル！ 作業マニュアル作成の手引き」「オー！ ウェルカム！ アニマルウェルフェア！」「立て！ モー！ 立つんだ！ モー！」「俺たち元気いっぱい！ 今日も搾るぜおっぱい！」「対峙しなきゃ！ 周産期胎子死に！」「抗生剤の恩恵を後世に残すために…」「酪農経営にハリを！ マンガでわかる獣医鍼灸」を連載。個性的なタイトルと楽しいイラストで好評を博し…たかは知らないが、現在「こばなしこうし」を連載中。

　『月刊 養豚界』にて「日本流アニマルウェルフェアの勧め」を連載後、現在「コブたんズ」を連載中。

　昔、漫画家を夢見てノートいっぱいに絵を描いた経験が今活かされていると思うと、人生無駄なことなんか一つもないんだなぁ、としみじみ思います。紹介してくださった先生や、編集の皆様、応援してくださっている方々、支えてくれる家族に感謝する日々です。

2020年1月6日発行
定価（本体3,300円＋税）

ISBN 978-4-924506-75-6

お気酪獣医
クスリの処方箋
島本 正平

【発行所】
株式会社 デーリィ・ジャパン社
〒162-0806　東京都新宿区榎町75番地
TEL 03-3267-5201　FAX 03-3235-1736
HP：www.dairyjapan.com　e-mail：milk@dairyjapan.com

【デザイン・制作】
有限会社 ケー・アイ・プランニング
【印刷】
佐川印刷 株式会社